설계도(건축, 기계, 전기) 사례를 활용한

건축설계도의 이해

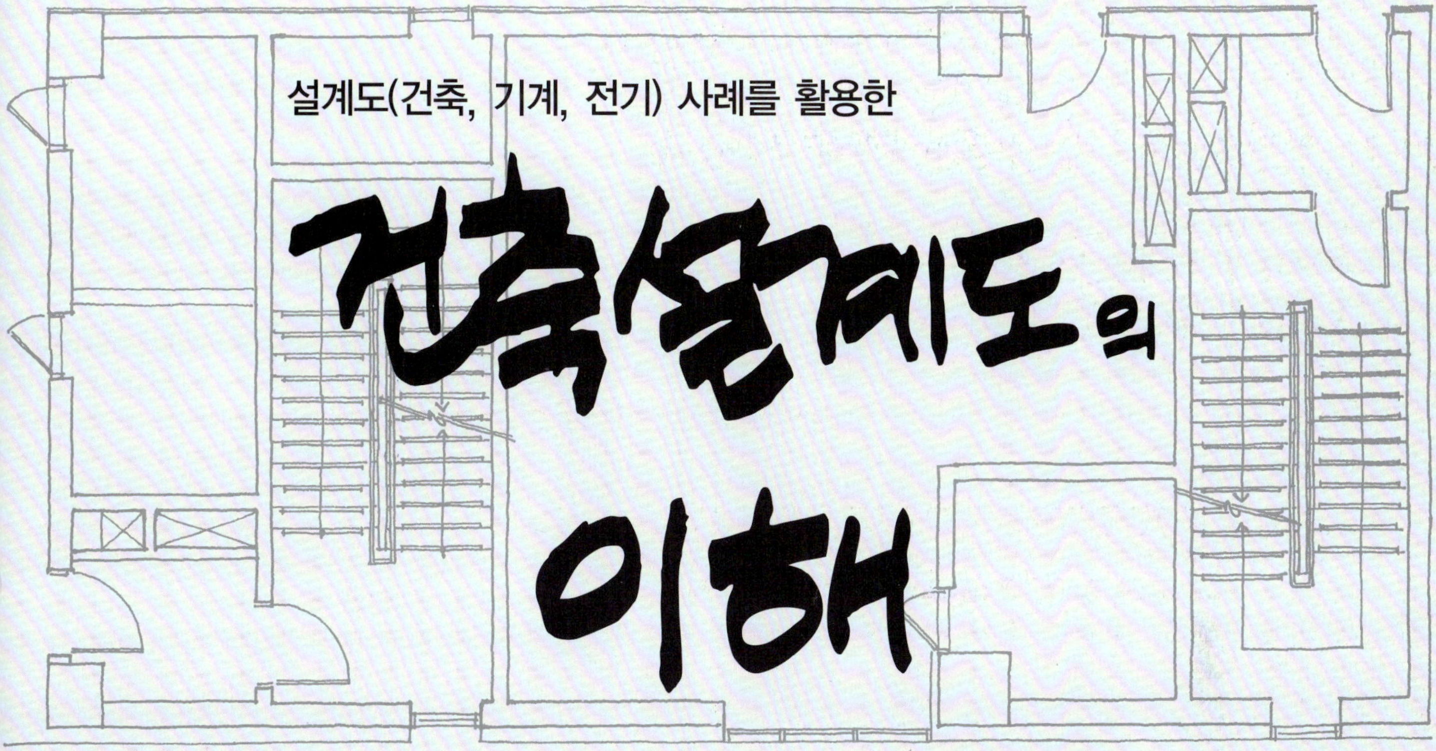

권도웅 지음

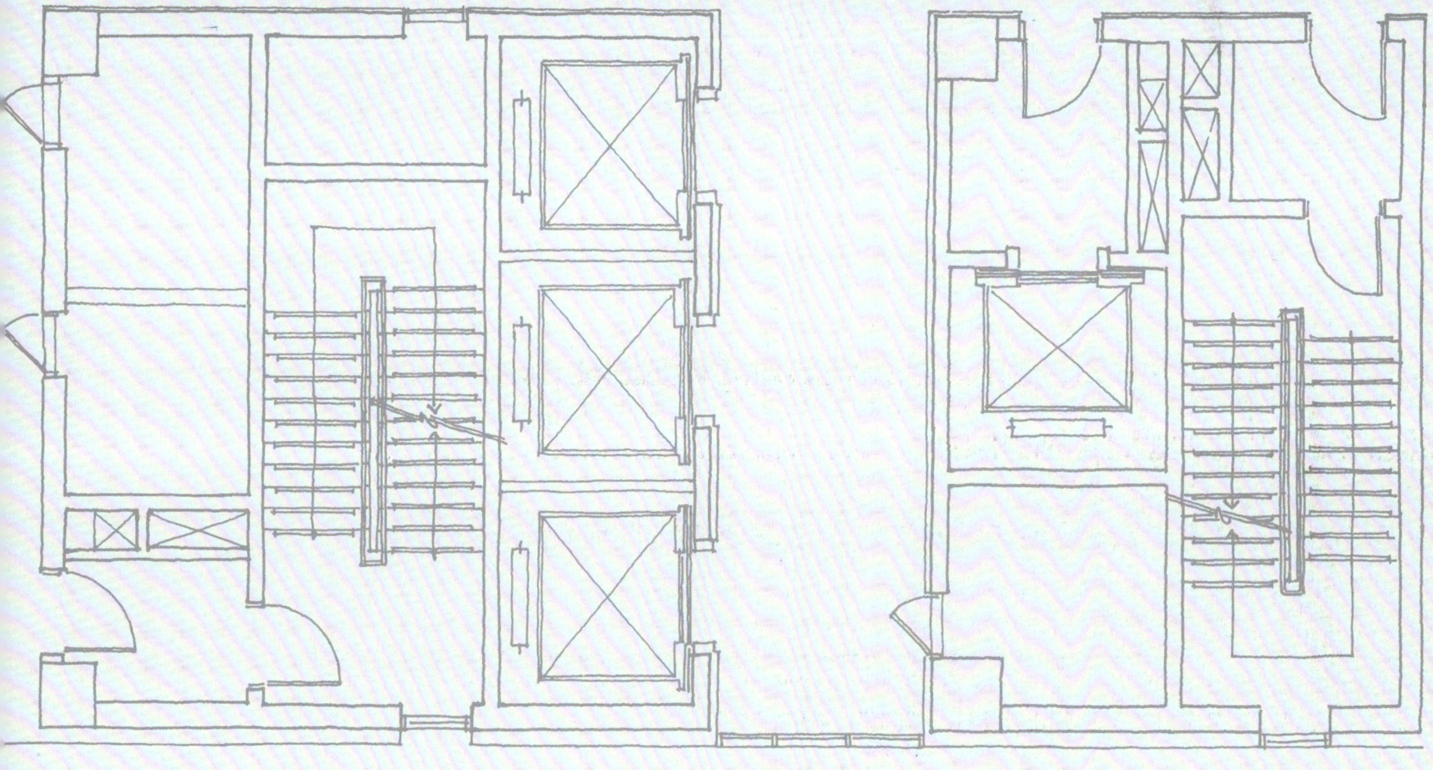

技文堂

서 문

건축설계도는 건축물을 만들기 위해 설계자의 의도를 구체적으로 표현한 결과물이다. 소설가가 문자를 이용하여 독자들에게 생각을 전달하듯이 건축가는 선과 문자, 숫자 그리고 국제적으로 통용되는 각종 자재표기 기준 등을 이용하여 시공자들에게 자신의 설계의도를 전달하게 된다. 최근에 가구를 자신이 직접 디자인하여 만드는(DIY) 취미를 가진 사람들이 늘어나고 있는 추세인데, 가구를 완성하기 위해서는 본인이 의도하는 크기와 형태를 디자인하여 목재와 못, 접착제 등을 사용하여 실물크기로 만들게 된다. 최근에는 전기톱과 드릴 등 장비가 기계화되어 작업이 수월해졌다. 건축 설계도를 직접 작성하거나 설계도에 대한 이해가 필요한 것은 DIY(Do It Yourself)와 달리 본인이 의도한 것을 본인이 직접 만드는 것이 아니기 때문이다. DIY 작업 시에도 만들려는 대상을 간략하게라도 본인만이 알 수 있는 스케치 등을 작성해야 소요자재 등을 준비하여 차질 없이 작업을 할 수 있다.

건축을 전공한 학생들은 졸업 후에 설계와 시공분야로 나뉘어 활동하게 되지만 설계의도를 구체화하는 설계도를 작성하는 일과 작성된 설계도에 맞게 실물크기로 시공하는 일에서, 설계도의 이해 없이 할 수 있는 일은 아무것도 없다. 아무리 훌륭한 설계의도라 해도 구체화 된 설계도가 뒷받침하지 못하면 의도가 실현되지 못하며, 설계도의 이해 없이 현장에서 건축물을 설계자의 의도에 맞게 시공할 수가 없다.

가까운 일본에는 '건축설계도 보는 법, 읽는 법' 이라는 제목의 책이 여러 종류 출간되어 있지만 우리나라에는 출간된 책이 몇 권 되지 않는다. 시중에 판매되고 있는 책을 살펴보면 우리나라 실정에 맞지 않는 내용들이 적지 않음을 발견하게 된다. 우리 실정에 맞는 구조, 자재 등을 위주로, 국제적으로 약속된 표기방법 등 기본적으로 알아야 할 내용들을 중심으로 설계도를 이해할 수 있도록 내용을 꾸며볼 계획이다.

단순한 건축물의 설계도를 이해하면 좀 더 크고 복잡한 규모의 건축물의 설계도도 쉽게 이해를 할 수 있게 된다. 수박 겉핥기식보다는 단순한 건물을 깊이 있게 살펴보는 것이 설계도 이해의 기본이라 생각된다.

계획설계 단계에서 조형적인 의도를 이미지로 표현하는 능력은 높아지고 있는 편이지만 구체적인 건축언어로 서술하는 능력이나 관심이 부족한 것이 현실이다. 건축이 완료되어 사용 중인 건축물의 설계도와 설계사무소에서 실무에 적용하는 각종 건축언어를 사진과 함께 최대한 활용하여 이해를 도울 생각이다. 수록될 설계도와 사례들은 책을 만들기 위해 작성한 것이 아닌, 실제로 지어진 건축물의 설계도들로 완성도가 100%라고 할 수는 없을지 모르지만 설계도를 이해하는 데는 지장이 없을 것으로 생각된다.

43년째의 설계 경험이 건축설계의 기본을 이해시키 데 저해요인이 될 수 있다는 생각에서 독자의 눈높이로 나 자신의 눈높이를 최대한 낮추어야 한다는 생각이다.

이 책이 건축을 전공하는 학생들이나 막 실무를 시작한 설계사무소, 건설사의 신입사원들에게도 조그만 도움이 되었으면 하는 바람이다.

2011년 3월 23일

서봉헌(曙峯軒)에서

Contents

건축설계도 이해를 위한 기초 007

주택설계도 사례와 설계도의 이해 033

건축설계도 이해와 연관된 글 모음 211

건축설계도 이해를 위한 기초

건축설계도란 무엇인가?

건축설계도란 '건물을 짓기 위하여 규모, 형태, 구조, 사용재료, 공사비 등, 계획을 세워 제도용구를 사용하여 그린 그림' 이 사전적인 의미이나 좀 더 구체적으로 알아볼 필요가 있다.

설계자는 의도하는 건축물을 시공할 수 있도록 선과 문자, 숫자를 사용하여 의도를 상세하게 표현하게 되며, 이렇게 작성된 최종결과물이 설계도이다. 계획설계, 중간설계 과정을 거치게 되며 이 과정에서도 단계별로 성과품이 있게 마련이나 이 과정에서 작성된 도면들은 의도를 발전시켜 확정 짓기 위한 성과물로 최종 설계도는 아니다. 실시설계라는 과정을 거쳐 작성된 도면을 일반적으로 설계도라고 한다.

중간설계가 완성된 단계에서는 설계자의 머릿속에 건축물이 완성되어 있어야 한다. 건축물에 사용할 내 · 외장 재료뿐만 아니라 기능과 형태 및 색상을 고려한 문의 손잡이에 이르기까지 건물에 사용되는 모든 자재가 결정되어 있어야 한다. 결정된 의도를 단지 도면에 표현을 하지 않았을 뿐이어야 한다. 실시설계 과정에서 작성된 설계도는 중간설계에서 확정한 설계의도를 시공자에게 설명하는 건축가의 유일한 의사전달 수단이다. 도로와 대지, 대지와 새로 건축할 건물관계, 건축물의 크기와 형태, 방의 위치와 크기 등, 상세한 의도를 표현하여 시공자가 설계자의 의도대로 공사를 하는 데 지장이 없게 작성되어야 한다. 설계도는 설계자의 머릿속에 완성된 건축물을 수평과 수직으로 자른 평면도와 단면도, 건축물의 각 면을 보이는 대로 표현한 입면도 등으로 구성되어 있다. 설계도는 설계진행 과정의 성과품이며 미완성 건축물이라는 잘못된 생각을 버리는 것이 중요하다. 최종 설계도에는 구석구석 설계자가 의도하는 것이 표현되어 있어야 하며, 의도가 아예 없거나 설계도에 표현되지 않은 부분이 있다면 그 부분은 다른 사람의 생각에 따라 건축물이 완성될 가능성이 높다.

건축주가 원하는 규모와 예산에 맞게 설계자는 기능, 형태, 구조, 내 · 외장재 등에 대한 계획안을 작성하여 건축주의 승인을 받은 후에 중간설계를 완성하게 되며 이때 설계자의 머릿속에는 건물이 완성되어 있어야 한다. 실시설계 단계는 완성된 건축물을 시공자가 알 수 있도록 상세하게 서술하는 단계로 선과 문자, 숫자 그리고 세계적으로 약속된 자재표현 방법에 맞게 설계의도를 표현한 결과물이 건축설계도라 할 수 있다.

건축설계도를 이해하는 방법

외국인과 대화를 하기 위해서는 우선 단어를 알아야 하고 전하려는 생각을 해당되는 단어를 적절하게 구사할 수 있어야 한다. 단어만을 아는 사람은 단어의 나열로 대강의 뜻은 전할 수 있겠지만 정확한 소통은 불가능하다. 건축설계도는 정확한 소통수단이 되어야 설계의도가 실현될 수 있다는 점에서 외국어 습득과정과 다르지 않다. 단어와 어휘(건축설계도 이해를 위한 기초내용과 같이 선과 문자, 숫자, 자재표현 방법 이외에 건축자재, 공법 등)를 모르면 설계도를 작성할 수도 이해할 수도 없다. 아무리 훌륭한 설계의도를 갖고 있어도 의도를 적절한 방법으로 표현하지 못하면 실현될 수 없는 일이다. 건축언어를 유창하게 구사하기 위해서는 건축에서 통용되는 단어와 어휘에 대한 관심을 가져야 하는 한편, 이를 구사하는 방법을 터득하는 일 이외에는 다른 방법이 없다.

설계에 사용되는 제도용품

1980년대 초, 우리나라에 CAD가 도입되기 전까지는 다양한 제도용품들을 사용하여 설계도를 작성했다. 가장 기본이 되는 것은 제도판, T자와 삼각자, 축척을 나타내는 삼각스케일이었고 강도가 각기 다른 연필(HB, H, 2H, 3H 등)과 샤프, 오구, 로트링 등으로 선을 그리고 문자와 숫자를 썼다. T자가 I자로 잠시 바뀌어 사용되다 CAD 도입으로 전에 사용하던 제도용품의 대부분이 사라지고 있다.

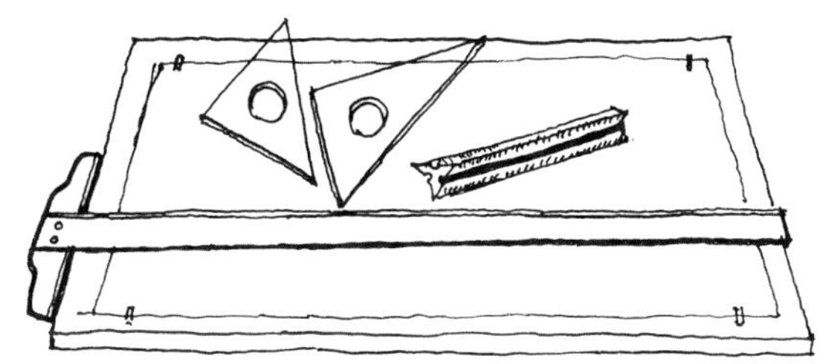

T자 · 삼각자 · 삼각 스케일

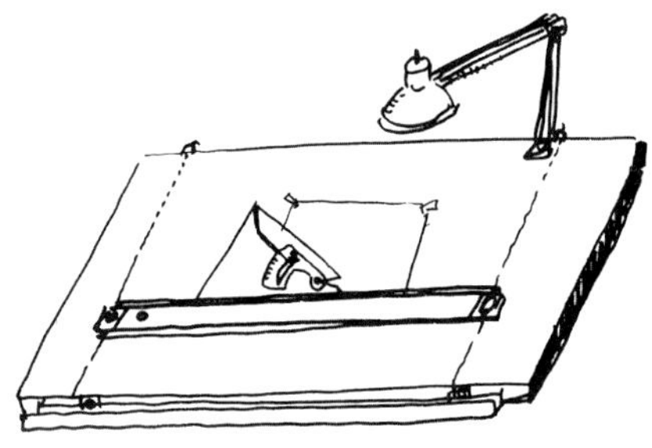

I자 · 각도자

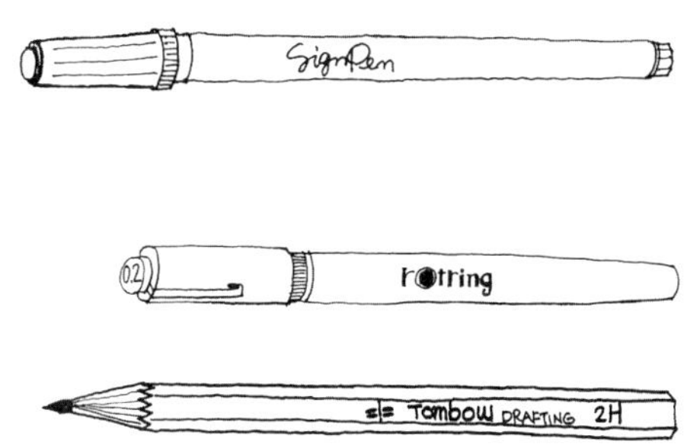

필기구 · 지우개 · 브러시

CAD 시스템 도입 이전까지 사용하던 제도용품

CAD 시스템과 기본으로 내장되어 있는 수목, 자동차 표현 사례

CAD시스템은 선뿐만 아니라 문자와 숫자는 물론이고 각종 수목과 크기별 승용차까지 실물과 같은 형태로 손쉽게 표현할 수 있는 만능 제도용품이다. 설계자의 의도를 표현하기가 훨씬 쉬워졌고 설계도 작성에도 시간이 절약되고 있다. 이렇게 절약된 시간은 디자인 의도나 의도를 뒷받침하는 기술적인 창의력에 투자할 수 있게 되는 장점이 있다. 궁극적으로 건축의 질을 높일 수 있게 된다. CAD시스템은 정확성과 신속성의 장점을 갖고 있는 종합제도용품이지만, 설계자의 디자인 의도 및 창의력과 비교될 수는 없다. 최근, 설계도 작성에 거의 사용되지 않는 제도용품도 건축사시험에서는 사용해야 하는 것들이므로 I자와 삼각자 그리고 삼각스케일, 연필이나 샤프 정도는 손에 익혀야 한다.

설계도 용지의 규격

일반적으로 사용하는 설계도 용지의 규격은 아래와 같으며 프로젝트의 규모 및 사용축척 등을 고려하여 초기에 용지를 선택하게 된다. 주택과 같이 작은 규모의 건축물을 설계할 때는 A3 규격의 용지를 사용하게 되지만 대형병원이나 백화점 같은 건축물을 설계할 때는 규격이 큰 A0 규격을 사용해야 설계의도를 표현하는 데 무리가 없다.

종 류	크 기 (㎜)
A0	1,189×841
A1	841×594
A2	594×420
A3	420×297

설계도 용지의 양식

설계사무소 이름, 프로젝트 이름, 도면 작성자 및 검토자 이름, 도면명, 번호 등을 기재하는 란을 가로로 배치한 것과 세로인 것이 사용된다. 평면형태가 장방형일수록 가로양식을 사용하고 정방형에 가까울수록 세로양식을 사용하는 것이 유리하다.

가로양식

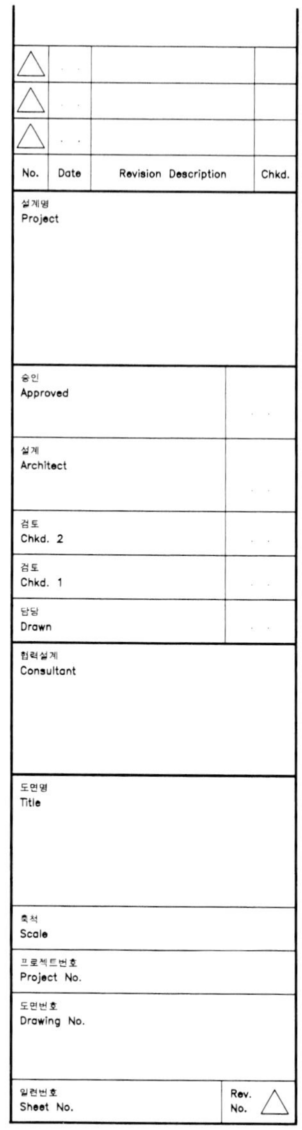

세로양식

설계도에 사용하는 기본용어들

설계도면

설계도면은 건축물이 어떻게 만들어져야 하는지를 표현한 것들로 배치도, 평면도, 입면도, 주단면도, 단면상세도, 창호도, 구조도 이외에 냉 · 난방 및 위생 · 전기설비, 조경설계도 등이 있다.

배치도

도로와 대지, 대지 안에서 건물의 크기와 위치, 조경, 옥외시설을 표현하는 도면으로 각 시설별 직상부에서 내려다 보이는 대로 대지 안의 모든 것들을 표현한 설계도이다.

평면도

그림에서 스펀지로 만든 공을 수평으로 자르고 윗부분을 들어 올린 후 아래를 내려다 본 것이 건축물의 평면도에 해당한다. 이와 같이 건축물의 창과 문이 있는 부분을 수평으로 절단하여 절단면을 위에서 내려다 본 대로 나타낸 것이 평면도이다.

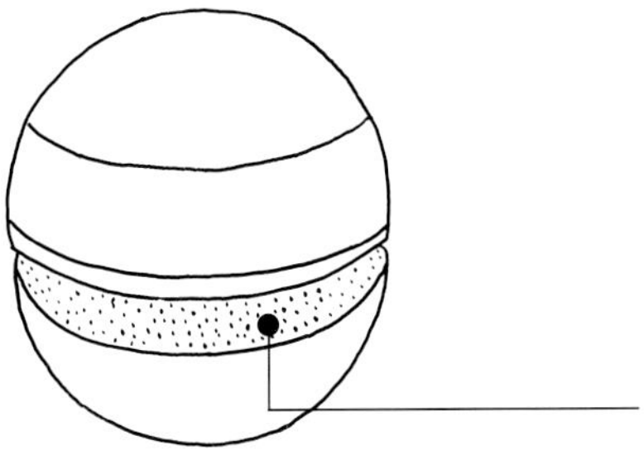

천장평면도

수평으로 절단한 상부가 바닥에 놓인 거울에 비춰진 대로 나타낸 것을 말한다.

입면도 · 단면도

공을 수직으로 자른 후, 절단된 한쪽 면을 바라본 것이 단면도이다.

공을 정면과 측면에서 바라본 것이 입면도로 정면도와 측면도이다. 그림에서 공의 경우 정면, 배면, 측면도는 같아진다.

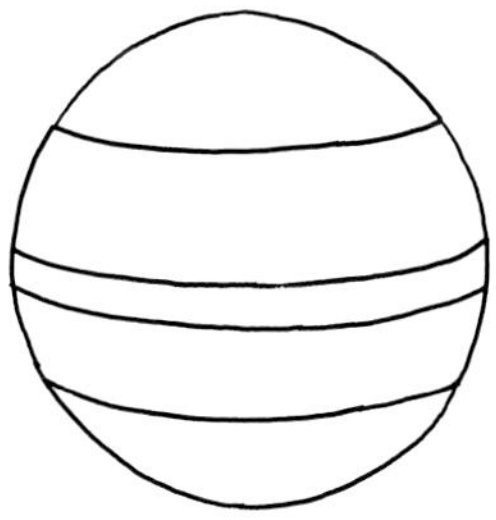

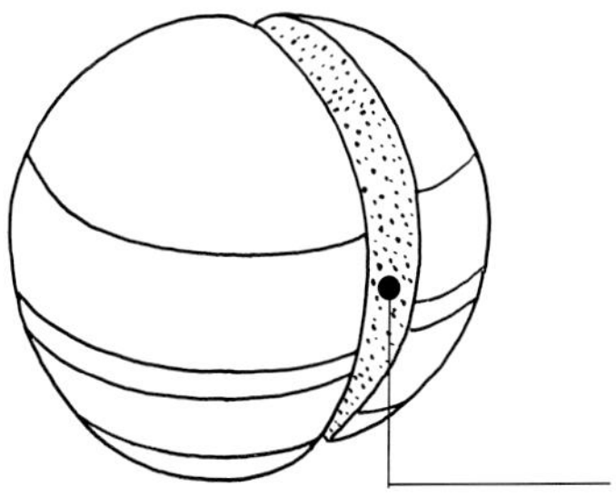

부분상세도

부분상세도는 설계자의 세심한 디자인 의도를 표현하는 도면이며 문틀의 크기와 형태, 핸드레일의 재질과 규격, 고정방법 등을 상세하게 설명하는 설계도이다.

이상에서 설명한 것과 같이 배치도, 평면도, 단면도, 입면도의 개념을 이해하는 것은 아주 쉬운 일이지만 아무리 소규모의 단순한 건축물이라도 공과 같이 간단하지 않기 때문에 설계도를 이해하는 것이 쉽지만은 않다.

아래 그림에서의 레고블록은 공보다 평면도가 복잡해진다. 건축물은 형태와 그 형태를 만들기 위하여 사용하는 자재들이 다양하여 표현이 더욱 복잡해진다. 설계자의 건축물의 형태와 내부공간에 대한 설계의도를 뒷받침하는 각종 자재를 어떻게 사용하여 만들어졌는지가 상세하게 표현되어야 하기 때문이다. 설계도는 공이나 레고에서 보는 것과 같이 설계자의 머릿속에 이미 만들어져 있는 건물을 표현한 결과물이 되어야 한다는 점이 중요하다.

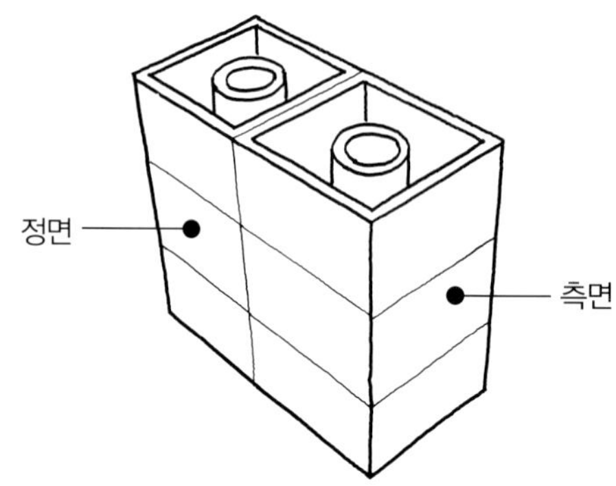

재료표기 기준

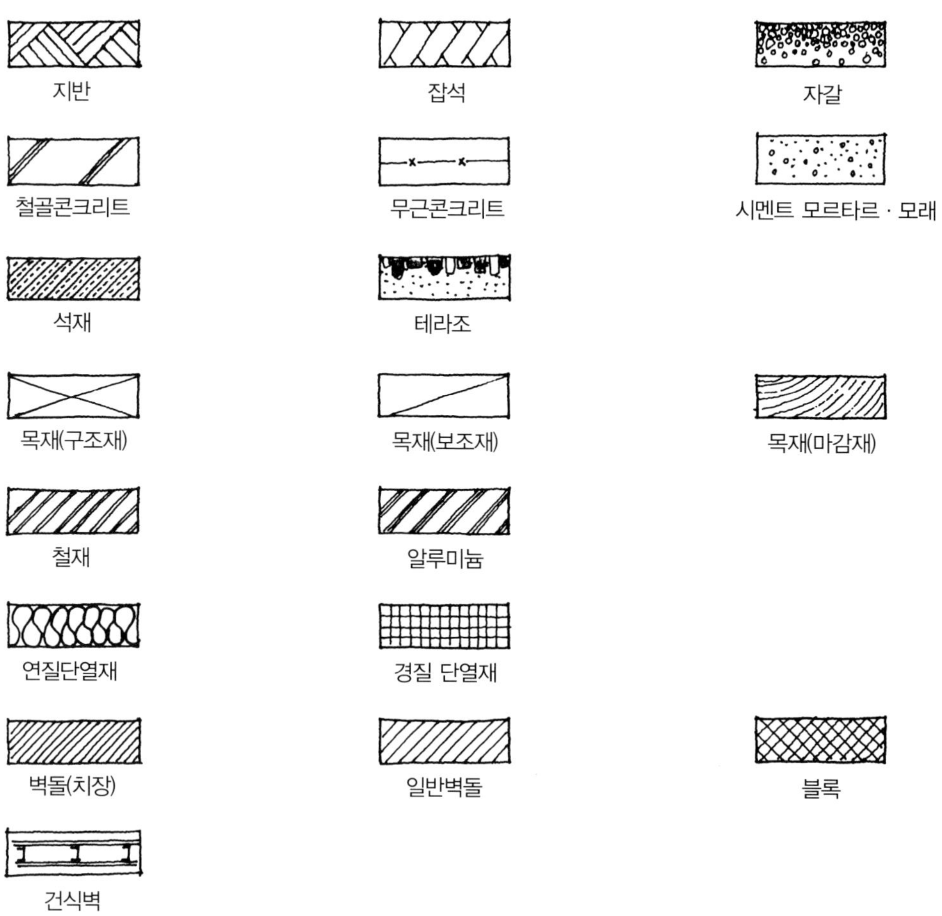

재료표기 기준은 세계적으로 건축가들이 지켜야 할 원칙이다. 그림에서 표기한 기준은 설계도를 1/50 이상의 크기로 작성할 때의 기준이며 국가별, 사무소별로 표현에는 다소의 차이가 있을 수 있다. 설계도에서 그림보다는 글과 숫자가 우선하기 때문에 재료의 표기는 다른 재료와 구분되게 표현한 후에 재료이름을 글로 정확하게 기재하는 것이 더 중요하다.

예를 들면 대형 건물의 모든 외벽에 붉은 벽돌 치장쌓기를 적용할 경우에 평 · 단면도 및 상세도에 일일이 벽돌표기 기준에 맞게 작성하는 것은 의미가 없다. 도면의 주기(Note)란에 "외벽에 사용하는 모든 벽돌은 붉은 벽돌 치장쌓기임"이라는 간단한 설명이 더 정확한 의사전달 수단이 될 수가 있다. 표기법(Drawing Manual)은 설계자 의도를 정확하게 전달하기 위해 만들어진 약속이기 때문에 정확한 의사전달이 가능한 방법이라면 융통성 있게 구사할 수가 있다.

치수표기법

설계도에서 치수는 그림보다 우선하는 것이 원칙이다. 예를 들면 CAD나 손으로 3,000 길이로 작성한 부분에 3,500이라고 치수를 기입하면 3,500이 된다. 모든 설계도에는 삼각스케일로 길이를 확인해야 하는 곳이 없도록 철저하게 치수를 기입해야 한다. 설계도를 작성하는 선은 굵기가 있고 사용하는 용지는 습도에 따라 신축이 발생하게 되므로 정확하게 3,000 등의 길이를 표현하는 것은 이론상으로 불가능한 일이다. 이와 같은 점을 보완하여 설계의도를 정확하게 전달하는 방법이 치수 기입이다. 집을 짓는 사람은 그림을 삼각스케일로 재어가면서 작업을 하는 것이 아니라 눈으로 기재된 치수를 확인하면서 현장에서 작업을 진행하게 된다. 설계도를 작성하면서 치수는 빼고 그림만 나타내는 것은 잘못된 일이다. 가급적 필요한 치수를 빠짐없이 기재하여 설계도를 보는 것만으로도 정확한 설계의도를 확인할 수 있어야 한다.

평면도의 치수표기

평면도에서 치수표기는 아래와 같은 내용을 표기해야 한다.

1. 건축물의 전체길이
2. 구조시스템별(철근콘크리트조, 조적조, 철골조, 목조 등)로 구조의 중심선 간격
3. 구획된 실의 벽체 중심선 간의 거리
4. 창 및 문 등의 벽체 개구부 위치 및 크기

단면도의 치수표기

1. 건축물의 전체높이
2. 처마높이
3. 층높이
4. 창호 및 개구부의 크기 등을 기재해야 한다.

기 타

1. 수평으로 치수가 반복 될 때는 〃(동일하다는 표시)를 사용하지 않고 모두 기재한다.
2. 설계도가 축소 사용될 때를 대비하여 치수는 크게 기재하고 치수가 도면의 선이나 도면효과를 내기 위한 음영에 가리지 않도록 한다.

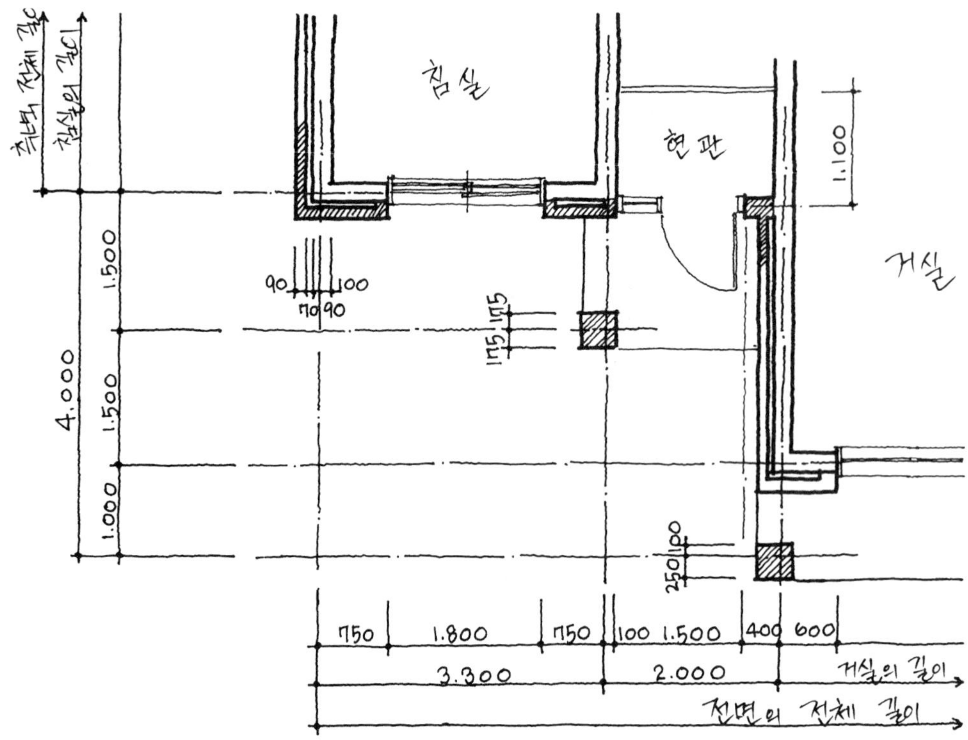

조적조, 벽식구조의 치수표기 예-1(203쪽 평면도 참조)

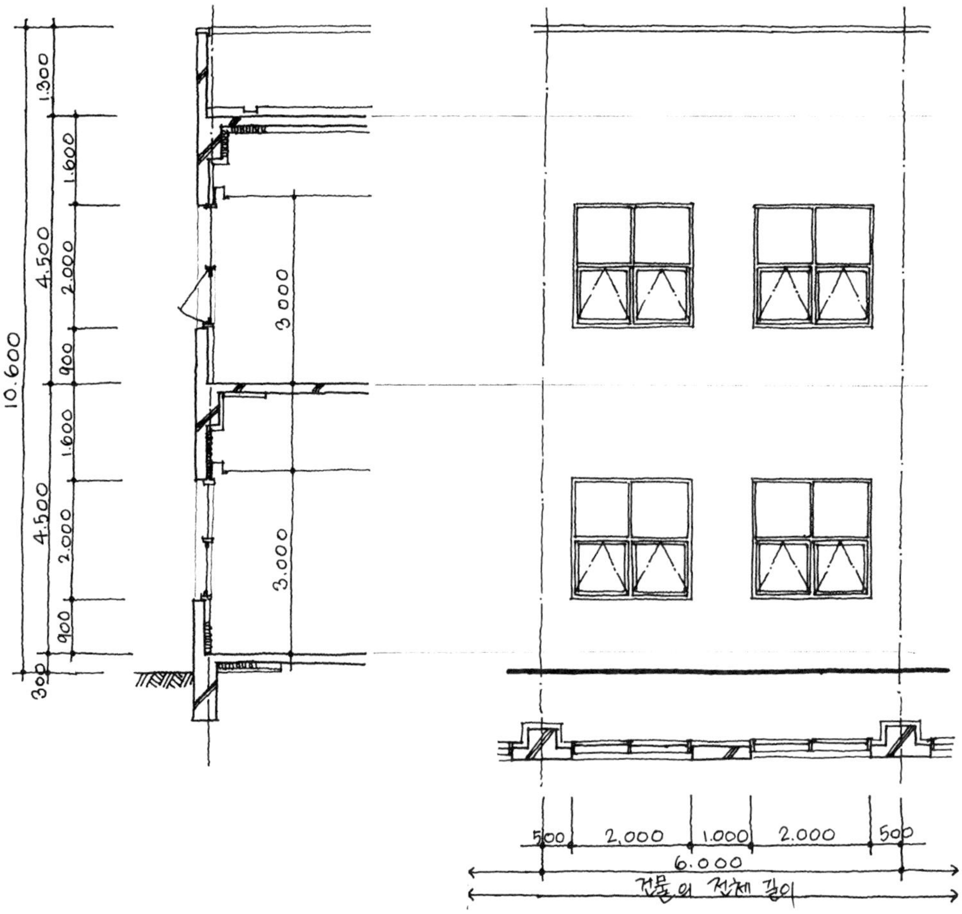

철근콘크리트조의 단면 및 평면도의 치수표기 예-2

창문의 종류 및 도면 표현법

구 분	평면도	입면도	주용도 및 특징
여닫이문	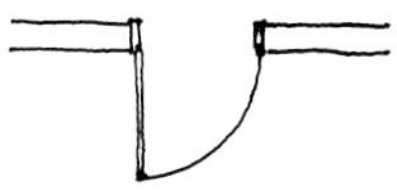	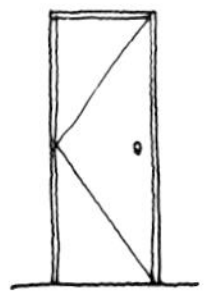	- 사무실, 침실, 욕실, 현관등 가장 일반적인 문
쌍여닫이문		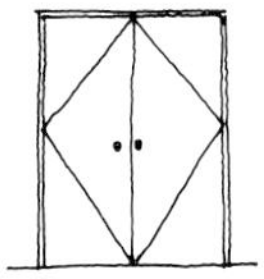	- 회의실, 강당 등 실이 크거나 통행량이 많은 곳
자재문	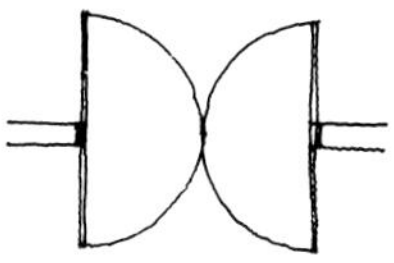	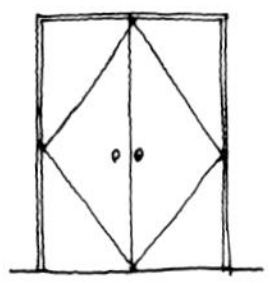	- 상업용 건물 등의 출입구
미서기문			- 아파트의 발코니측 거실창 - 1층 테라스측 - 방충망 설치 용이
셔터		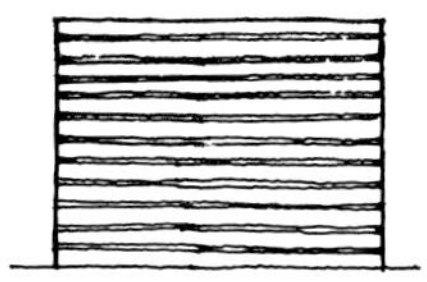	- 차고, 상점의 방범용
문집문 (Pocket Door)		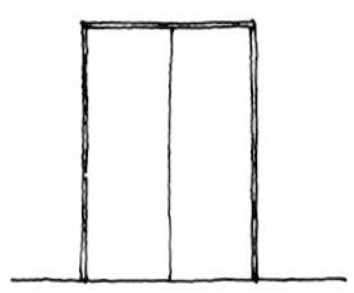	- 문을 열었을 때 문이 노출되지 않음
접이문 (Folding Door)		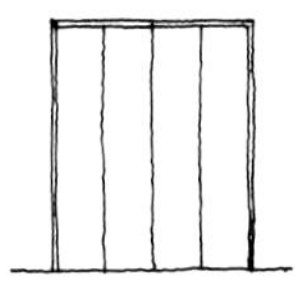	- 거실과 식당 사이의 간이 칸막이용 등 - 카페의 외부데크 연결용
회전문	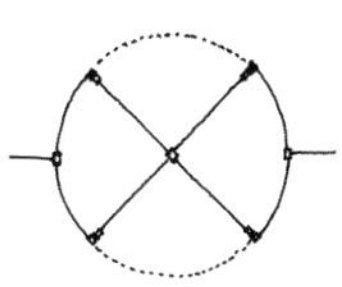	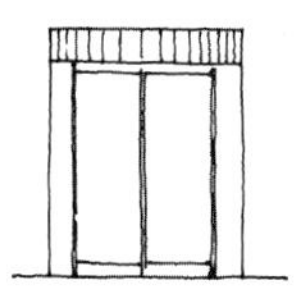	- 중 · 대형 건축물의 주출입구 - 방풍실을 설치할 여유가 없는 출입구
4짝 자동미세기문		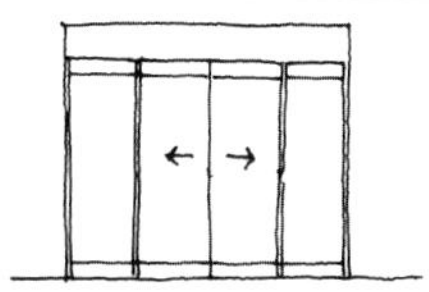	- 방풍실의 안쪽 출입문 - 물품 이동에 많은 곳 - 은행영업장 등
미닫이문		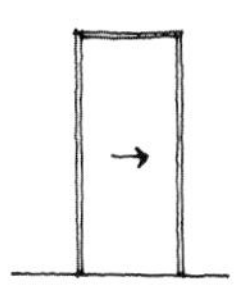	- 열었을 때 한쪽 면에서는 문이 보이지 않음

창문의 종류 및 도면 표현법

구 분	평면도	입면도	주용도 및 특징
미서기창		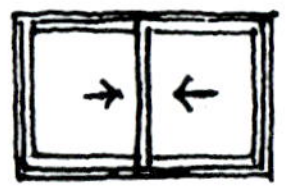	- 사무소건축 및 주거시설 등 24시간 사용하는 건물에서 방충만과 함께 사용
여닫이창	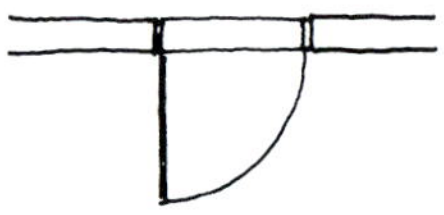	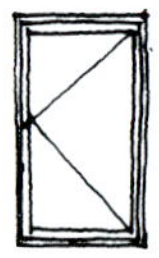	- 열었을 때 100% 개방되는 장점 - 강풍 취약, 화재시 탈출에 유리
쌍여닫이창	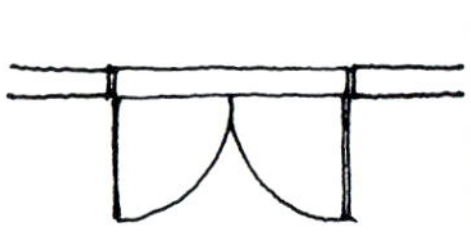		
고정창			- 채광과 조망만을 위한 창
회전창			
오르내리창		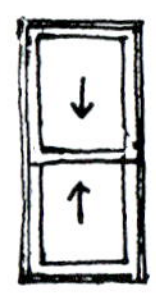	- 외국에서 주택에 주로 사용/방충망
미들창 (Project out)		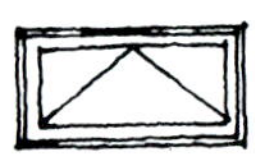	- 주거시설 이외의 업무시설, 근린생활시설 등에서 폭넓게 사용

설계도에 사용하는 단위기호

세계적으로 설계도에 사용하는 단위기호는 미터법을 사용하되 로마체의 소문자 직립체를 사용하는 것을 원칙으로 하고 있으며 고유명사에서 유래된 것은 대문자를 사용한다. 아직도 미국에서는 피트(Feet)법을 사용하고 있으며 합판의 규격도 피트법에 맞추어 생산하고 있지만 국제적으로 통용되는 단위는 미터법이다. 건축도면에 표기하는 길이는 밀리미터(㎜)를 사용해야 하며 넓이는 제곱미터(㎡)로 표기해야 한다. 특별한 설명 없이 사용한 숫자는 밀리미터 단위이다. 예를 들면 600으로 표기된 길이는 600㎜를 의미한다. 토목분야에서는 지표높이(해발) 등에 미터(m)를 사용하고 있다.

설계도에 사용하는 단위기호의 표기법

단위의 명칭	옳은 표기	잘못된 표기
미터	m	M
센티미터	㎝	Cm CM
밀리미터	㎜	MM m/m
킬로미터	㎞	KM Km
그램	g	G gr
킬로그램	㎏	KG Kg
톤	t	TON Ton
초	s	SEC sec
분	min	MIN Min
시	h	H Hour hour hr
칼로리	cal	Cal
미터 매 초	㎧	m/sec m/SEC
제곱미터	㎡	
세제곱미터	㎥	
인치	in	〃
킬로와트	kW	KW kw
평	평	

축 척

축척이란 실물을 축소하여 표현할 때 축소한 비율을 말한다. 아무리 작은 건물이라도 실물크기로 설계를 할 수가 없다. 앞에서 설명한 설계용지의 규격을 넘을 수가 없기 때문에 축소하여 설계도를 작성할 수밖에 없다. 축척은 1/100, 1/200, 1/300, 1/400, 1/500, 1/600로 표기하며 1:100,

1:200, 1:300 등으로 표기할 수도 있으며 이 방법은 설계도에 주로 사용한다. 삼각스케일은 축소하여 도면을 작성하거나 치수기재가 안 되어 있는 설계도에서 길이를 확인하기 쉽게 6종류의 축척이 표시된 제도용품이다. 1/100, 1/200 등의 축척눈금은 1/10, 1/20 축척용으로도 사용된다.

건물의 전면길이가 20,000 (20m)인 경우 1/100축척이면 200 (20㎝)이 되고, 1/200 축척을 사용할 경우 100 (10㎝)이지만 1/200 축척눈금에서 20에 해당한다. 일반적으로 건물의 크기가 클수록 설계용지는 큰 것을 선택하게 되고 축척은 작아지게 된다. 평면도, 입면도를 작성할 때는 주로 1/50, 1/100, 1/200의 축척을 사용하고 상세도를 작성할 때는 1/20, 1/30, 1/50, 1/60의 축척을 사용한다.

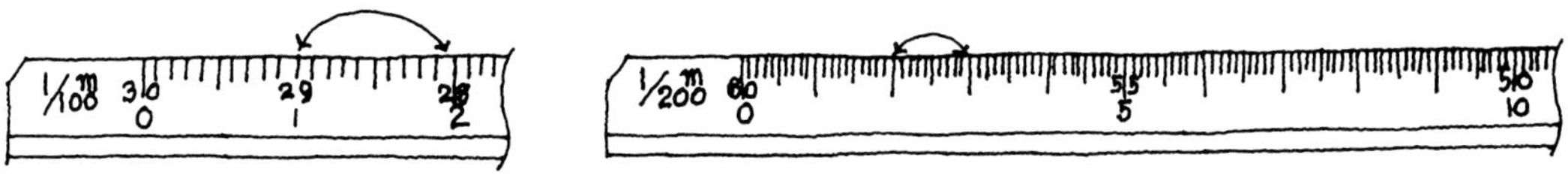

삼각스케일에서 1/100 축척에서 한 눈금은 1m를 표시하며 1/200 축척에서서도 한 눈금은 1m를 나타낸다.

축소한 비율을 숫자로 나타내는 이외에 그래픽 스케일(Graphic Scale)을 사용하는 경우가 있으며 이때에는 미터로 표현한다. 그래픽 스케일은 도면을 축소할 때 같은 비례로 축소되는 장점이 있다.

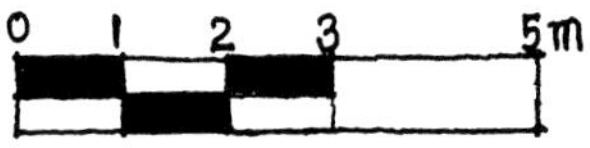

그래픽 스케일

설계도 작성을 할 때는 축소비율을 숫자로 표기하는 것이 일반적이며, 축소비율의 선택은 설계대상건축물의 규모에 따라 사용하는 설계용지 규격을 감안하여 결정해야 하며 축척이 클수록 설계의도 표현이 용이하다.

최근에는 A1 규격으로 설계도를 작성한 후, 현장에서 휴대가 편리한 A3로 축소하는 경우가 많아지고 있는 현실도 감안해야 한다. 축소하여 출력했을 때의 도면에 사용하는 글자와 숫자가 지나치게 작아지는 것은 피해야 한다. 삼각스케일에 있는 6종류 축척 이외인 1/150, 1/250의 축척을 사용하면 축소된 설계도는 1/75, 1/125의 축척이 되어 숫자가 누락된 부분을 삼각스케일의 눈금으로 확인하기가 어렵다.

약 어

설계도에 자주 사용하는 약어는 아래와 같다. 국가별, 설계사무소별로 다소 차이가 있으며 건축, 기계설비, 전기설비 등 분야별로 더 많은 약어가 사용되고 있으나 가장 많이 사용하는 건축약어만을 추려보았다. 약어는 가급적 사용하지 않는 것이 원칙이나 글씨를 써넣을 공간이 협소할 경우 등, 부득이 약어를 사용해야 할 때는 도면 앞부분에 도면에 사용한 약어설명을 기재해야 한다.

A 건축 (architecture)
AD 알루미늄 문 및 에어덕트 (air duct)
AG 알루미늄 그릴 (grill)
AL 알루미늄 (aluminum)
AW 알루미늄 창 (aluminum window)
B 벽돌 (brick), 작은 보 (beam)
BLDG 빌딩 (building)
BM 기준점 (bench mark)
C 기둥 (column), c-형강 (channel)
CH 천장높이 (ceiling hight), 굴뚝 (chimney)
COL 기둥 (column)
CONC 콘크리트 (concrete)
D 깊이 (depth), 문 (door)
DA 드라이에리어 (dry area)
DIA, D 직경 (diameter)
DN 내림 (down)
DS 선홈통 (down spout)
DWG 도면 (drawing)
E 동 (측), 전기의 (electrical)
EJ 신축줄눈 (expansion joint)
EL 입면도 (elevation), 해발높이 (earth level)
ELEV 엘리베이터 (elevator)
EPS 전기배관용 수직공간 (electrical pipe shaft)
F 기초 (foundation)
FB 평철 (平鐵, flat bar)
FL 층 (floor), 바닥높이 (floor level)
G 보 (girder)
GL 지표면 (ground level)
H, HT 높이 (height)
L L형강, 길이 (length)
MAX 최대 (maximum)
MIN 최소 (minimum)
N 북 (측)
NO 번호 (number)
OPNG 개구부 (opening)
PE 폴리에틸렌 (polyethylene)
PS 기계설비배관용 수직공간 (pipe shaft)
R 반경 (radius)
RD 지붕배수구 (roof drain)
REV 수정 (revision)
RM 실 (room)
S 남 (측), 축척 (scale), 구조 (structure), 슬래브 (slab)
SD 철제문 (steel door)
SFD 철제갑종방화문 (steel fire door)
SFS 철제방화셔터 (steel fire shutter)
SSD 스테인리스스틸 문 (stainless steel door)
SG 철제격자 (steel grill)
SST 스테인리스스틸 (stainless steel)
STL 철 (steel)
THK 두께 (thickness)
TYP 대표적인 (typical)
W 서 (측), 폭 (wide, width), 벽 (wall)
W/ 함께, …을 사용하여 (with)
WD 목제 문 (wood door)
WW 목제 창 (wood window)
@ 간격 (at)
액방 액체방수
갑방 갑종 방화문

참 고

- 약어는 미국: USA 세계보건기구: WHO 등과 같이 각 문자의 뒤에 마침표를 찍지 않고 대문자로만 구성하는 것이 원칙이다.

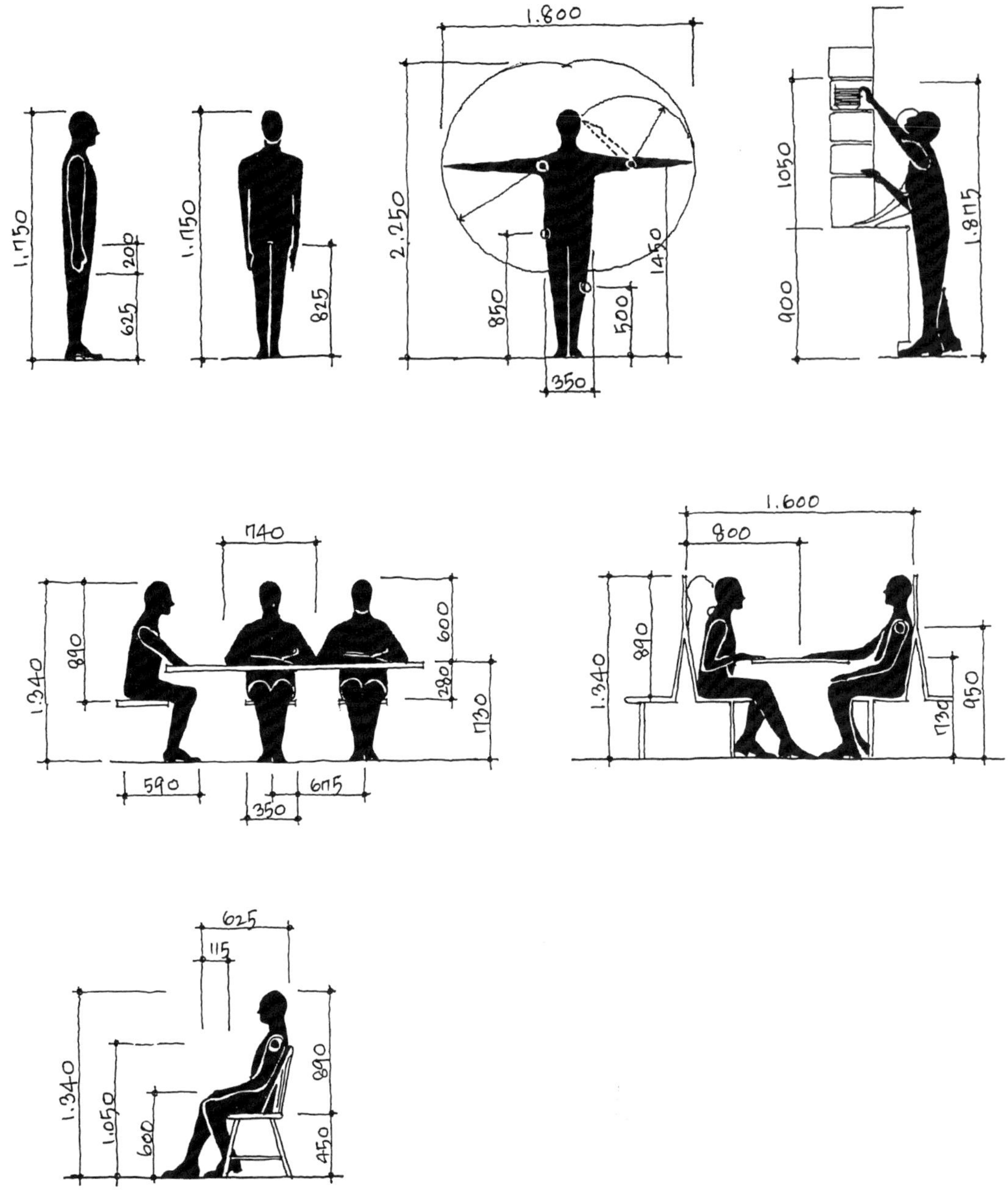

인체(人體)의 기본치수(단위는 mm임)

인체의 기본치수는 인종별, 남녀별, 연령별로 각각 다르다. 이런 기본치수는 공간의 크기, 문 높이, 가구의 크기 및 배치계획의 기본이 된다. 호텔 등과 같이 불특정 다수가 사용하는 건축물은 기본치수가 큰 인종의 치수를 기본으로 해야 한다. 그림의 치수는 우리나라 20대 남자의 평균 신장을 기본으로 한 치수들이며 건축계획에서는 평균보다 더 큰 사람이 많다는 점과 평균 신장도 점차 늘어나는 추세임을 고려해야 한다.

가구 크기와 필요한 공간

침실 · 침대

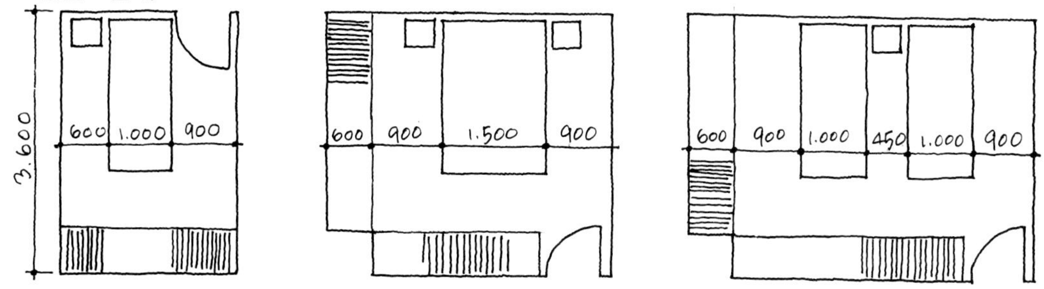

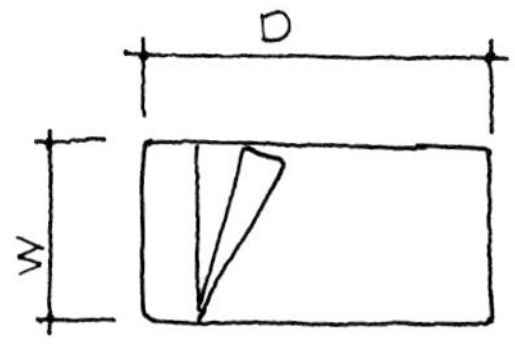

매트리스 규격

	W	D
싱글	1,000	2,000
더블	1,400~1,500	2,000
대형	1,700~1,800	2,100

소 파

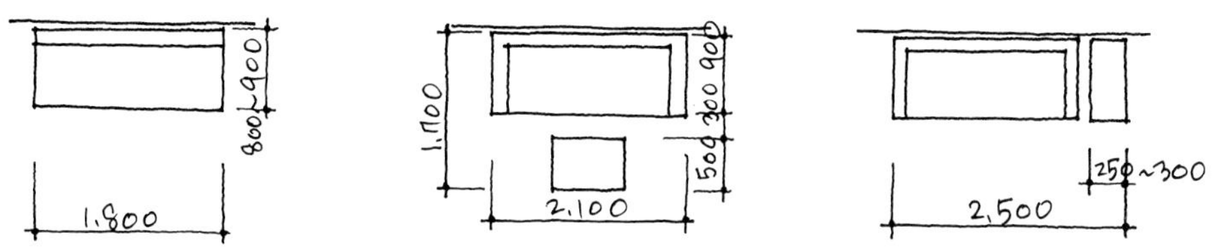

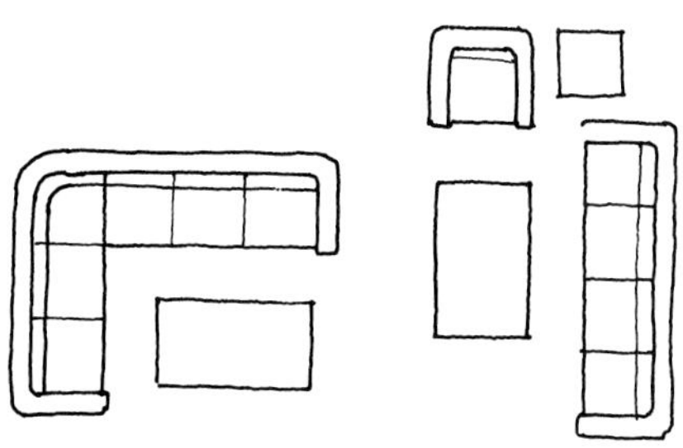

소파 배치 예

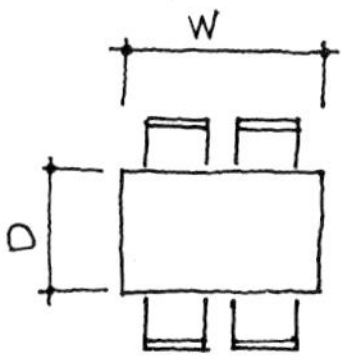

	W D
4인용	1,200×750
6인용	1,600×850

국민소득이 늘어나고 생활이 풍요로워지면서 소파 등의 가구류와 가전제품의 크기가 점차 커지고 있는 추세이다. 한편 늘어나는 독신자들의 거주공간인 소규모 원룸에서의 생활에 편리한 소형 가구가 개발되고 있다. 가구, 가전업체마다 다양한 크기의 가구와 가전제품들이 생산되고 있어 공간에 맞는 가구 선택이 필요하다.

식 당

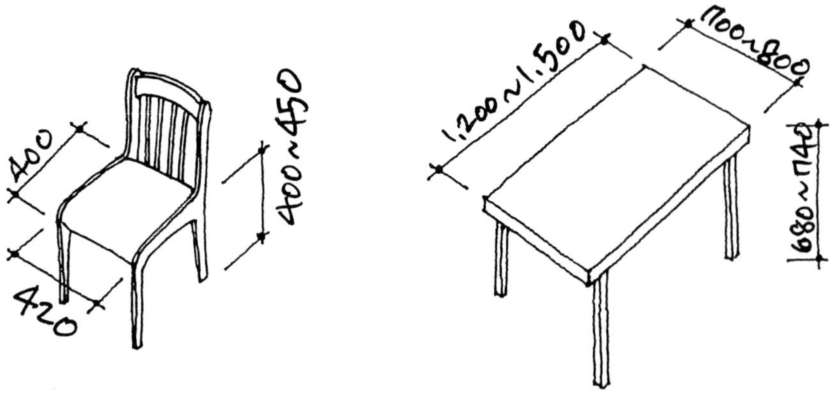
400
420
400~450
1,200~1,500
700~800
680~740

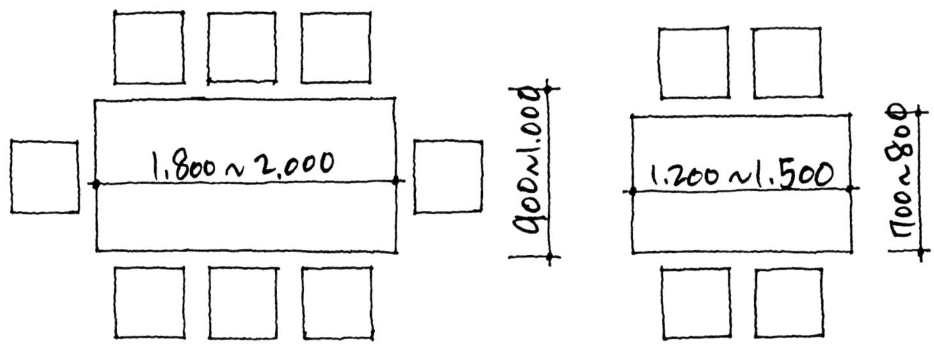
1,800~2,000
900~1,000
1,200~1,500
700~800

욕조 및 화장실

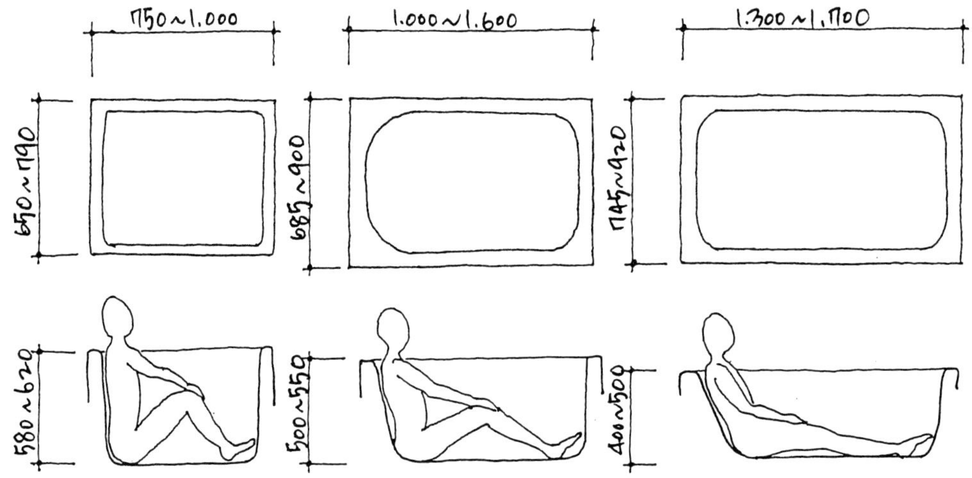
750~1,000
1,000~1,600
1,300~1,700
650~790
685~900
745~920
580~620
500~550
400~500

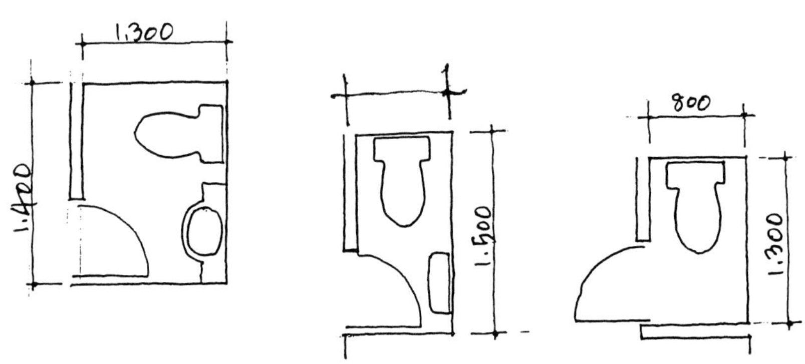
1,300
1,400
1,500
800
1,300

차종별 크기와 주차에 필요한 공간

주차장법에서 한 대의 구차구획은 일반형의 직각주차일 때 5,000×2,300 크기로 정해져 있지만 이 크기는 대형차를 주차하기에는 부족한 크기다. 국내에서 생산하는 대형차의 길이가 5,160으로 주차구획을 넘는 크기이다. 여러 대가 직각주차를 했을 때, 운전자가 하차를 하려면 문은 인접 주차구획선을 넘어서 사용하게 되나 구획선에 벽이 있다면 문을 열 수가 없다. 주택의 차고는 자동차를 주차하고 운전자가 문을 열고 내리기 위해서는 운전석 쪽으로 차폭 이외에 최소 600의 여유 공간 확보가 필요하다. 주차된 그림 중의 우측 차량의 운전자는 내릴 수가 없다.

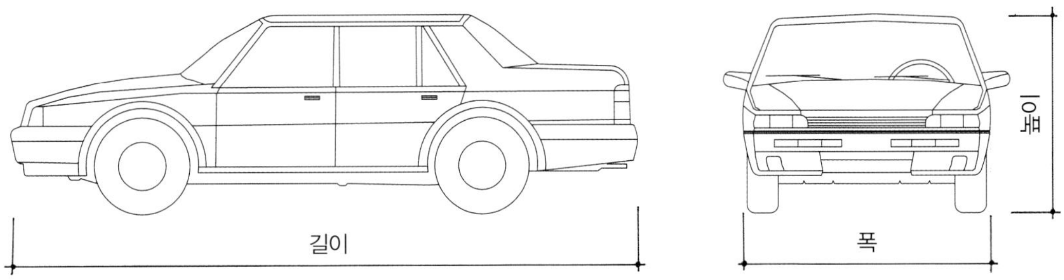

국내에서 생산되는 차종별 크기(H사 기준) (단위 : mm)

차종별	길 이	폭	높 이
대 형	5,160	1,900	1,490
준대형	4,910	1,860	1,470
중 형	4,820	1,835	1,470
준중형	4,530	1,775	1,436
소 형	4,370	1,705	1,455
경 차	3,595	1,595	1,485

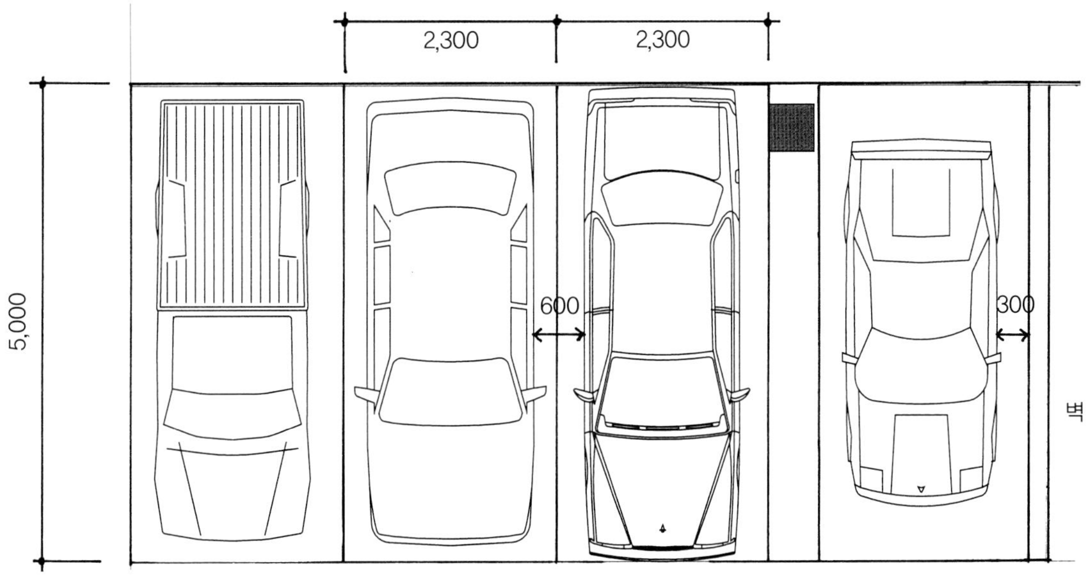

가구 및 가전제품 배치 사례(아파트)-1

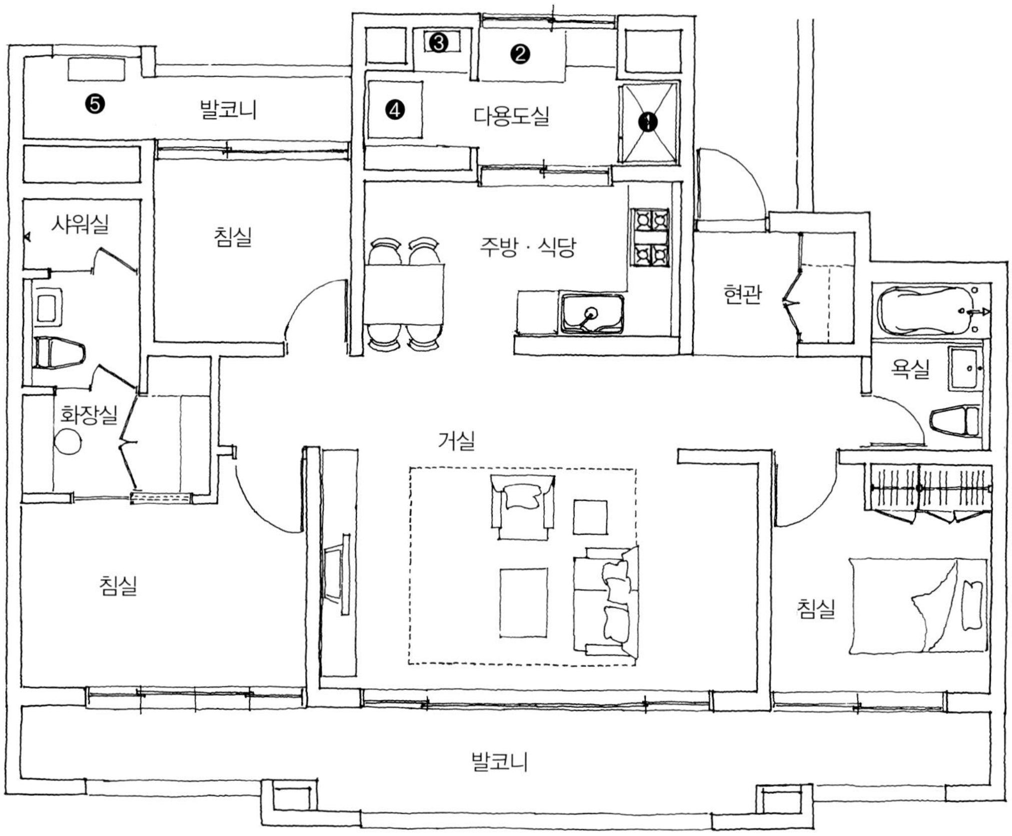

전용면적 30평의 아파트

축척 1/100

1. 냉장고 2. 김치 냉장고 3. 보일러 4. 세탁기 5. 실외기

건축의 공간은 사람의 삶을 담기 위해 만들어진다. 삶을 영위하기 위해서는 가구와 가전제품들이 필요하게 마련이다. 주거공간의 크기와 주부를 비롯하여 가족들이 필요로 하는 각종 가구와 가전제품들은 공간의 크기와 가족 수, 삶의 방식, 생활수준 등에 따라 달라진다. 꼭 필요한 것들은 설계과정에서 공간의 크기에 알맞은 크기를 선택하여 적정한 위치에 배치해야 편리한 생활이 가능해진다.

가구 및 가전제품 배치 사례(원룸)-2

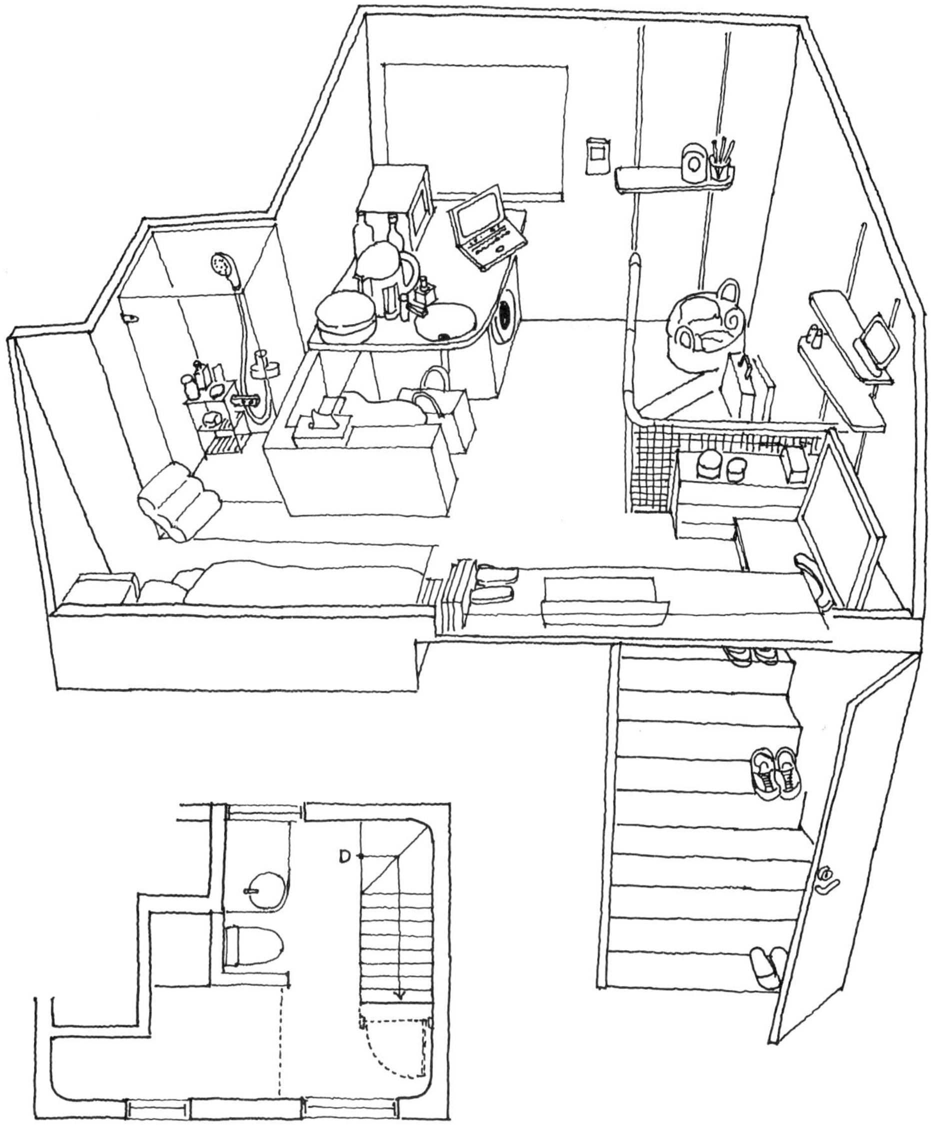

전용면적 4.5평의 원룸
축척 1/100

직장생활에 바쁜 독신자들을 위한 소형 주거시설 신축은 우리보다 일본에서 앞서 시작되었다. 아무리 작은 규모의 원룸이라 해도 생활에 필요한 가구와 가전제품들이 빠짐없이 배치된 사례이다. 2010년 초에 입주를 시작한 원룸(one room)형으로 15m²의 초소형 공간이지만 취사를 위한 시설 이외에 취침, 샤워, 변기, 세면기와 그 하부에 세탁기, TV, 전자레인지, 컴퓨터, 소형냉장고, 책상, 선반 등이 배치되어 있다. 계단은 신발장으로 사용하는 등 생활에 필요한 모든 것들을 구비하고 있다. (출처: NIKKEI ARCHITECTURE 2010 7-12)

개집모형 설계

앞에서 설명한 내용을 종합하여 개집모형 설계도를 작성해보자. 실제로 개가 사용하게 될 집과 개집모형 설계는 큰 차이가 없다. 모형에 사용하는 재료가 스티로폼일 뿐이며 평면도, 입면도, 단면도 등과 치수 기재방법은 동일하다. 실제로 기르고 있는 개집을 설계하려면 개의 종류에 따라 옥외용인지 아니면 실내용인지가 먼저 결정되어야 한다. 옥외용일 때는 내수성 재료를 이용해야 하기 때문이다. 같은 종류의 개라 할지라도 암컷은 새끼출산을 고려하여 수컷용에 비하여 다소 크게 설계해야 한다. 사람을 위한 건축물뿐만 아니라 동물을 위해 만드는 집도 이용대상이 편하게 사용하도록 설계를 해야 한다는 점에서 고려해야 할 사항이나 설계도 작성방법은 동일하다.

모형을 만들 목적으로 작성하는 설계도에는 한 치의 오차도 허용되지 않는다. 치수가 잘못 기재되면 치수대로 절단한 스티로폼이 맞지를 않아서 재료를 못 쓰게 되어 자재가 낭비될 뿐만 아니라 다시 치수를 확인한 후에 절단해야 하는 시간과 노력의 낭비가 뒤따른다. 실제로 지어질 집의 설계도에서 이런 상황이 발생하면 경제적 손실이 발생하고, 공사기간이 연장되어 부실설계로 인한 책임을 설계자가 지게 되어 막대한 경제적 손실과 신뢰 실추가 수반된다. 설계의도를 정확하게 표현하여 완성도 높은 설계도를 작성해야 하는 이유이다.

개집모형 설계도에 따라 만든 것이 모형사진이다. 평면, 입면, 단면사진이 설계도와 동일함을 알 수 있으며 용어의 설명에서 스펀지 공을 예로 든 내용과도 다름이 없다. 이미 만들어져 있는 스티로폼 개집모형을 절단하여 절단된 면을 실측하여 도면을 작성해도 설계도의 평면도, 단면도와 동일한 결과를 얻게 된다. 설계자가 계획, 기본설계 과정에서 이미 머릿속에 만들어진 건물을 절단하여 실축 및 표현한 것이 평면도와 단면도라고 하는 편이 더 정확한 설계도의 정의라 할 수 있다.

가장 기초적인 개집모형 설계를 하기 위해서는 평면도 등의 용어의 정의, 평 · 단면에서의 치수 표기법과 스티로폼이라는 단어 하나만 알면 되지만 실제로 사용할 개집을 설계하려면 합판, 나무 판재, 못, 사용에 적합한 페인트, 내수성 지붕재료 등 더 많은 건축단어와 어휘를 알고 있어야 소통 수단인 설계도를 작성할 수가 있다. 복잡한 건축설계도를 작성하거나 시공하기 위해 설계도를 이해하려면 내 · 외장재와 건축기술에 대한 정보를 많이 확보할수록 원활한 소통이 가능해진다.

단어와 어휘에 해당하는 이것을 간과하면 다양한 설계의도의 표현이 불가능해지기 마련이므로 관심을 가져야 할 부분이다.

개집모형 설계도

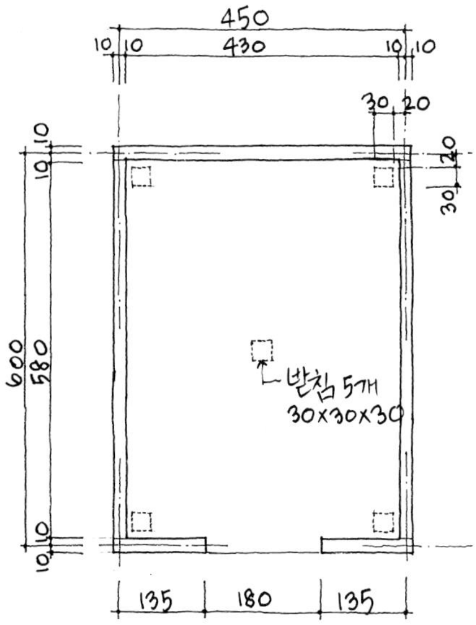

평면도

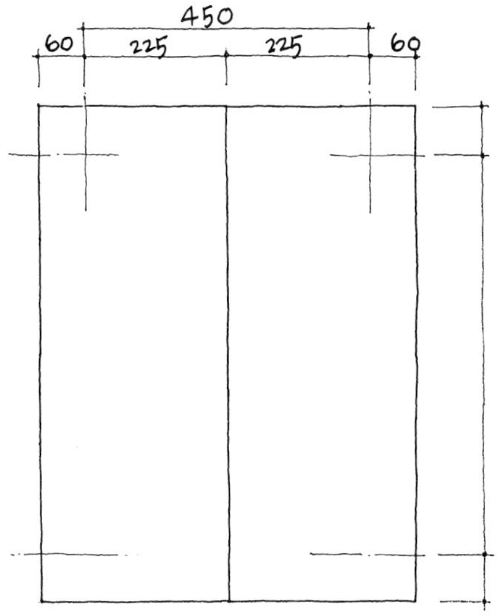

지붕 평면도

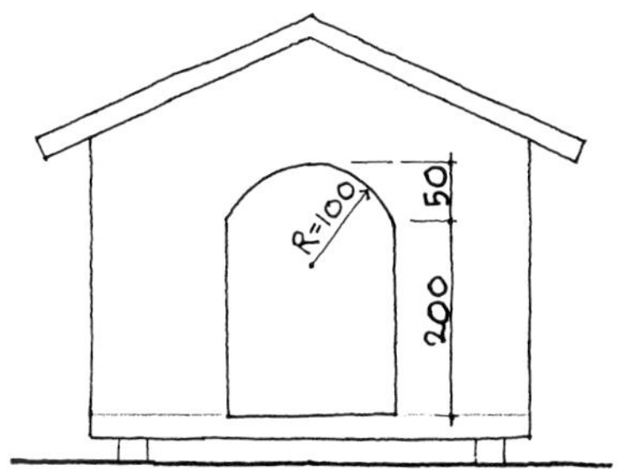

정면도

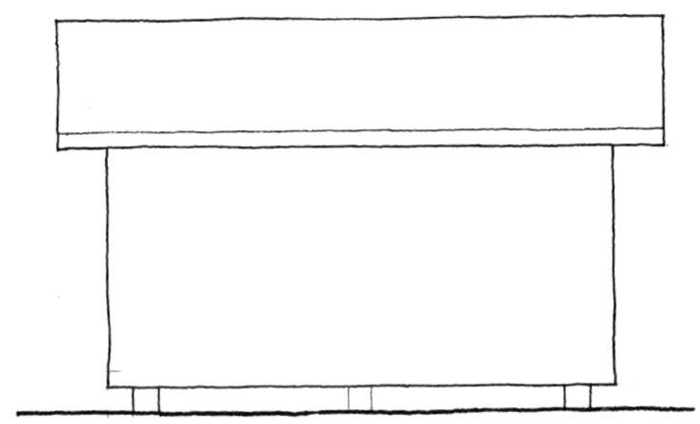

측면도

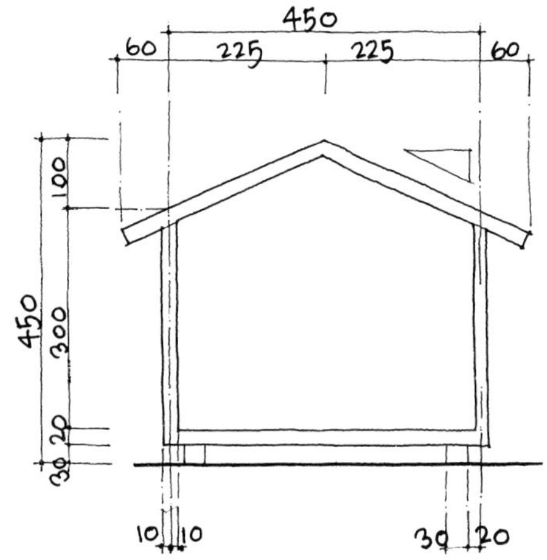

단면도

NOTES

1. 사용하는 모든 재료는 스티로폼으로 노출임.
2. 부재와 부재가 만나는 접속부분에는 스티로폼전용 접착제를 사용한다.
3. 접착제가 경화될 때까지(제조회사 설명서 참조) 핀 등으로 고정한 후 이동 및 충격을 금지한다.

모형사진

1. 전경　2. 단면　3. 측면　4. 정면　5. 평면

의자 설계도

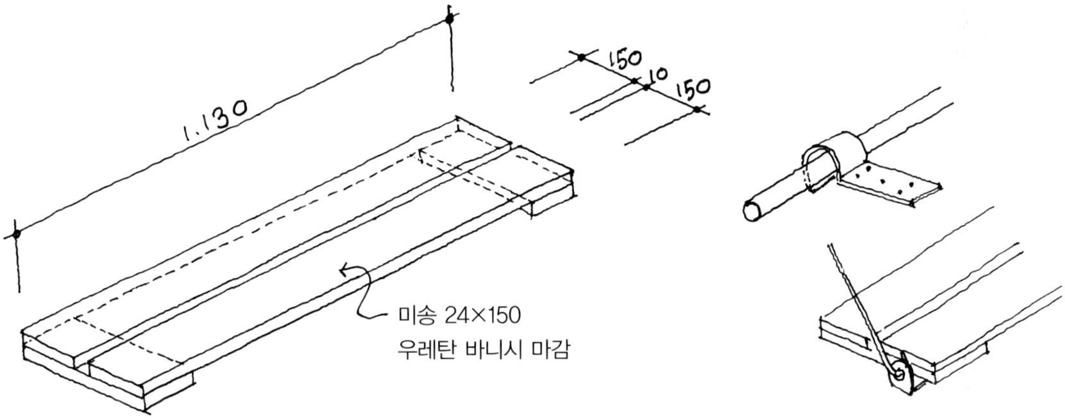

의자 상판

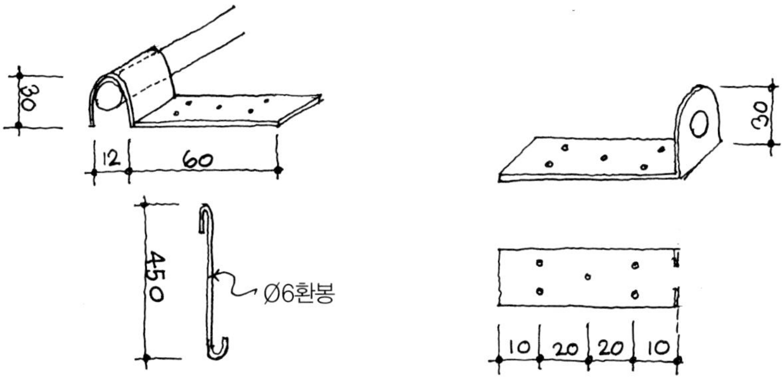

고정용 철물

설계도라고 해서 꼭 CAD를 이용하거나 자를 사용해야 하는 것은 아니다. 사진과 같은 간단한 의자를 만들기 위해서 제작에 지장이 없도록 자재와 치수에 대하여 정확하게 표현한 스케치도 설계도라 할 수 있다. 의도를 표현하는 방법은 상황에 따라 적절하게 구사할 수도 있다.

주택설계도 사례와
설계도의 이해

건축설계도 사례들

업무시설, 근린생활시설, 문화시설 등의 설계도는 기능이 주거시설과 다를 뿐, 설계도를 작성 및 이해하는 것은 주거시설과 다르지 않다. 기능과 사용하는 자재와 공법 등이 다를 수는 있겠지만 이는 앞에서 설명한 단어와 어휘를 그 시설에 적합한 것으로 표현하게 될 뿐이다. 우리가 늘 생활하는 공간인 소규모 주거시설의 설계도를 완전하게 이해하게 된다면 용도가 다르거나 규모가 큰 건축물의 설계도를 이해하는 것이 어렵지 않다. 설계도를 작성하는 기본은 건물의 유형별, 규모별로 다르지 않기 때문이다. 기본을 확실하게 이해하지 못하고 단순하게 단어와 어휘를 늘인다고 설계의도를 설계도면을 통하여 원활하게 소통시킬 수는 없다.

설계도 사례로 소개하는 주거시설들은 한국 해비타트에서 매년 무주택자들을 위해 전국에 짓고 있는 공동주택과 태양에너지를 최대로 활용하여 연간 연료소비를 1.5ℓ/㎡로 최소화한 주말주택, 그리고 외장에 붉은 벽돌을 사용한 조적조의 단독주택이다.

해비타트 주택은 1층이 철근콘크리트 구조이며 2층은 목구조이다. 태양에너지 주택은 철골구조에, 단독주택은 조적조로 각기 다른 구조로 지어진 집의 설계도를 비교해보면 설계도를 이해하는데 도움이 될 것이다. 앞의 두 주택은 CAD 시스템을 활용하여 작성한 도면들이고 마지막 사례는 T자와 삼각자 그리고 삼각스케일을 이용하여 설계도를 작성한 도면이어서 서로 비교가 된다. 설계도의 작성시기가 각기 다르기 때문에 표현된 자재이름이나 도면 표기방법에서 다소 차이가 있겠지만 앞에서 설명한 내용들이 원칙이라는 점만 이해하면 된다. 각 사례 설계도들은 설계도에 의하여 이미 지어진 집들이어서 건축, 구조, 냉 · 난방 및 위생설비, 전기설비, 조경설계도가 완성되어 있지만, 지면관계로 전체를 소개할 수는 없으며 건축도면을 위주로 대표적인 도면들만 발췌하여 설명을 하기로 한다. 건축설계도는 설계도의 기본이며 건축을 전공한 사람들이 최우선으로 이해해야 할 부분이다.

복잡해 보이기만 하는 건축설계도도 내용을 이해하고 보면 단순하고 명료함을 발견하게 된다. 반복해서 같은 내용을 여러 번(수다스럽게) 표현할 필요가 없고, 의도하는 바를 정확하게 한 번만 설계도에 표현하면 설계의도 전달이 가능하다. 앞에서 설명한 '설계도를 이해하기 위한 기초'와 앞으로 설명하게 될 3개의 프로젝트 사례를 이해하게 된다면 설계도의 기본을 이해하게 될 것이며, 건축용어 및 재료, 기술(단어와 어휘)을 늘려 가면 더 복잡하고 규모가 큰 설계도도 쉽게 작성 및 이해를 할 수 있게 된다.

설계도 사례-1

해비타트(HABITAT)주택/RC 및 목구조

(건축)

해비타트 주택

이 설계도는 한국 해비타트(Habitat for Humanity Korea)에서 집이 없어 가정생활이 붕괴되는 것을 막기 위하여 삶을 위한 최소한의 물리적 공간을 제공하여 자립기반을 마련하고 가정을 회복시켜주기 위한 사업으로, 전국에 매년 60여 세대를 신축하기 위한 표준설계도이다. 정림건축에서 설계와 감리를 후원하고 있으며 지금도 전국에서 자원봉사자들에 의해 공사가 진행되고 있다. 자원봉사자들은 불특정 다수로 초 · 중 · 고등학생과 대학생 그리고 기업체 직원, 교회의 봉사단들이며 남녀노소가 포함된다. 골조공사 중의 철근콘크리트(RC: Reinforced Concrete), 전기설비와 기계설비공사는 분야별 전문직 기능공들에 의해 시공되고 기타 모든 공사는 자원봉사자들에 의하여 마무리된다. 집을 지어보지도, 집짓는 것을 평소에 관심 있게 살펴본 적도 없는 사람들이 집을 짓게 되는 것이다. 이런 배경에서 설계목표는 일반적인 주택과 다를 수가 있다.

해비타트에서 "Building Homes, Change Lives". "사랑은 집을 만들고 집은 사랑을 만듭니다." 라는 말을 자주 사용한다. 일반 건축물을 설계할 때는 아름다운 건축을 만드는 건축가의 창의성과 전문성을 필요로 하지만 해비타트 주택을 설계할 때는 따뜻한 가슴(사랑)이 더 요구된다고 할 수 있다. 소중한 후원금이 잘못된 설계로 이어진다면 가정을 짓는 일도, 삶을 바꾸는 일도 이루어질 수 없는 일이기 때문이다. 해비타트 주택의 설계목표는 아래와 같다.

1. 소박하고 튼튼한 집

디자인이 단순해야 자원봉사자들이 일하기 쉽고 자재의 낭비도 줄일 수 있게 된다. 자재낭비를 방지하는 것은 공사비를 절약하는 일로, 소중한 후원금을 아껴 쓰는 일이며 폐자재 감소로 지구환경을 보존하는 역할로 이어진다.

2. 작으면서도 편안한 집

해비타트 주택같이 규모가 작을수록 100㎜를 소중하게 생각하는 건축가의 세심함을 필요로 한다. 방과 문의 크기 등을 결정할 때나 연관되어 자재를 선정할 때도 같은 생각이어야 한다. 100㎜의 아주 작은 건축가의 세심함이 이용자들을 행복하게 만들 수 있기 때문이다.

3. 공사 중의 안전사고를 사전에 예방하는 설계여야 한다.

처마높이는 최소로, 지붕구배는 작업 중에 미끄러지지 않는 구배(단, 지붕마감재에 적합한 구배)로 계획하는 등 안전사고에 철저하게 대비하는 설계여야 한다. 자원봉사자들의 안전여부도 설계에 좌우된다.

4. 하자(瑕疵) 없는 집

모처럼 얻은 행복도 하자가 발생하면 한 순간에 사라지게 된다. 물이 안 새고, 겨울에는 따뜻하고 여름에 시원해야 하는 기본적인 집의 기능이 보장되어야 한다. 소 잃고 외양간 고치려면 막대한 비용과 시간이 소요되며 귀중한 행복에 상처를 주게 된다.

5. 건물이 아닌 주거환경(옥내 · 외 및 마을환경)을 만든다는 자세가 필요하다.

집 한 채가 아니라 그 집들이 모여서 마을을 형성하게 되고 기존마을 주택과도 조화를 이룰 수 있어야 한다.

6. 봉사정신 확산을 만드는 계기가 되어야

늘어나는 자원봉사자들을 소화할 수 있는 일거리가 설계 때부터 반영되어야 한다. 봉사자들에 의해 지어지는 집의 특성에 맞는 공법과 자재선정이 필요하다. 봉사자들이 현장봉사를 하고 돌아갈 때 성취감을 느껴야 다음 해에 다시 현장봉사를 하게 된다. 해비타트 주택설계도를 이해하기 위해서는 우선 그 설계도를 작성하게 된 배경과 설계목표 등을 먼저 알아보는 것도 중요하다.

지면 관계로 도면목록 표에 있는 모든 도면을 첨부할 수는 없지만, 어떻게 설계도가 구성되어 있는지는 알 수 있을 정도로 중요한 내용의 도면을 발췌했다. 본래의 설계도면에 설계내용의 이해를 돕기 위한 주기(note)와 사진자료, 자재와 공법(건축언어인 단어와 어휘)에 대한 설명도 일부 첨부하였다. 이 프로젝트 구조는 2개 층 전체를 목구조로 설계를 할 수 있겠지만 각기 다른 세대가 사용하는 주거시설이기 때문에 세대 간 차음을 위해 2층 바닥 슬래브까지는 철근콘크리트 구조(슬래브 두께 210)를 적용하고 2층만 순수 목구조로 설계한 것도 흔히 볼 수 없는 구조이다. 철근콘크리트와 목구조를 동시에 살펴볼 수 있는 프로젝트의 설계도다.

배치도에서부터 시작하여 마지막 도면까지 설계도를 한 장씩 정독을 하다 보면 설계도에 표현한대로 집이 머릿속에 그려지게 된다. 설계과정에서 모형을 만드는 것과 같이 설계도를 이해했다면 머릿속에서 실제의 집 모형을 완성할 수 있게 된다.

짧은 시간에 더 정확한 설계도의 이해를 위해서는 매년 각 지역별로 진행하는 해비타트 주택현장에서 방학이나 휴가기간을 이용하여 자원봉사를 하는 것도 좋은 방법이다. 학교나 설계사무소에서 할 수 없는, 실물 크기의 모형(집)을 실제로 만드는 일을 경험할 수 있는 유일한 기회라 생각된다. 실습을 통하여 설계도를 쉽게 이해할 수 있게 되고 봉사의 보람도 얻게 되는 일석이조의 효과가 있다.

도면목록표

일련번호	도면번호	도 면 명	축 척(A3)	비 고
		건축, 조경, 구조, 기계, 전기/통신		
1	A - 001	설계개요, 대지 종, 횡 단면도	1/400	
2	002	구적도 및 구적표	1/400	
3	003	배치도	1/400	
4	C - 001	우수계획평면도	1/400	
5	002	오수계획평면도	1/400	
6	L - 001	조경 구적도	1/400	
7	002	식재계획도	1/400	
8	003	식재상세도	NTS	
9	A - 101	실내재료 마감표	NTS	
10	102	면적산출근거표	1/200	
		건 축		
11	A - 201	1층 평면도	1/100	
12	202	2층 평면도	1/100	
13	203	지붕층 평면도	1/100	
14	204	정면도, 배면도	1/100, 1/60, 1/50, 1/20	
15	205	좌측면도, 우측면도	1/100	
16	206	주단면도 1, 2, 3	1/100, 1/10	
17	A - 301	외벽부분단면 상세도 - 1, 2	1/20	
18	302	외벽부분단면 상세도 - 3, 4	1/20	
19	303	계단 평면, 단면도	1/100, 1/10	
20	304	계단 단면 상세도, 단면 부분 상세도	1/40, 1/20, 1/10	
21	305	화장실 단면 상세도	1/20	
22	306	창호전개도	1/100, 1/10	
	307	장애인 편의시설 상세도	1/30	
	308	1층 벽체부호도	1/100	
	309	2층 벽체부호도	1/100	
	310	벽체타입 상세도	1/10	
		구 조		
23	S - 101	기초 및1층 바닥구조 평면도	1/100, 1/40	
24	102	2층바닥구조 평면도	1/100, 1/20	
25	103	보,기둥,벽체 일람표	1/60, NTS	
26	104	계단실 구조평면,단면 상세도	1/100, 1/40, NTS	
27	105	지붕층 트러스 구조 평면도	1/100	
28	106	트러스 구조 상세도	1/60	
29	S - 201	표준배근도-1	NTS	
30	202	표준배근도-2	NTS	
31	203	표준배근도-3	NTS	
32	204	표준배근도-4	NTS	
33	205	표준배근도-5	NTS	

	도면번호	도 면 명	축 척(A3)	비 고
34	206	표준배근도-6	NTS	
	S - 301	전면 스터드 구조전개도-1	1/60	
	302	전면 스터드 구조전개도-2	1/60	
	303	후면 스터드 구조전개도-1	1/60	
	304	후면 스터드 구조전개도-2	1/60	
	305	측면 스터드 구조전개도	1/60, 1/30	
		<내부 스터드 참고용 도면>		
	S - 401	1층 스터드 구조 평면도	1/60	
	402	2층 스터드 구조 평면도	1/60	
	403	1층 스터드 구조 전개도	1/60	
	404	2층 스터드 구조 전개도	1/60	
		기 계		
35	M - 001	도면목록표 및 범례	NTS	
36	002	장비일람표	1/400	
37	003	옥외배관 평면도	NTS	
38	004	1층, 2층 난방 배관평면도	1/100, NTS	
39	005	1층 급수, 급탕 배관평면도	1/100, NTS	
40	006	2층 급수, 급탕 배관평면도	1/100, NTS	
41	007	1층 오, 배수 배관평면도	1/100	
42	008	2층 오, 배수 배관평면도	1/100	
43	009	1층 가스배관평면도	1/100, NTS	
44	010	2층 가스배관평면도	1/100, NTS	
45	011	일반상세도	NTS	
		전 기/통 신		
46	EE - 001	도면목록표, 범례 및 일반주기	NTS	
47	002	옥외 전력 인입 및 외등 설비 배선도	1/400, NTS	
48	003	전력간선 설비 계통도	NTS	
49	004	조명기구 외형도 및 분전반 결선도	NTS	
50	005	1~4동 1층 전등설비 배선도	1/100	
51	006	1~4동 2층 전등설비 배선도	1/100	
52	007	1동 1층 전열설비 배선도	1/100	
53	008	2동 1층 전열설비 배선도	1/100	
54	009	3동 1층 전열설비 배선도	1/100	
55	010	4동 1층 전열설비 배선도	1/100	
56	011	1~4동 2층 전열 설비 배선도	1/100	
57	ET - 001	도면 목록표, 범례 및 일반주기	NTS	
58	002	옥외통신인입	1/400, NTS	
59	003	전화 및 TV 공청 설비 계통도	NTS	
60	004	1동 1층 전화 및 TV 공청 설비 배선도	1/100	
61	005	2동 1층 전화 및 TV 공청 설비 배선도	1/100	
62	006	3동 1층 전화 및 TV 공청 설비 배선도	1/100	
63	007	4동 1층 전화 및 TV 공청 설비 배선도	1/100	
64	008	1,2동 2층 전화 및 TV 공청 설비 배선도	1/100	

주기(Notes)

설계도를 작성하기 전에 개략적인 도면 종류와 매수를 계획하게 되고 설계가 완료되면 건축, 구조, 전기 및 기계설비, 토목과 조경 등 분야별로 전체도면 구성을 일목요연하게 파악할 수 있도록 정리한 내용이 도면목록표다. 건축물의 종류와 규모에 따라 기능이 단순한 소규모의 건축물은 설계도면이 20~30매에 불과하지만 기능이 복잡하고 규모가 큰 건축물은 1,000매 이상의 설계도면을 필요로 한다. 건축물을 완성하기 위해 건축분야 이외의 전문가들이 작성하게 되는 설계도가 적지 않음을 보여주고 있다. 이 프로젝트에서 건축분야(구조포함) 설계도는 54.5%로 타 분야의 전문가들과의 협업이 중요함을 나타낸다.

주기(Notes)

배치도는 대지의 주변 상황, 대지와 도로, 대지 안에서 건축물의 위치, 주차장, 조경과 식재, 기타 옥외 시설물, 방위표시 등을 표현한 도면이다. 시공이 완료된 건축물의 상공에서 부지를 내려다보고, 보이는 대로 빠짐없이 그린 것이 배치도라고도 할 수 있다. 우수용 맨홀, 수목 등도 표현하는 것이 원칙이나 토목과 조경설계도에서 별도로 다루었을 때는 생략할 수도 있다. 법적으로 띄워야 할 경계선으로부터 건물 외벽까지의 거리, 도로와 부지의 정지레벨, 옥외 포장 재료도 표현해야 하며 심지어 재활용품 보관함의 위치도 나타나 있다.

건물의 지붕을 표현하는 것이 원칙이나 1층을 표현하여 옥외시설물과의 관계를 보여주는 것도 방법 중의 하나이다. 식재, 바닥 포장재의 패턴과 줄눈 등은 약한 선으로 표현하여 대지와 도로, 도로와 건물관계 표현에 혼선을 주어서는 안 된다.

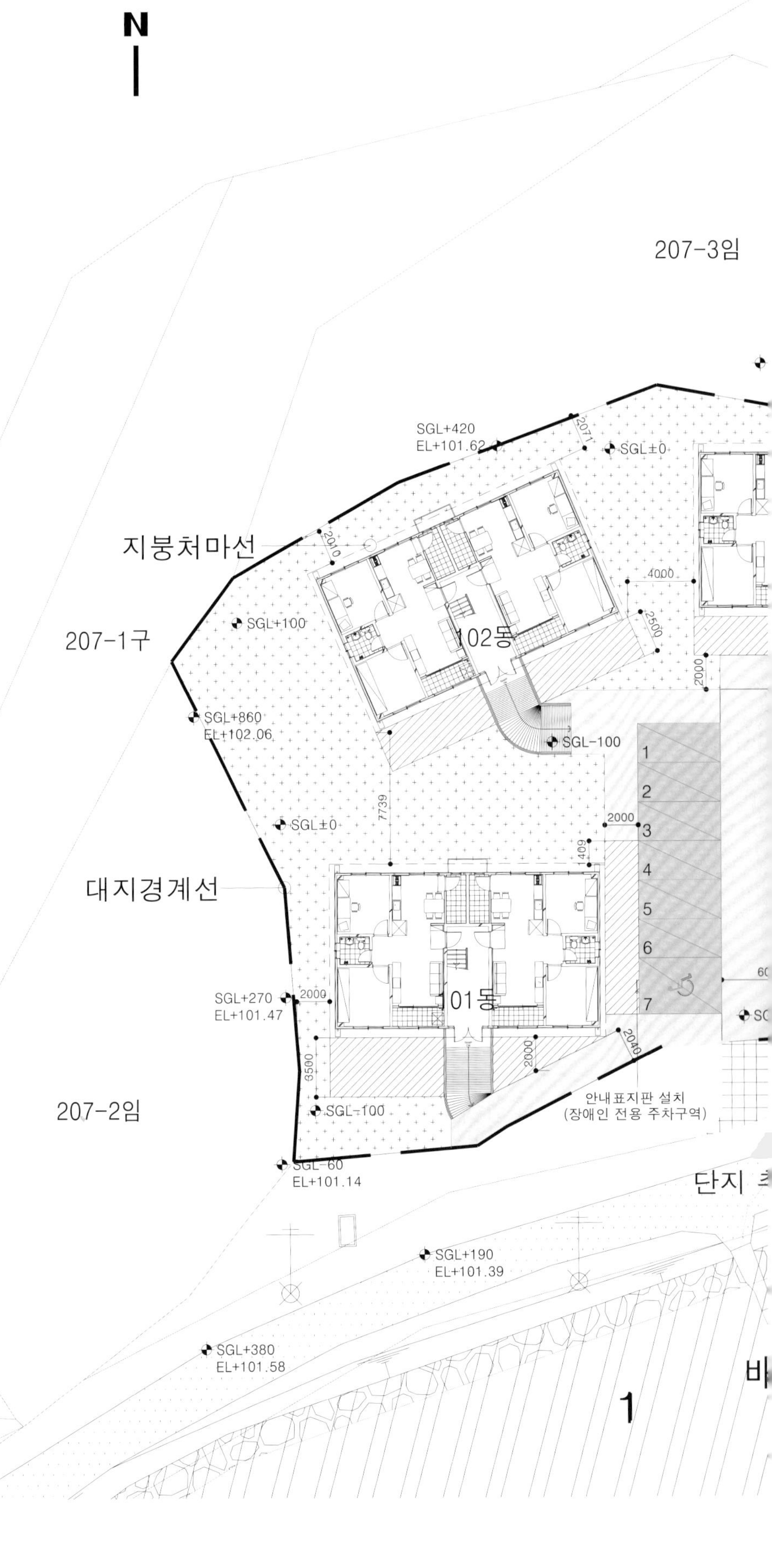

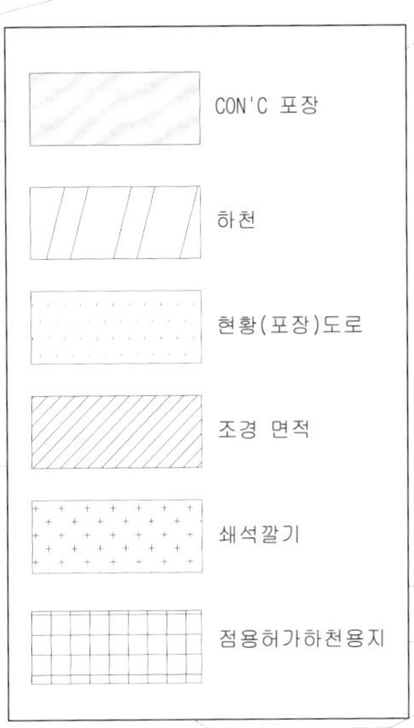

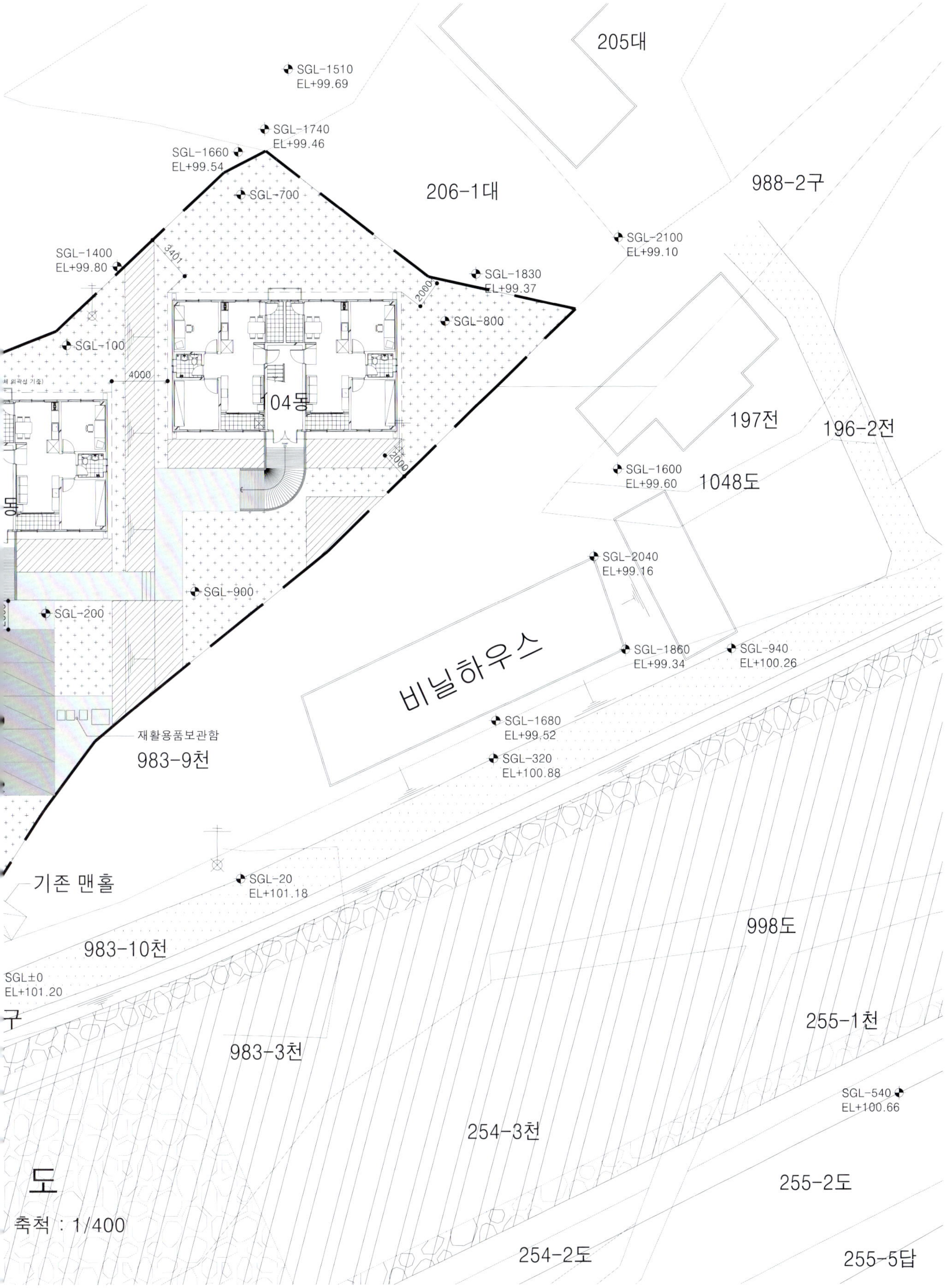
205대
SGL-1510
EL+99.69
SGL-1740
EL+99.46
SGL-1660
EL+99.54
SGL-700
206-1대
988-2구
SGL-2100
EL+99.10
SGL-1400
EL+99.80
3401
SGL-1830
EL+99.37
2000
SGL-800
SGL-100
4000
104동
197전
196-2전
2000
SGL-1600
EL+99.60
1048도
동
SGL-2040
EL+99.16
SGL-900
SGL-200
비닐하우스
SGL-1860
EL+99.34
SGL-940
EL+100.26
SGL-1680
EL+99.52
재활용품보관함
983-9천
SGL-320
EL+100.88
기존 맨홀
SGL-20
EL+101.18
998도
983-10천
SGL±0
EL+101.20
구
255-1천
983-3천
SGL-540
EL+100.66
254-3천
도
255-2도
축척 : 1/400
254-2도
255-5답

주기(Notes)

우수계획 평면도는 대지 안 및 일부 외부에서 유입되는 우수(빗물)와 생활하수를 원활하게 단지 밖으로 배수하기 위해 작성한 도면이다. 범례에 표시되어 있는 맨홀, 집수정, 우수관 및 재질 등을 설명하고 있으며 이 도면은 토목설계사무소에서 작성한 것 중의 일부이다. 100㎜/h 이상의 집중호우에도 1층이 침수피해를 받지 않도록 설계되어 있다.

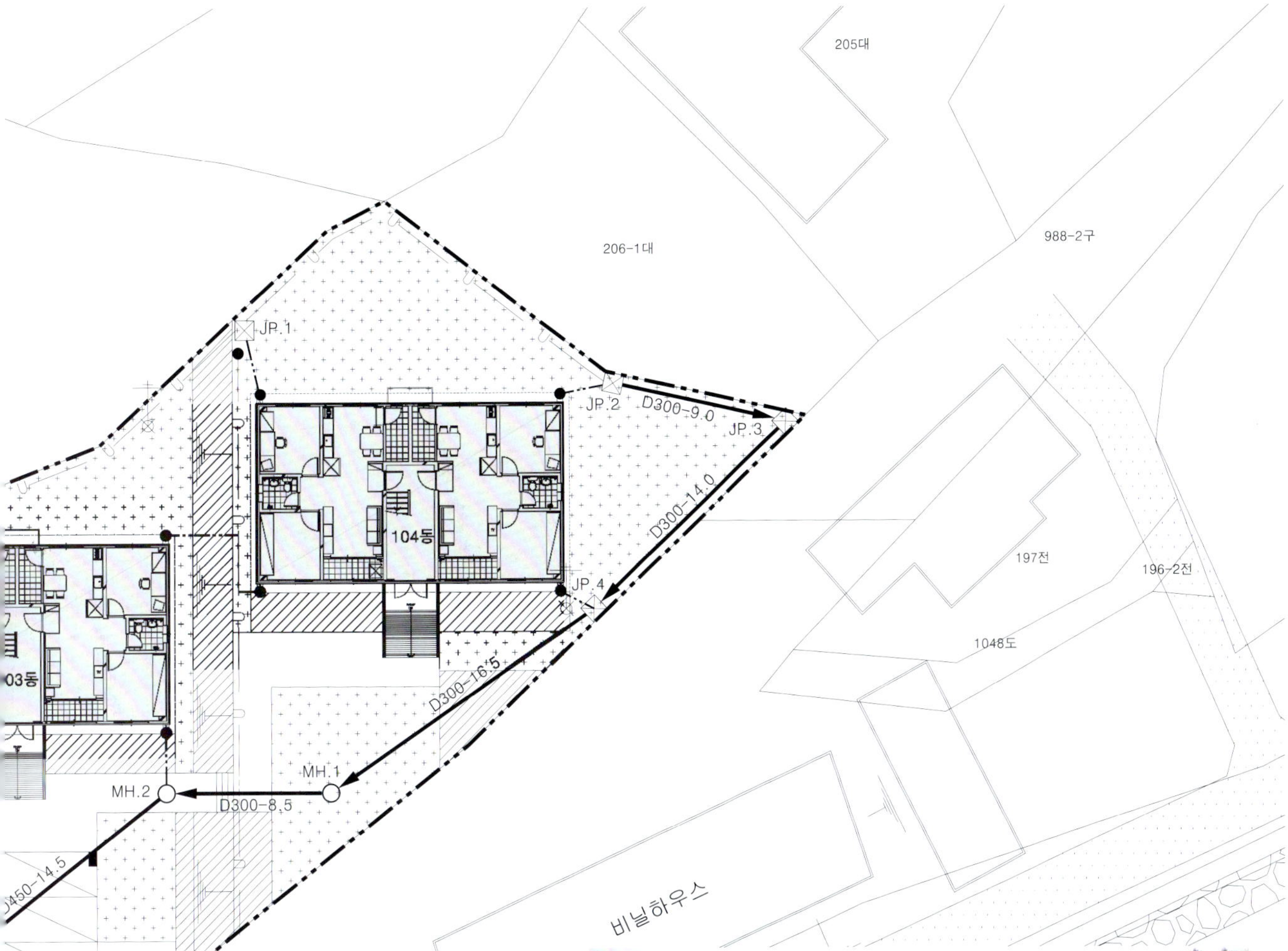

기　호	명　칭	규　격	비　고
MH.1 ○	우 수 맨 홀	D 900	현장타설
JP.1 ⊠	집 수 정	700X700	현장타설
➡	우 수 관 로	D 450	흄　관
⊠→	집수정연결관	D 300	흄　관
▮	빗물받이	410X510X940	P.E 제품
▮- - -	빗물받이연결관	D 250	P.E 연결관
●	홈 통 받 이	D430, h610	P.E 제품
•—	홈통받이연결관	D 200	P.E 연결관
—U—	U형측구	300X300	현장타설

계획 평면도

축척 : 1/400

주기(Notes)

건축법에는 지역별로 대지 안에 조경의무 면적과 그 면적에 식재해야 할 교목과 관목의 기준이 정해져 있다. 이 부지는 대지 면적의 10% 이상을 조경면적으로 확보해야 하는 지역이며 기준에 맞게 수종을 선택하여 식재되어 있다. 대지 전면의 도로에서 주택의 1층 내부가 들여다보이지 않도록 차폐의도로 식재가 계획되었다.

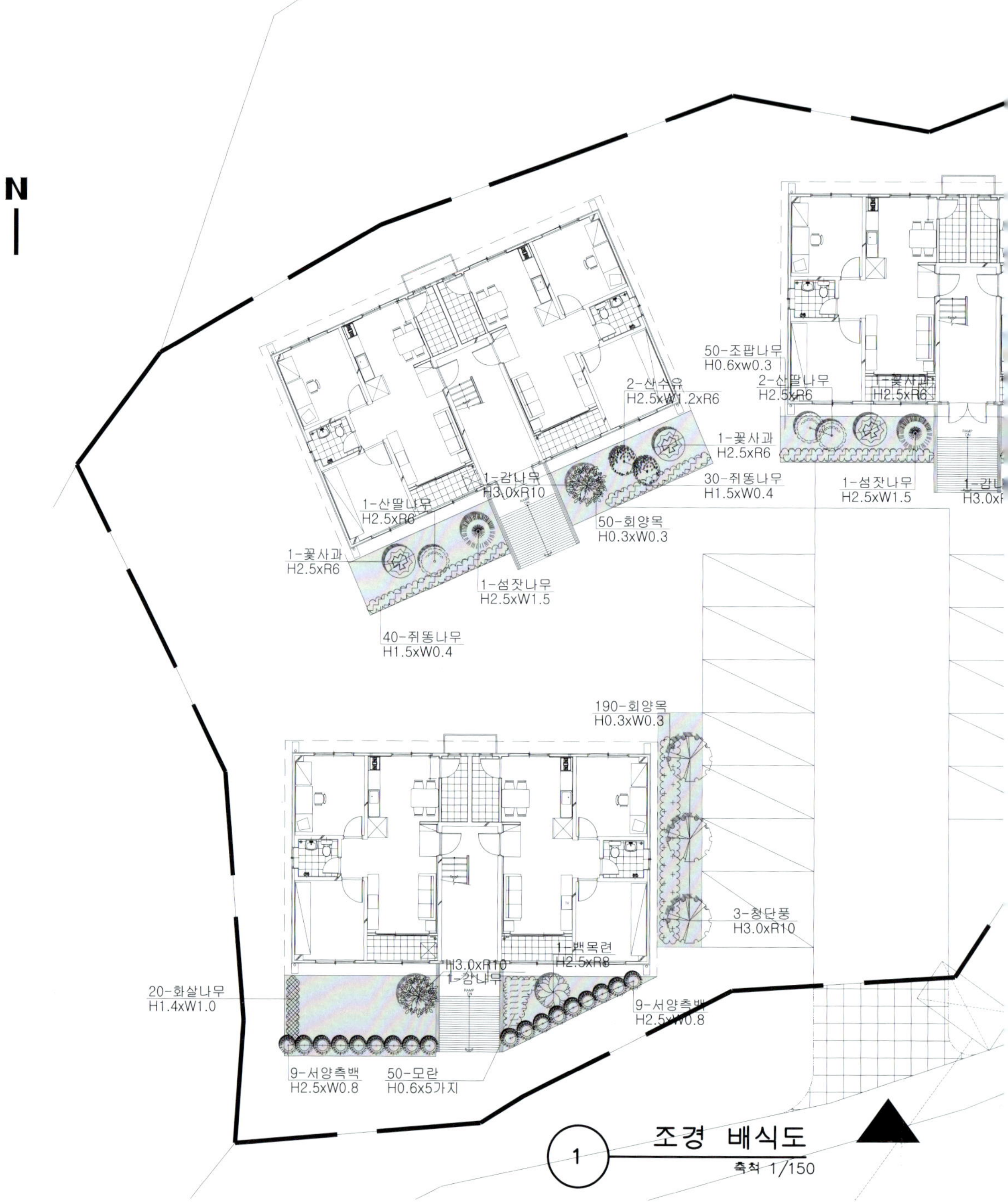

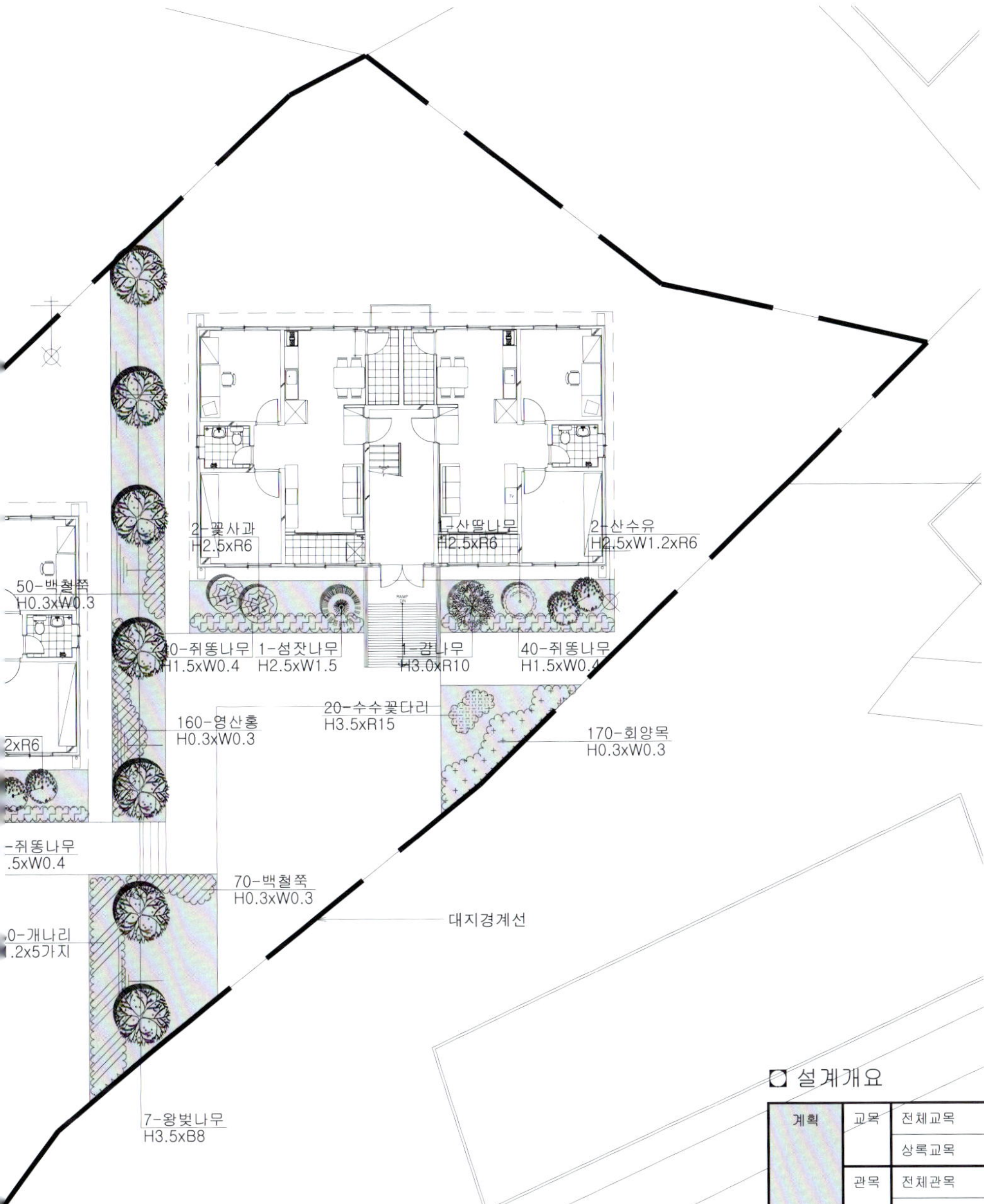

설계개요

계획	교목	전체교목	51주
		상록교목	21주
	관목	전체관목	1,220주
		상록관목	360주

식재수량표

구분	기호	품명	규격	단위	수량	비고
상록교목		서양측백	H2.5xW0.8	주	18	
		섬잣나무	H2.5xW1.2xR6	주	3	
		상록교목합계		주	21	
낙엽교목		감나무	H3.0xR10	주	4	
		꽃사과	H2.5xR5	주	5	
		백목련	H2.5xR8	주	1	
		산딸나무	H2.5xR6	주	4	
		산수유	H2.5xR6	주	6	
		왕벚나무	H3.5xB8	주	7	
		청단풍	H2.5xR8	주	3	
		낙엽교목합계		주	30	
		교목합계		주	51	

구분	기호	품명	규격	단위	수량	비고
상록관목		회양목	H0.3xW0.3	주	360	
		상록관목합계		주	360	
낙엽관목		개나리	H1.2x5가지	주	260	
		모란	H0.6x5가지	주	50	
		백철쭉	H0.3xW0.3	주	120	
		수수꽃다리	H3.5xR15	주	20	
		영산홍	H0.3xW0.3	주	160	
		쥐똥나무	H1.5xW0.4	주	230	
		화살나무	H1.4xW1.0	주	20	
		낙엽관목합계		주	860	
		관목합계		주	1,220	

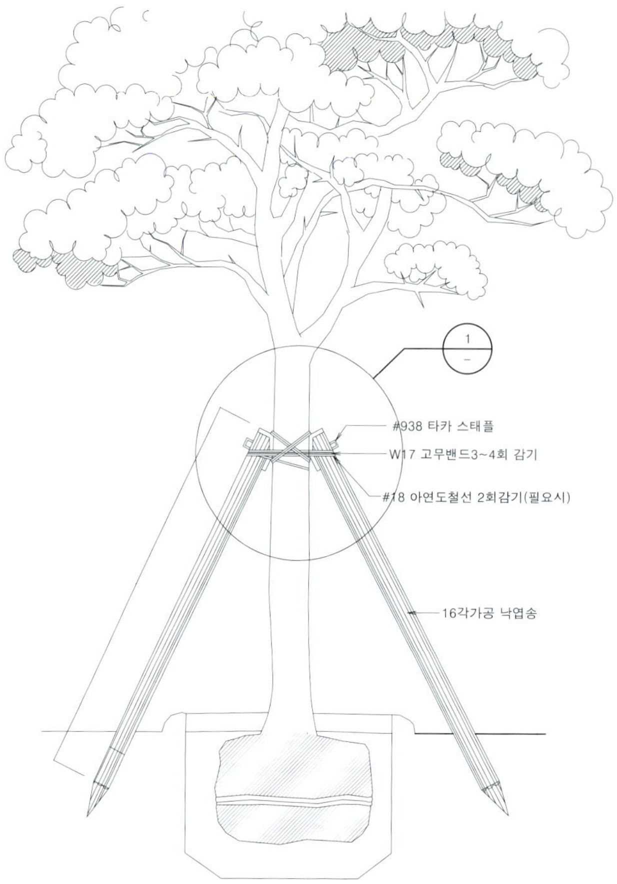

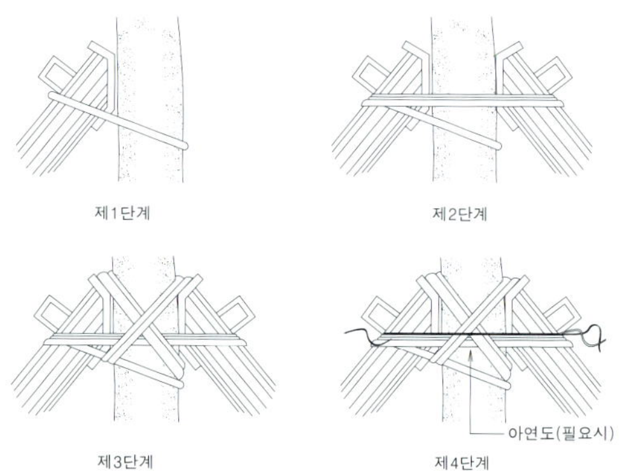

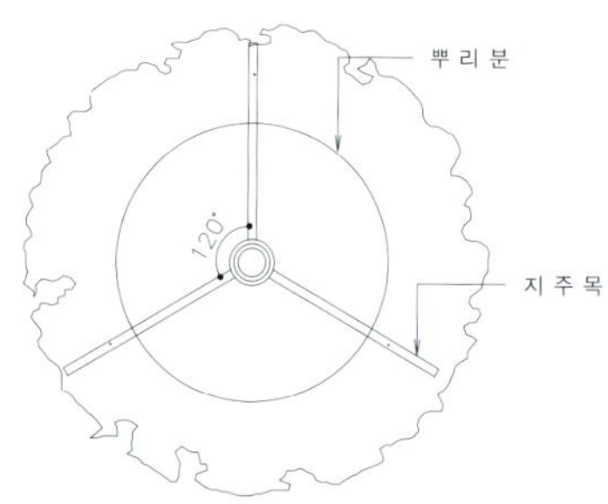

1 삼발이 지주대 상세도

축척 : NONE

품 명	규 격	적용교목	비 고
삼발이지주대(중형)	L=1350	H3.0-4.0 미만	

삼발이 지주대(중형,대형)　　축척 : NONE

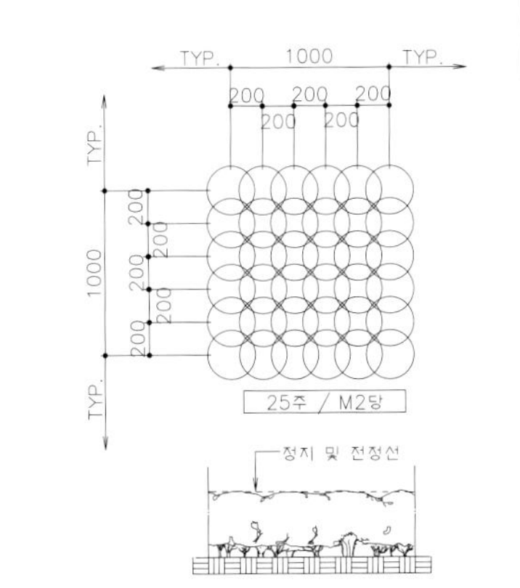

W0.3관목군식재 축척 : NONE

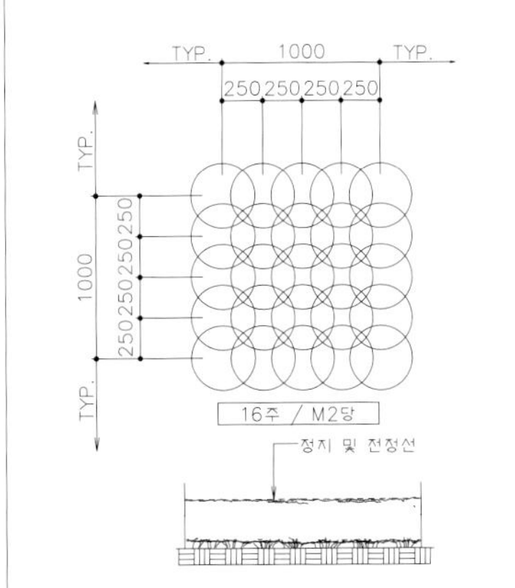

W0.4관목군식재 축척 : NONE

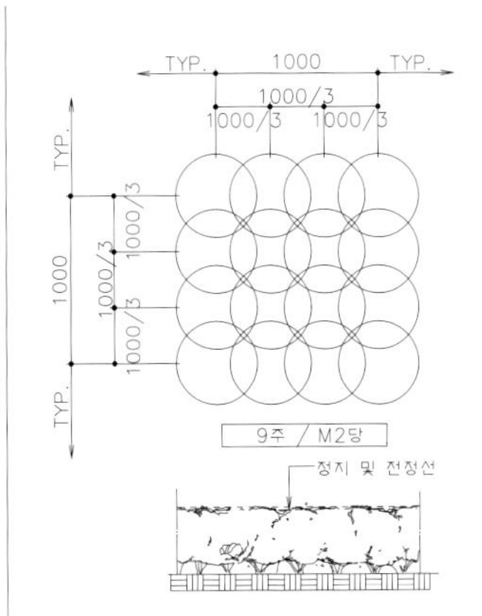

W0.5관목군식재 축척 : NONE

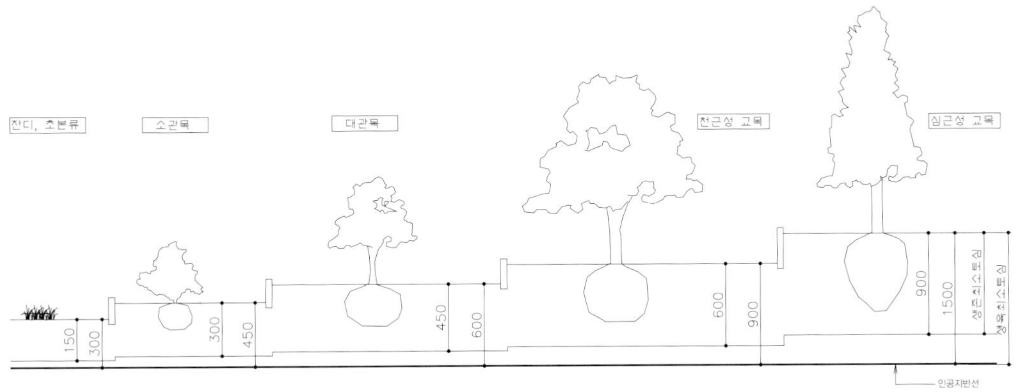

생육 적용 토심 수고 (일반토양) 축척 : NONE

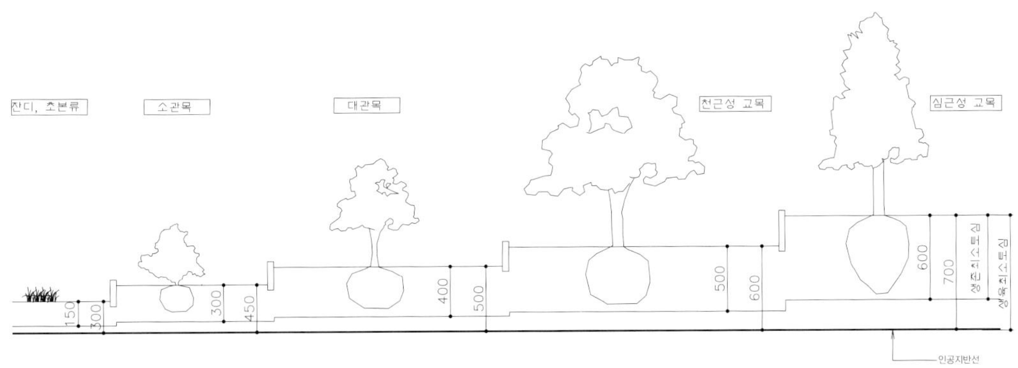

생육 적용 토심 수고 (인공경량토양) 축척 : NONE

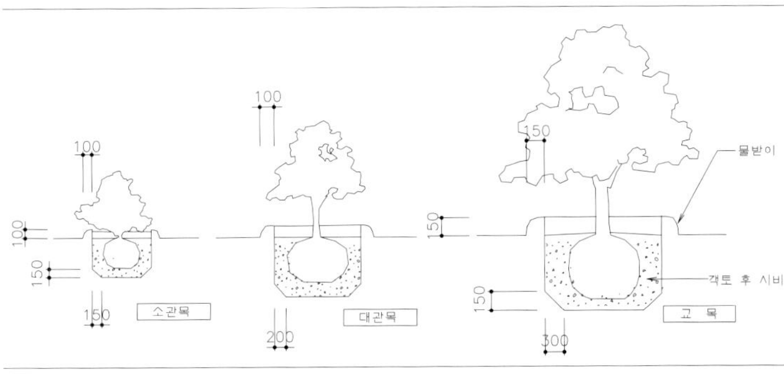

수고별 식재 표준 단면도 축척 : NONE

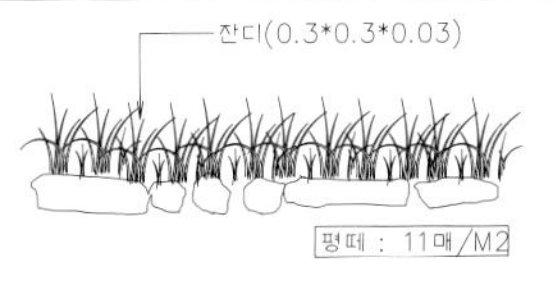

잔디 식재 축척 : NONE

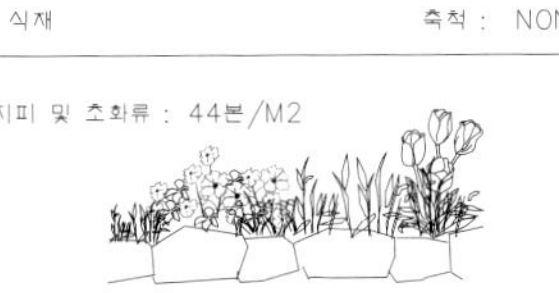

지피 및 초화류 식재 축척 : NONE

실내재료마감표

실 명	바닥			걸레받이		
	바 탕	마 감	비고	바 탕	마 감	비고
현 관	액체방수/보호 모르타르	시멘트 모르타르/자기질 타일			THK15 라왕/투명락카	H=1
거 실, 주 방	THK100 패널히팅	THK2.0 비닐시트		시멘트 모르타르 THK12.5 석고보드	비닐베이스	H=6
침실-1, 침실-2	THK100 패널히팅	THK2.0 비닐시트		시멘트 모르타르 THK12.5 석고보드	비닐베이스	H=6
욕 실	THK100 패널히팅	자기질타일 (300*300)	액체방수			
발 코 니		자기질타일 (300*300)	액체방수	THK12.5 석고보드 시멘트 모르타르	석기질타일	H=1
계 단 실	THK35 시멘트 모르타르	THK25 테라조판		시멘트 모르타르	아크릴페인트	H=6
외부마감	* 외벽 : 비닐사이딩 * 지붕 : 컬러 아스팔트싱글					

주기(Notes)

1. 몰딩(molding)

'기둥의 모서리나 문살의 모를 접어 골을 내는 일'이 사전적 의미이나 실내마감 표에서는 반자돌림을 말한다. PVC와 목재 재질이 주로 사용되며 형태 및 크기 등은 설계자에 의해 디자인 되는 것이 원칙이나 다양한 형태의 기성제품도 판매되고 있다. 최근에는 아파트의 저층부와 고층부의 마감재 접속부분에 인조석 몰딩을 사용하는 예가 늘어나고 있다.

2. 비닐 베이스

비닐재질의 기성제품 걸레받이를 말하며 다양한 색상과 높이로 생산된다. 걸레받이 재료로는 실의 용도에 따라 목재와 석재도 많이 사용된다.

3. 비닐 사이딩

경질 PVC를 압출 성형한 외벽마감재로 가격이 저렴하고 시공이 간편한 장점이 있다.

4. 아스팔트 싱글

특수아스팔트 사이에 유리섬유(glass fiber)를 넣어 보강한 지붕재로 표면은 채색된 돌 입자를 코팅하여 다양한 색상을 낼 수 있다. 무겁지 않고 시공이 용이하고 저렴한 장점이 있다.

5. 테라조판

종석으로 대리석과 화강석 등의 부순 골재를 사용하며 안료, 시멘트를 고착제와 함께 성형하여 경화 후에 연마하여 고광택으로 마감한다. 주로 바닥, 계단 등에 사용하며 종석의 색상과 안료에 따라서 다양한 색상이 가능한 인조석의 일종이다. 옥외용은 미끄럼방지(nonslip) 처리도 가능하다.

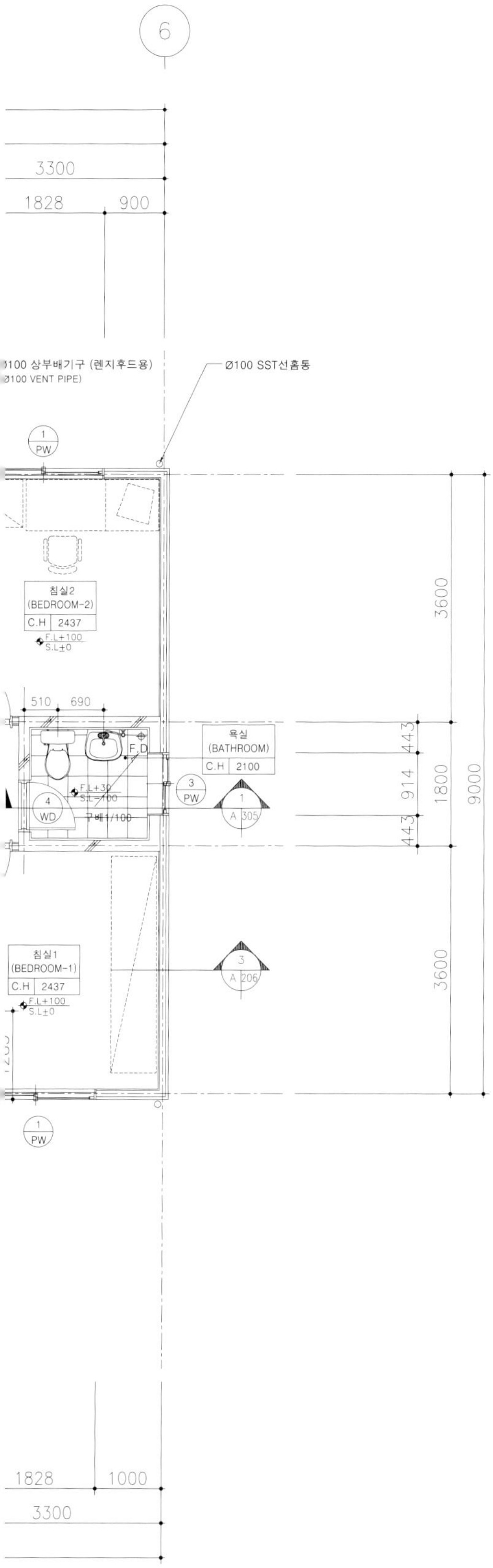

NOTES

1. 싱크대, 신발장 등 가구집기류는 별도공사임

주기(Notes)

• 평면도 작성방법 등은 1층과 동일하다. 1층 구조가 철근콘크리트이나 2층은 순수 목구조로 1층의 건축물 네 모퉁이에 있는 철근콘크리트 기둥이 보이지 않는다. 계단실과 욕실의 콘크리트 벽은 단순한 칸막이벽으로 차음과 방화구획, 누수방지용으로 설계되었다. 목조 트러스는 목조 스터드에 의해 지지되어 있다.

참 고

• 주기(Notes) 내용 중 작은 글씨는 도면에 표기된 것들이며 큰 글씨는 설계도를 설명하기 위한 내용들임(이후 동일)

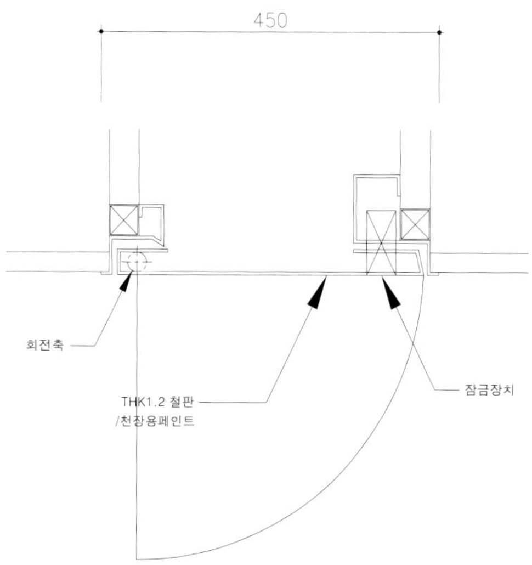

2 천장 점검구 상세도
SCALE : 1/10

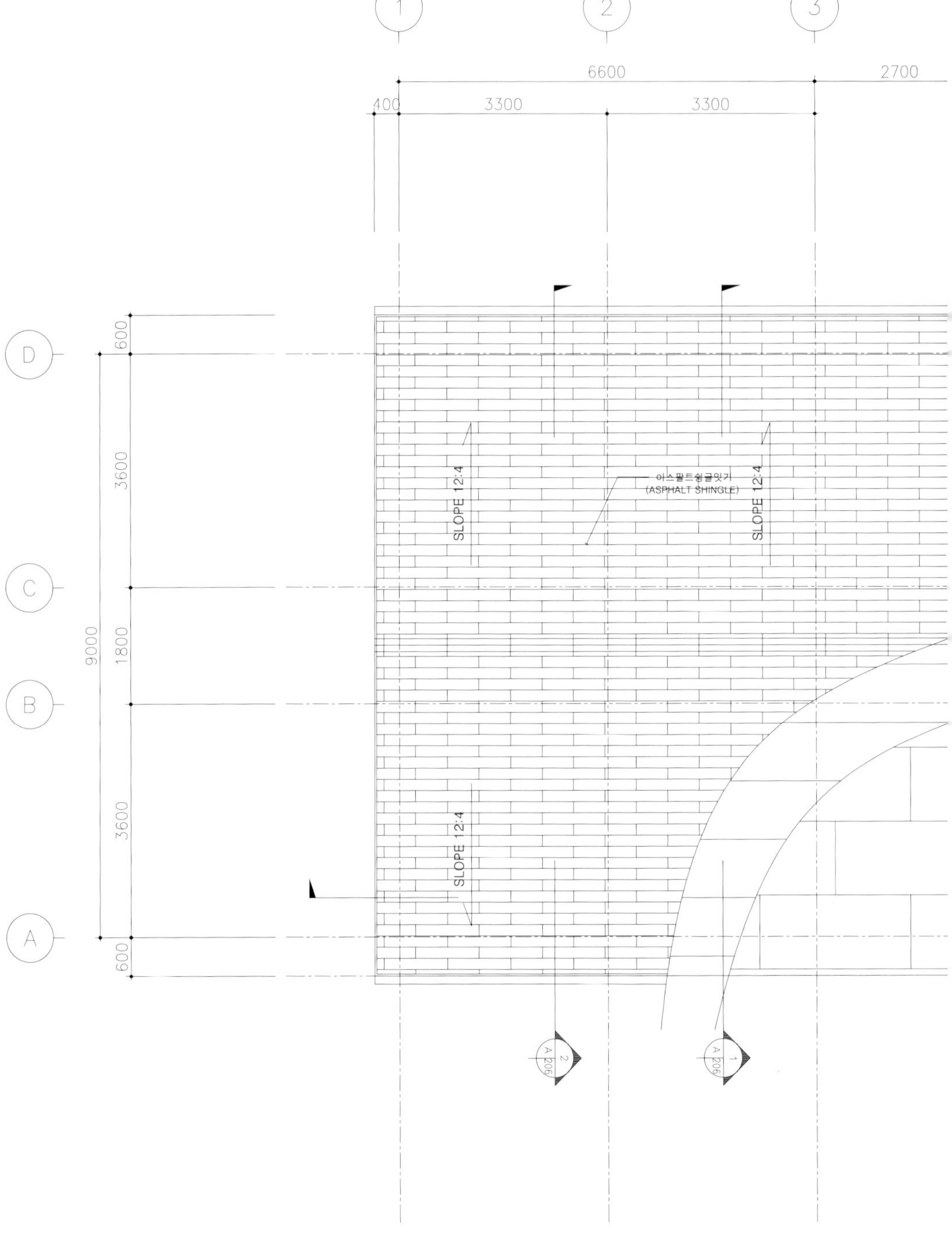

1 지붕층 평면도 (ROOF PLAN)
SCALE : 1/100

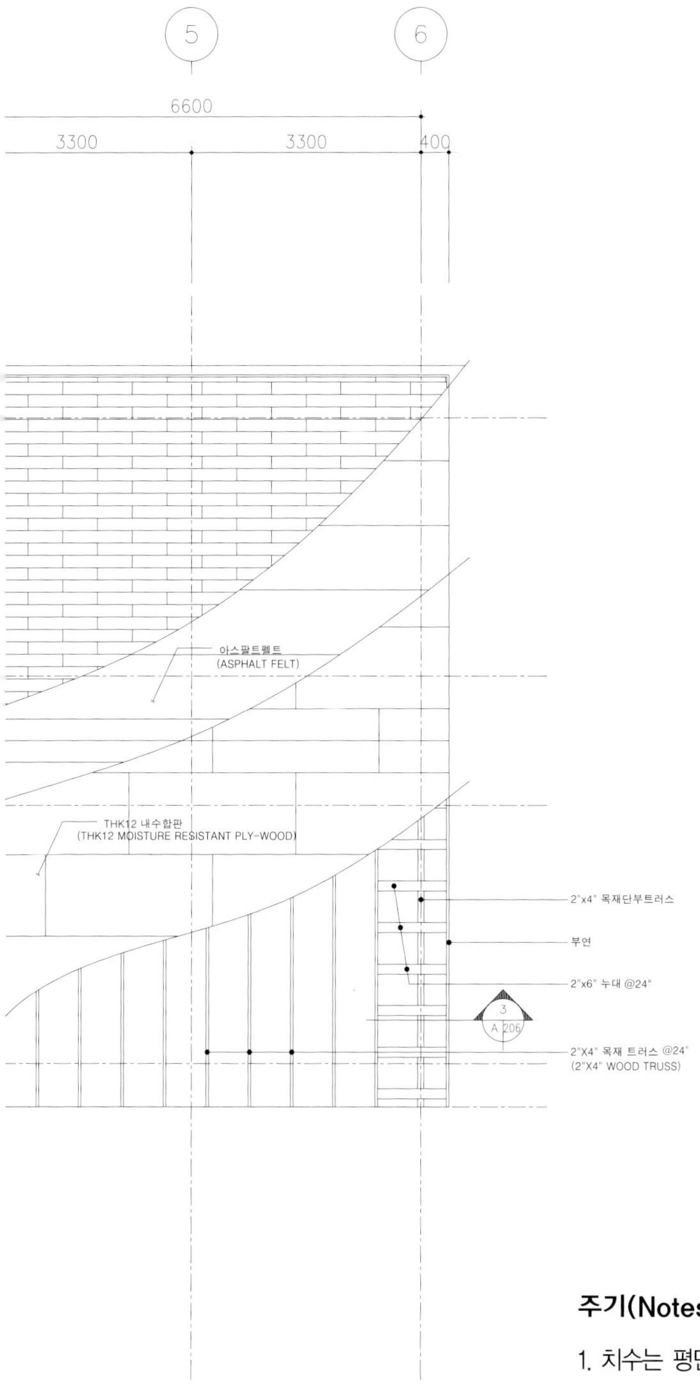

NOTES

1. 물홈통 공사는 적설량이 많은 지역(강원, 경기북부)은 감독관에게 설치여부를 승인받을 것.

주기(Notes)

1. 치수는 평면도와 같은 방법으로 기재하고 외벽 중심에서부터 처마의 끝부분까지의 길이를 추가로 표기한다.
2. 목구조나 철골구조 같은 건식구조의 박공지붕에서는 지붕마감재만을 보이는 대로 표현하는 것보다 구조재 위에 지붕재료의 구성순서와 구배를 표현하는 것이 바람직하다.
3. 철근콘크리트 평지붕일 때는 지붕의 구배, 루프드레인, 바닥의 줄눈, 파라펫(parapet)이나 핸드레일 등 위에서 보이는 대로 표현한다.

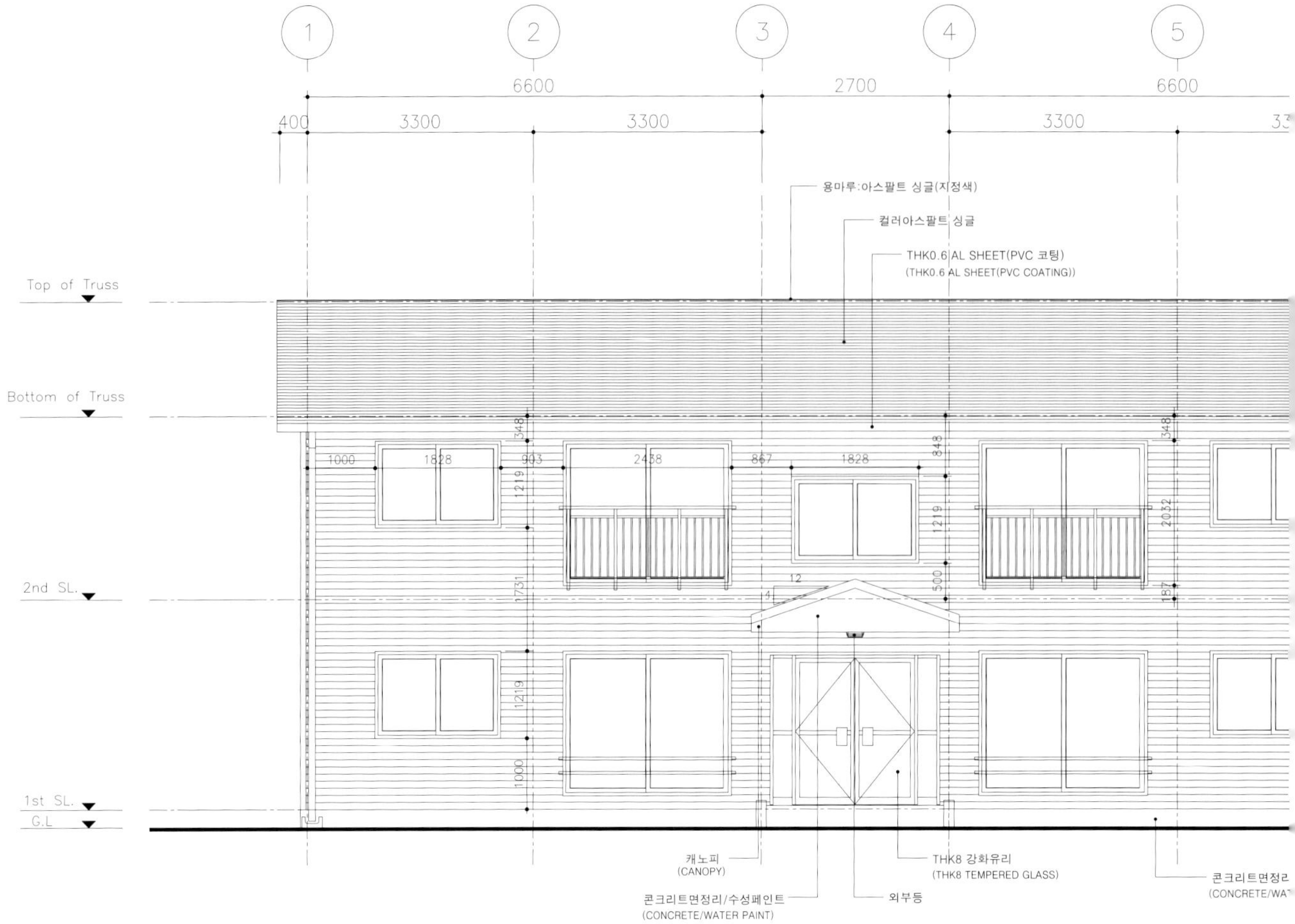
1
2
3
4
5
6600
2700
6600
400
3300
3300
3300
용마루:아스팔트 싱글(지정색)
컬러아스팔트 싱글
THK0.6 AL SHEET(PVC 코팅)
(THK0.6 AL SHEET(PVC COATING))
Top of Truss
Bottom of Truss
2nd SL.
1st SL.
G.L
1000
1828
903
2438
867
1828
1219
1731
1219
1000
348
12
4
캐노피
(CANOPY)
콘크리트면정리/수성페인트
(CONCRETE/WATER PAINT)
외부등
THK8 강화유리
(THK8 TEMPERED GLASS)

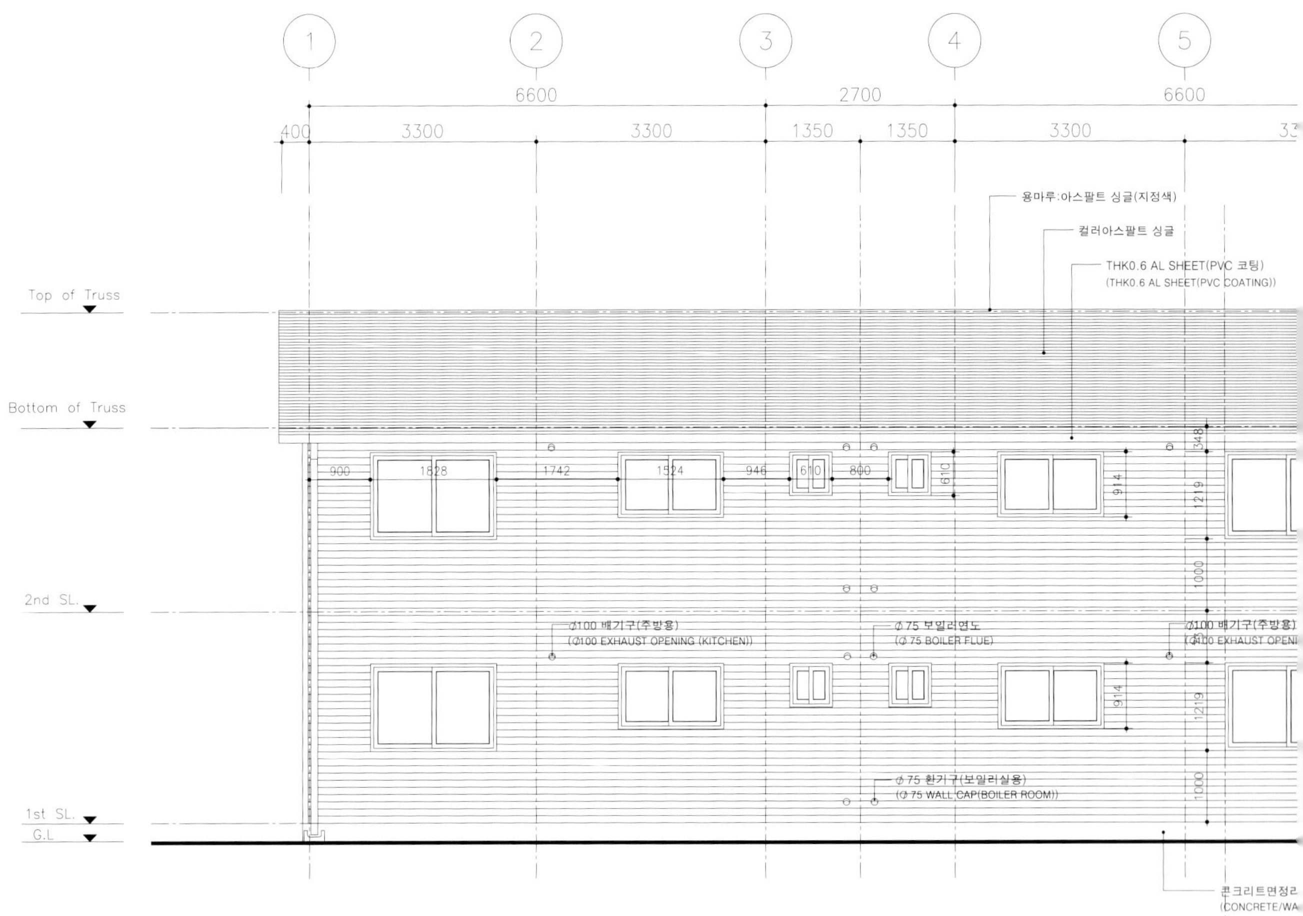
1
2
3
4
5
6600
2700
6600
400
3300
3300
1350
1350
3300
용마루:아스팔트 싱글(지정색)
컬러아스팔트 싱글
THK0.6 AL SHEET(PVC 코팅)
(THK0.6 AL SHEET(PVC COATING))
Top of Truss
Bottom of Truss
2nd SL.
1st SL.
G.L
900
1828
1742
1524
946
610
800
610
914
1219
1000
348
∅100 배기구(주방용)
(∅100 EXHAUST OPENING (KITCHEN))
∅75 보일러연도
(∅75 BOILER FLUE)
∅75 환기구(보일러실용)
(∅75 WALL CAP(BOILER ROOM))

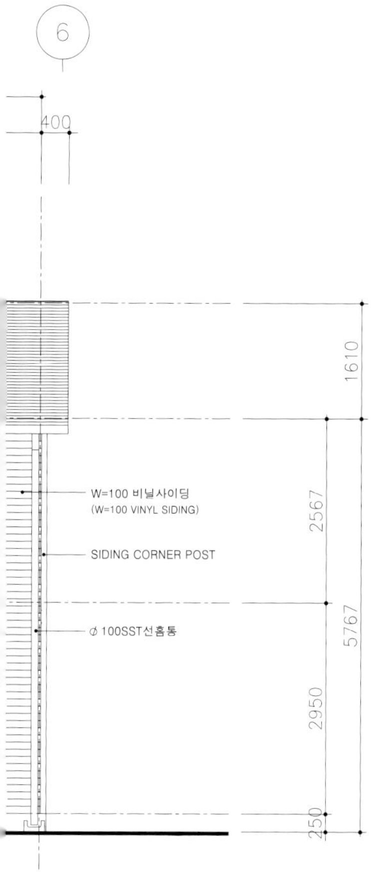

1 정면도 (FRONT ELEVATION)
SCALE : 1/100

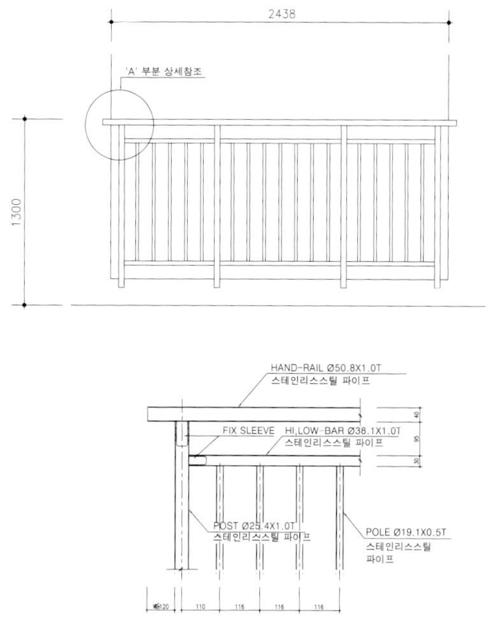

3 2층 발코니 난간 입면도 / 상세도
SCALE : 1/50, 1/20

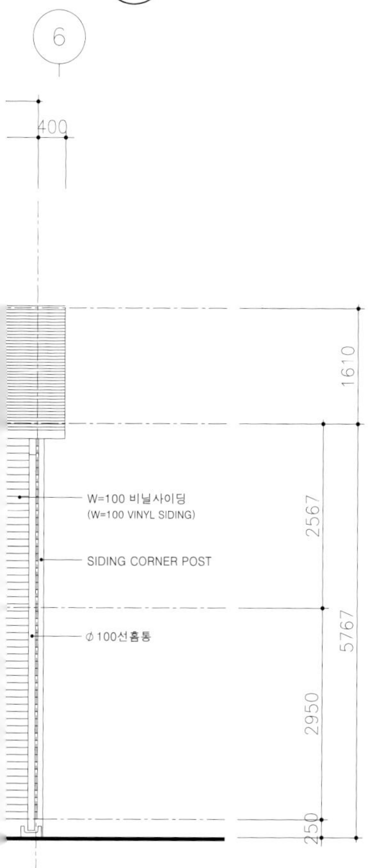

2 배면도 (BACK REAR ELEVATION)
SCALE : 1/100

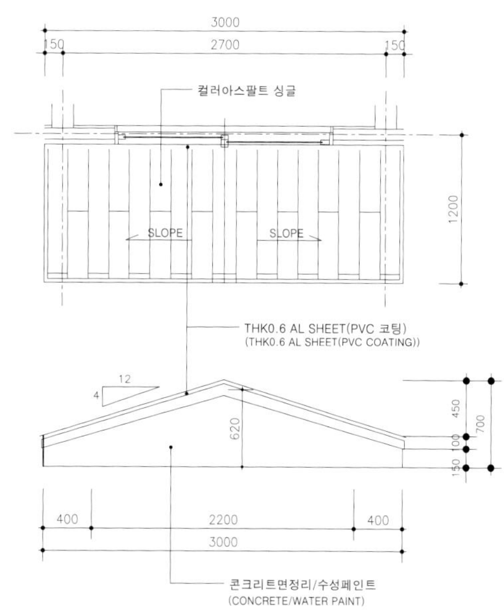

4 캐노피 지붕평면도 및 입면도
SCALE : 1/60

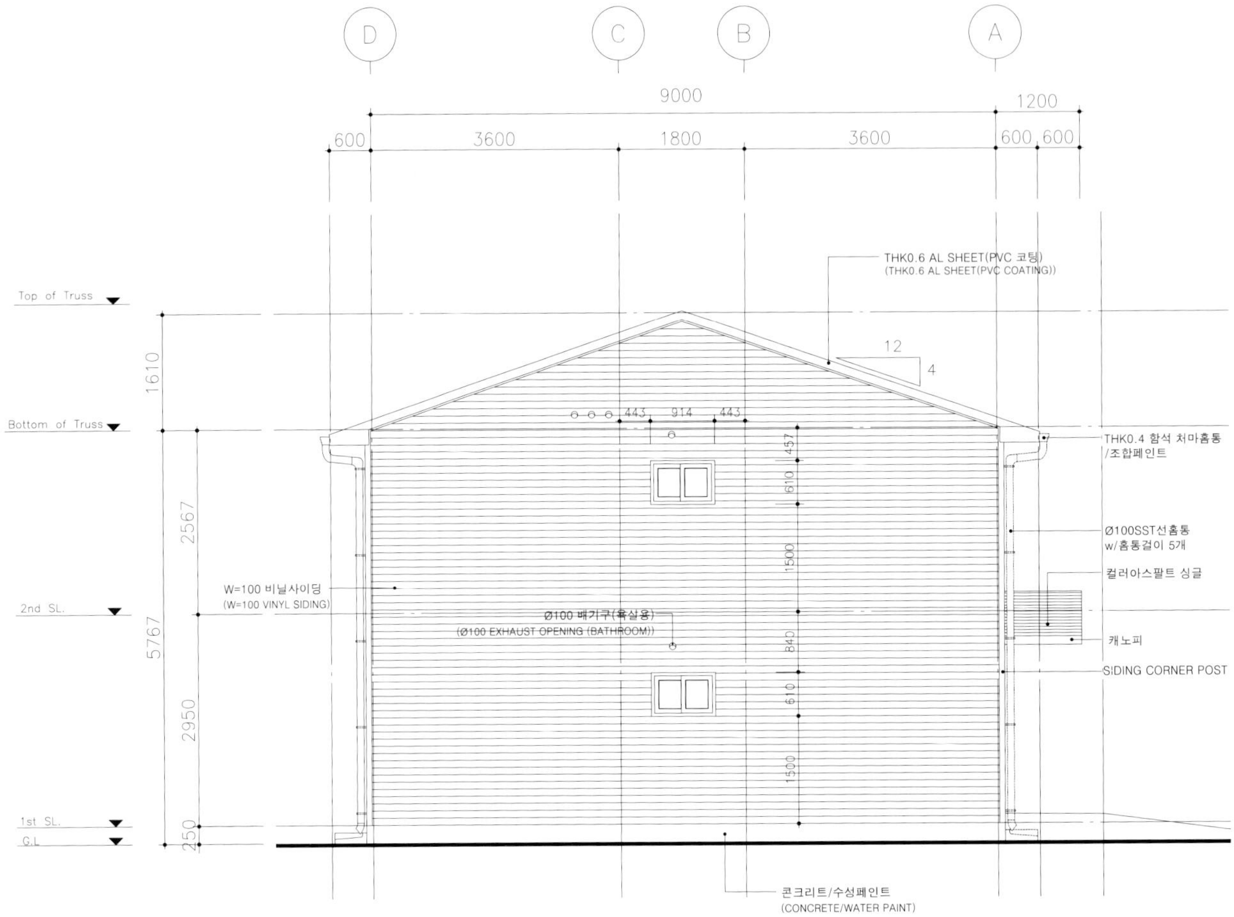

1 좌측면도 (LEFT SIDE ELEVATION)
SCALE : 1/100

주기(Notes)

1. 입면도는 주 진입부분에 면한 정면도 외에 배면도, 좌 · 우측면도로 표현한다. 향에 따라서 남측입면도, 북측입면도, 동측입면도, 서측입면도로 표기할 수도 있다. 여러 개의 건축물이 하나의 로비에서 방사형으로 구성된 건축물의 입면도 등은 안내도(key plan)를 첨부하여 모든 건물의 입면을 별도로 표현해야 한다.
2. 창의 위치와 크기를 정확하게 표현하고, 외장에 사용하는 모든 재료를 표기한다.
3. 입면도의 상부에는 축열 또는 치수를, 좌측에는 층 표기를 한다.
4. 처마홈통, 선홈통, 보일러 연도, 환기구 등 외부에 노출되는 모든 것을 표현한다.

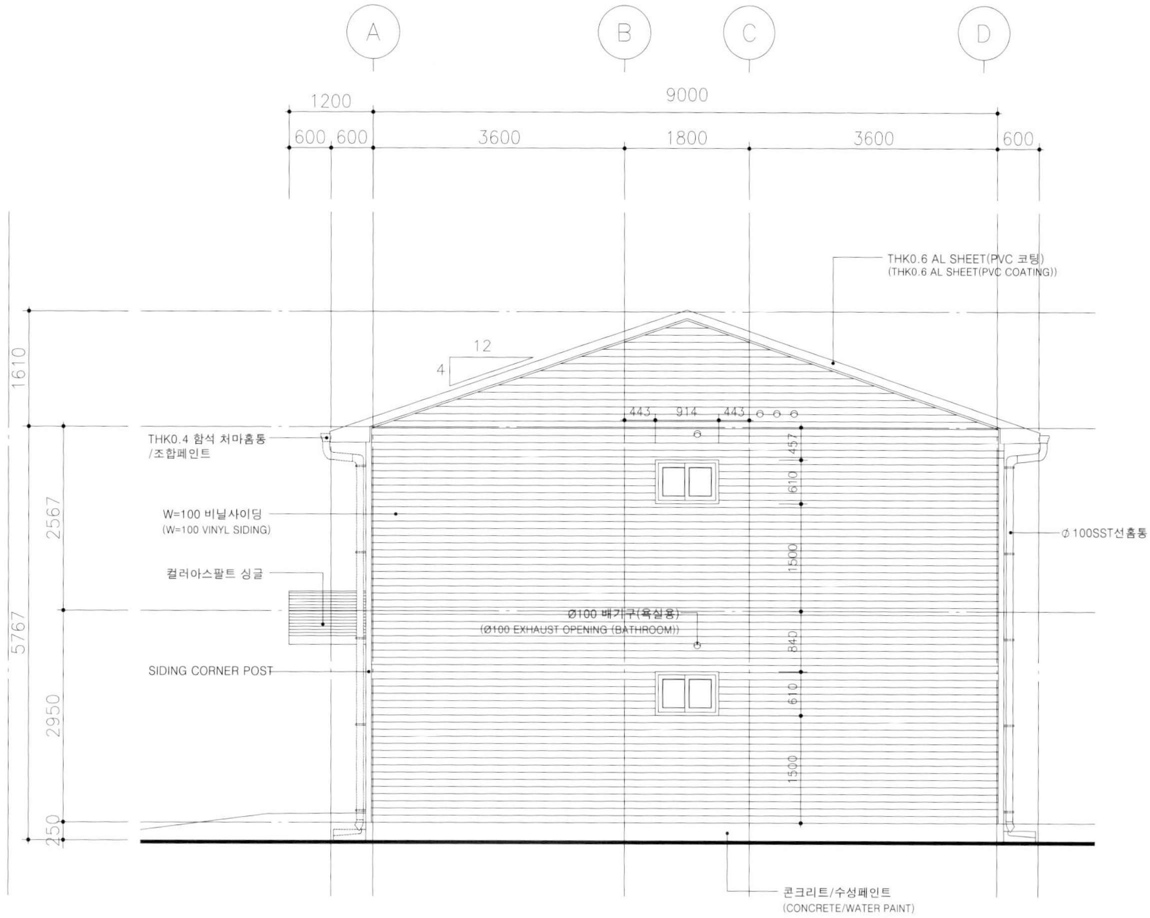

2 우측면도 (RIGHT SIDE ELEVATION)

SCALE : 1/100

5. 입면도와 평면도는 같은 축척(1/50~1/100)을 사용한다. 입면도와 평면도 작성은 축척이 클수록(1/30~1/50) 설계의도를 확인하기 쉽고 설계도의 완성도를 높일 수 있다. 축척이 작을수록 실물 크기와의 오차가 발생하기 쉽고 섬세한 설계의도 표현이 불가능하다. 가급적 큰 축척으로 설계도를 작성한 후에 설계도면 규격에 맞게 축소 편집하여 설계도를 완성하는 것이 바람직하다.

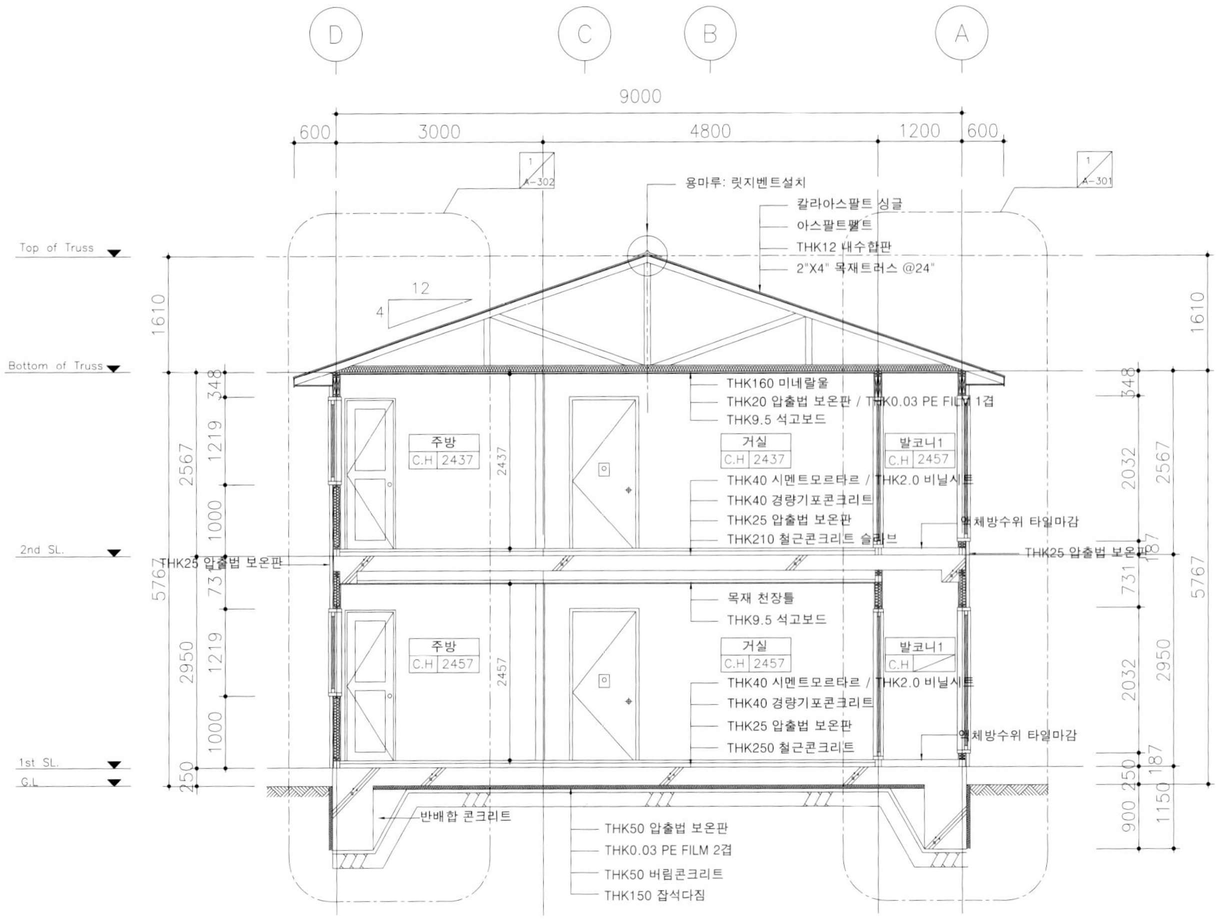

1 주단면도-1
SCALE : 1/100

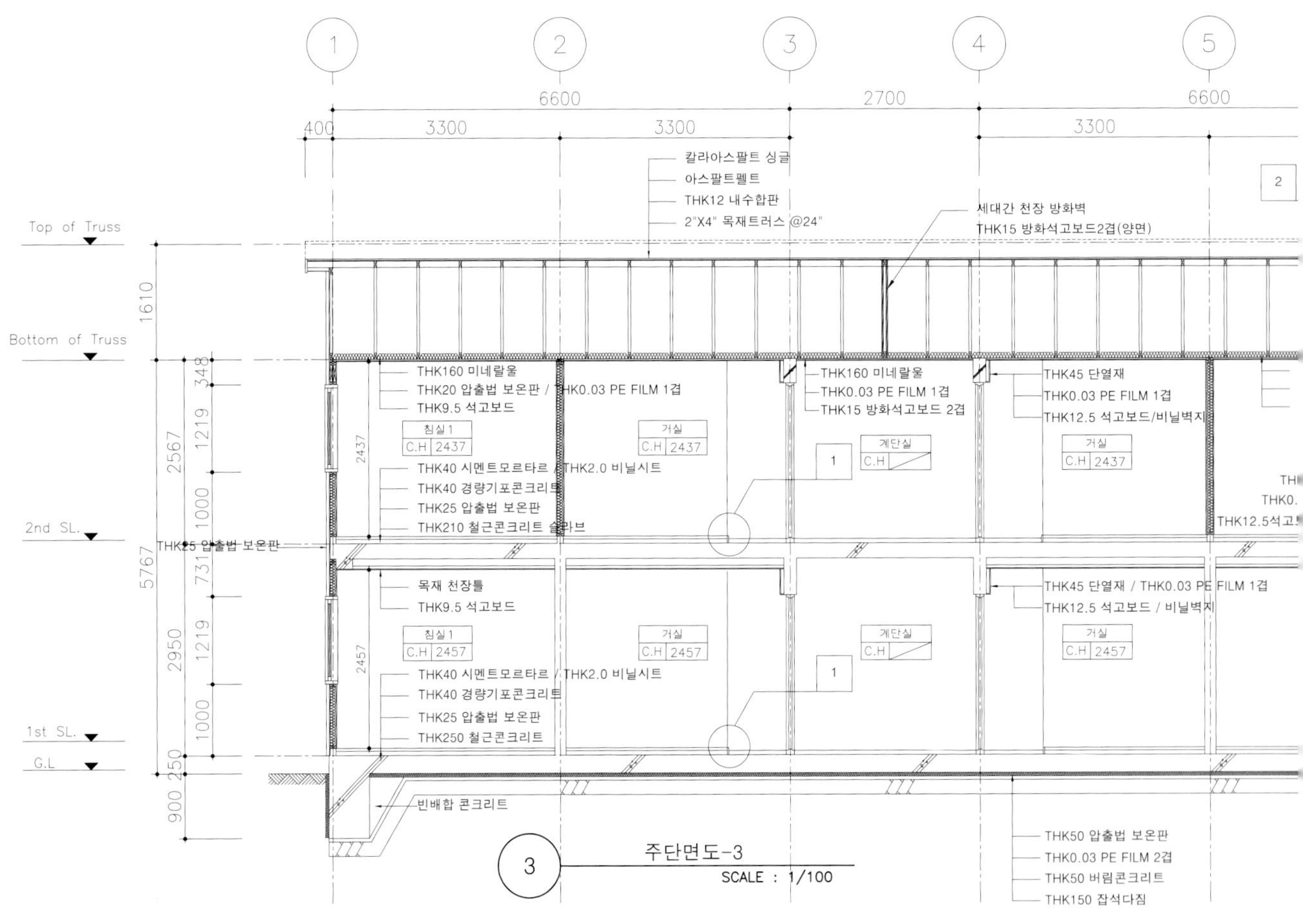

3 주단면도-3
SCALE : 1/100

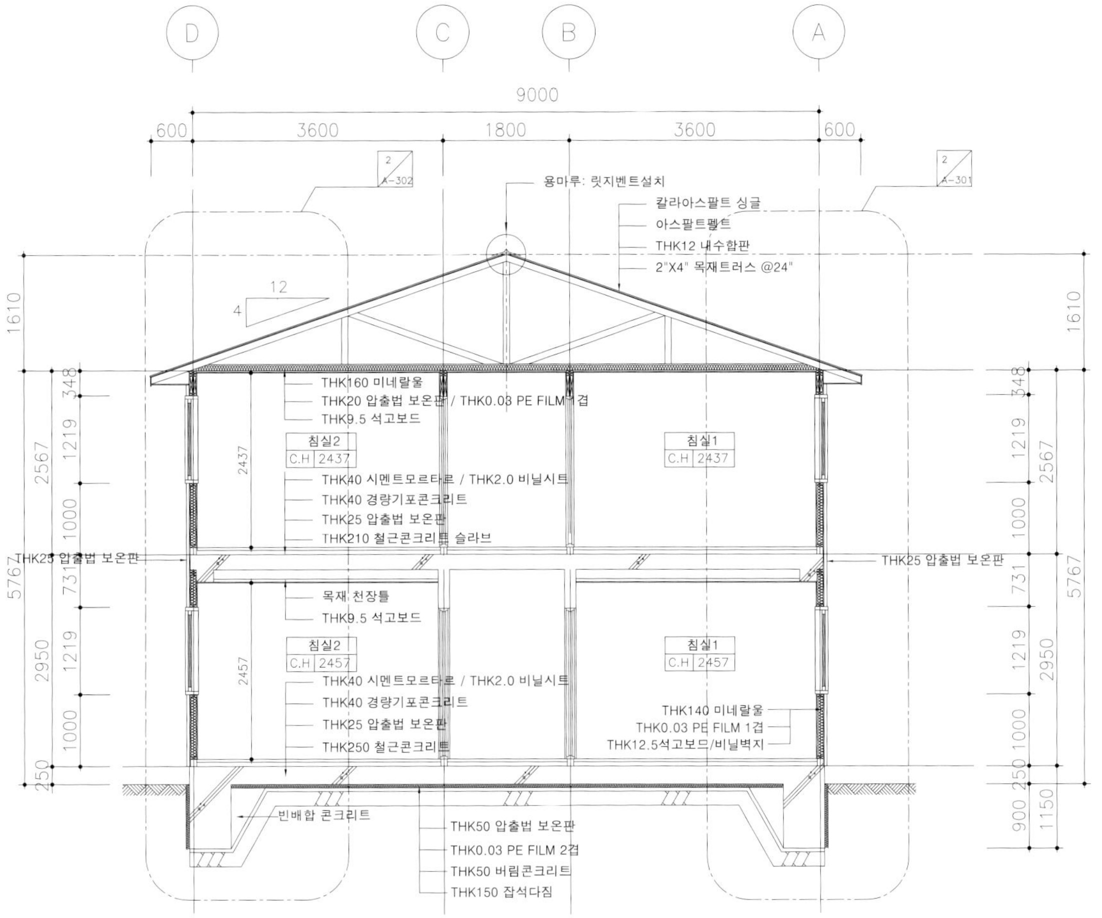

2 주단면도-2
SCALE : 1/100

NOTES

1. 용마루 릿지벤트 설치는 전문업체에서 지붕면적 검토 후 설치규격을 결정할 것
2. 외부와 만나는 벽과 천장은 단열재와 마감재 사이에 THK0.03 PE 필름은 1겹 시공한다.

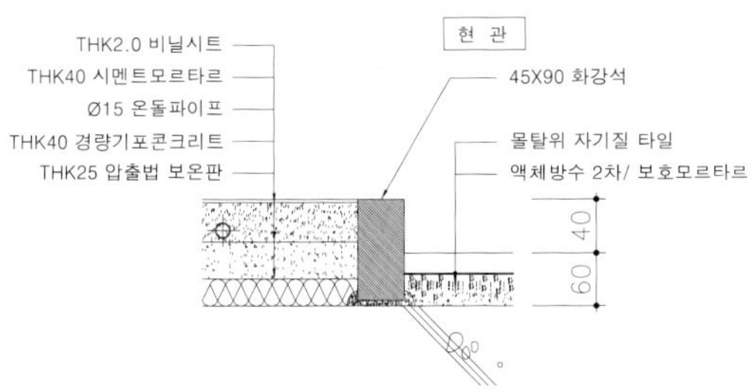

1 부분단면상세도
SCALE 1/10

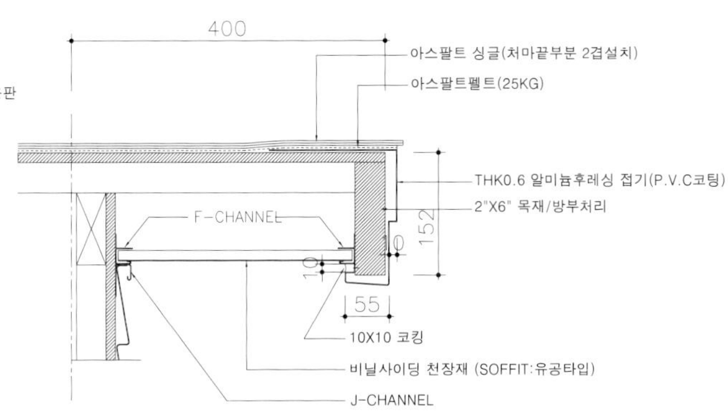

2 부분단면상세도
SCALE 1/10

주기(Notes)

주단면도는 전체높이, 층높이, 천장높이, 구조시스템 등 건축물의 전반적인 이해를 돕기 위해 작성하는 도면이다. 일반적으로 종 · 횡 단면도를 작성하며 평면도와 같은 1/100 축척을 사용한다. 상부에는 축열선 또는 구조벽 중심선과 각각의 길이를 표시하고 측면에는 전체높이, 처마높이, 층고, 창 크기 등을 치수로 표기하고 층 표시도 함께 표기한다. 좀 더 상세한 설계의 도가 필요한 부분은 별도 작성한 상세도를 쉽게 찾을 수 있도록 안내 표시를 한다. 도면의 여유가 있을 경우에는 같은 도면의 여백을 이용하여 상세도를 표현하는 것이 바람직하다.

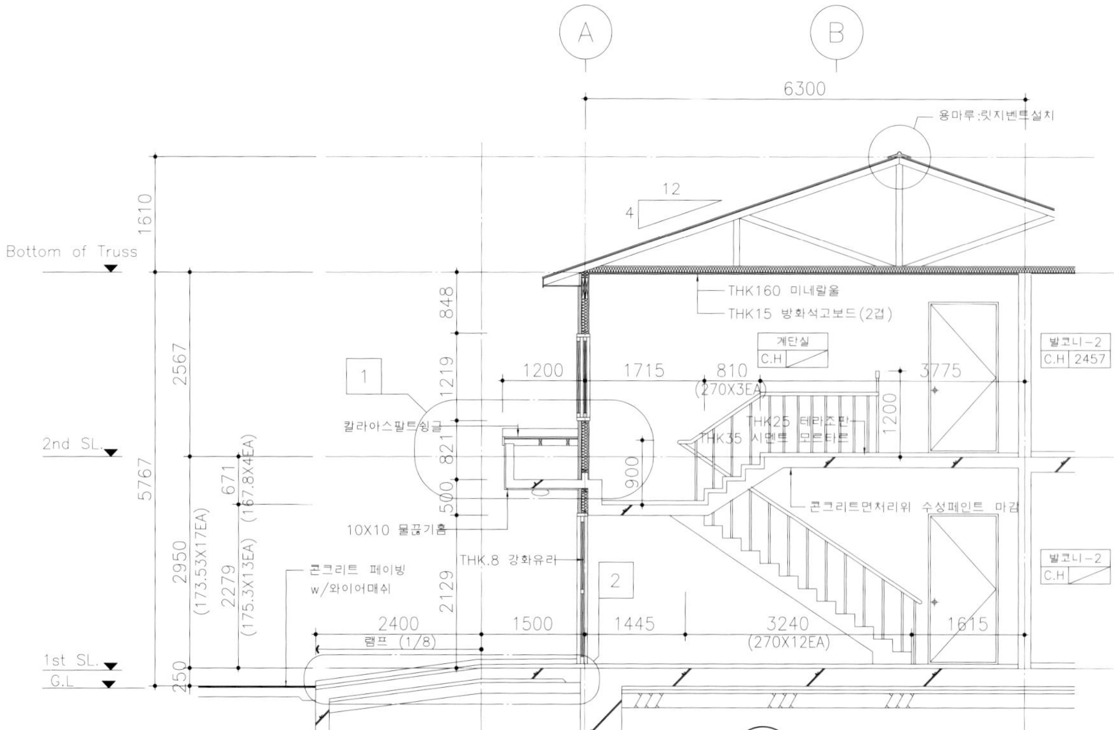

1 계단실 단면도

SCALE : 1/100

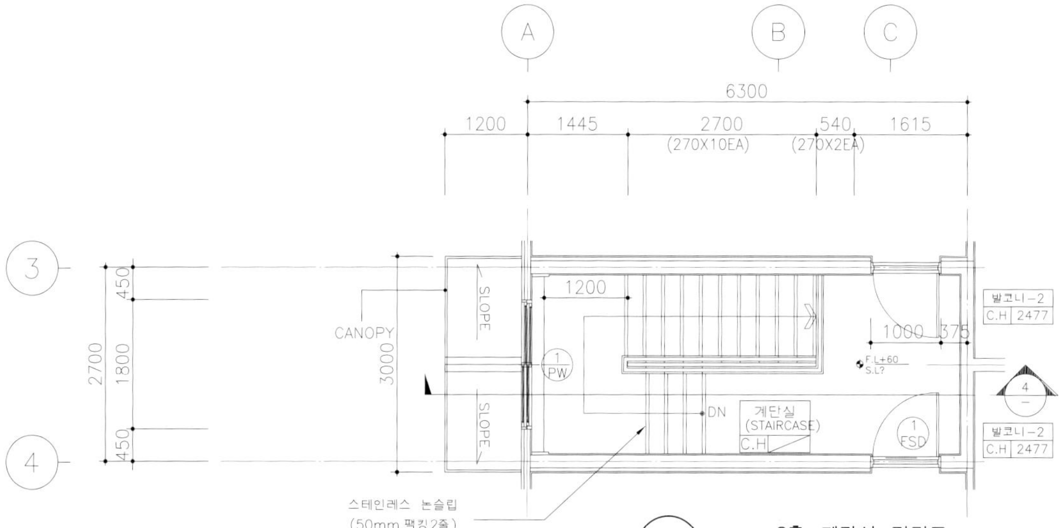

2 2층 계단실 평면도

SCALE : 1/100

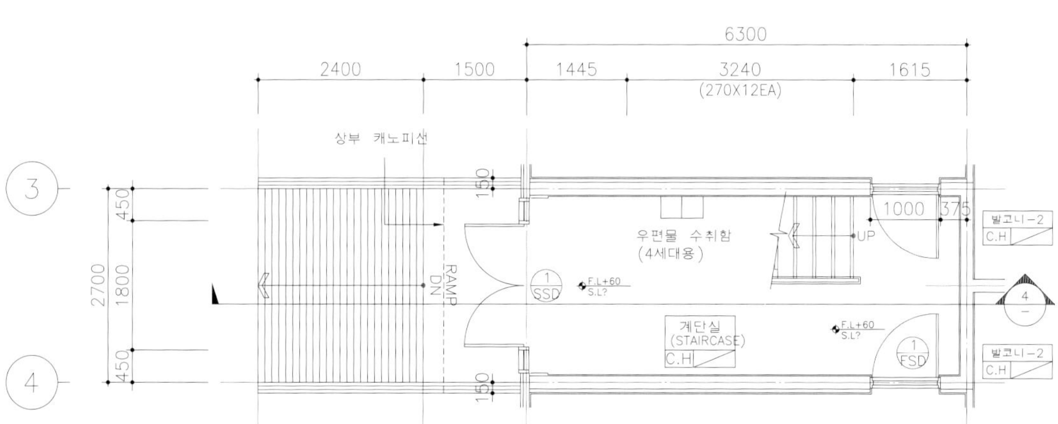

3 1층 계단실 평면도

SCALE : 1/100

NOTES

1. 계단부위의 평면은 해당 층의 주평면도를 우선으로 할 것.
2. 계단부위의 치수는 CON'C 골조 치수를 기준으로 기입된 것임.
3. 공동현관의 램프 길이 및 장애인 관련 편의시설 설치는 장애인 편의시설 상세도가 우선한다.

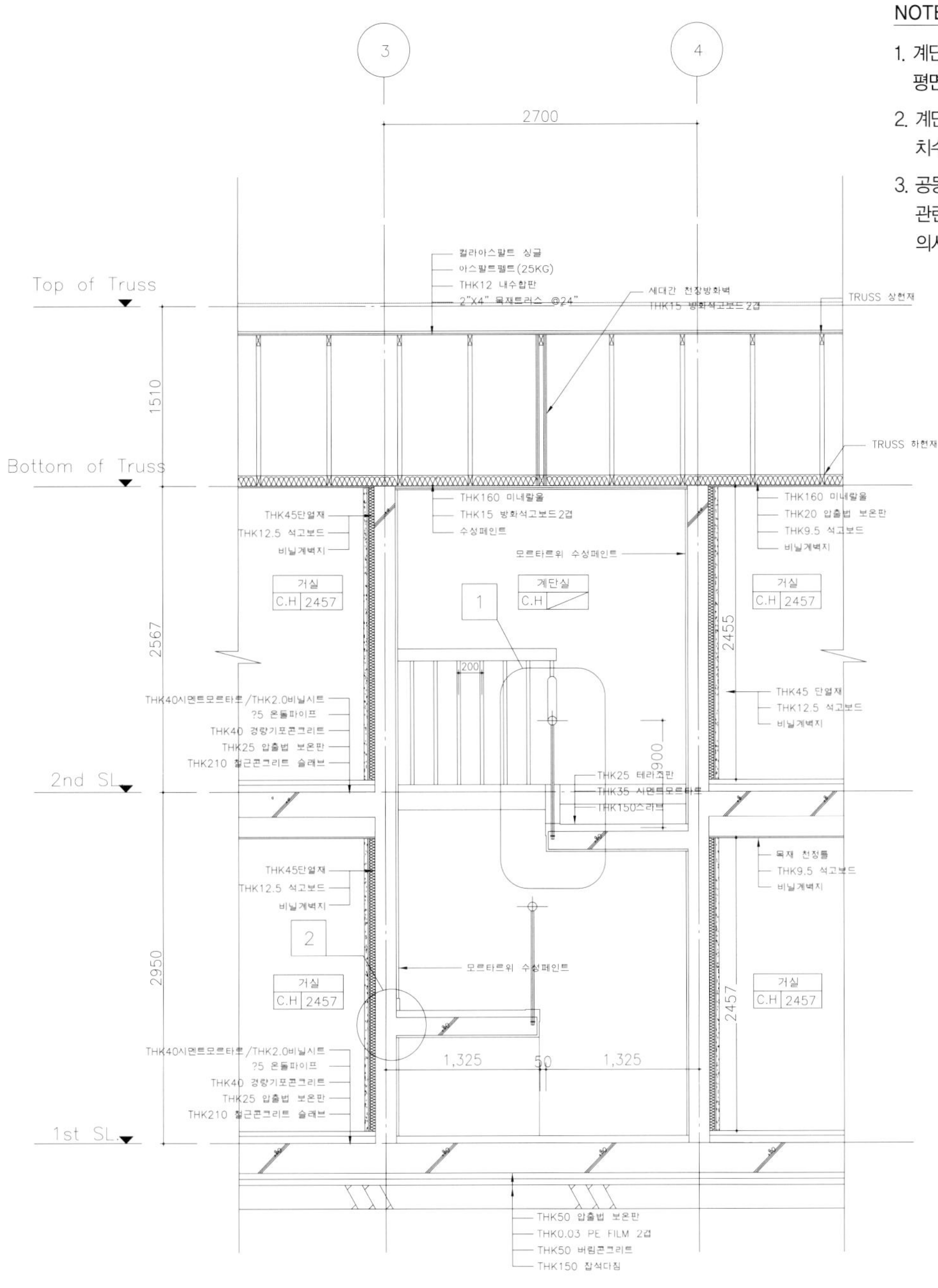

1 계단실 단면상세도

SCALE : 1/60

주기(Notes)

계단은 단층 건축물 이외의 다층 건축물에서 2층 이상이나 지하층으로 갈 수 있는 유일한 수직동선이나 화재 등 위급상황이 발생하면 피난동선으로 바뀌게 된다. 계단의 디딤판(tread), 챌판(riser), 계단의 폭과 계단참의 폭, 핸드레일의 높이 등은 건축물에서 용도별로 법에서 정할 정도로 중요한 기능을 갖고 있다. 추락에 의한 안전사고 방지와 원활한 피난동선으로써의 기능이 해결되어야 하며 가구와 가전제품이 대형화 추세이므로 이들의 운반에도 지장이 없도록 계획되어야 한다. 법에서 정한 기준에 맞게 평면과 단면도에 계단 높이 등을 치수로 표기해야 하며 일반적으로 1/50 이상의 축척을 사용하지만 간단한 계단은 1/100 표현도 가능하다.

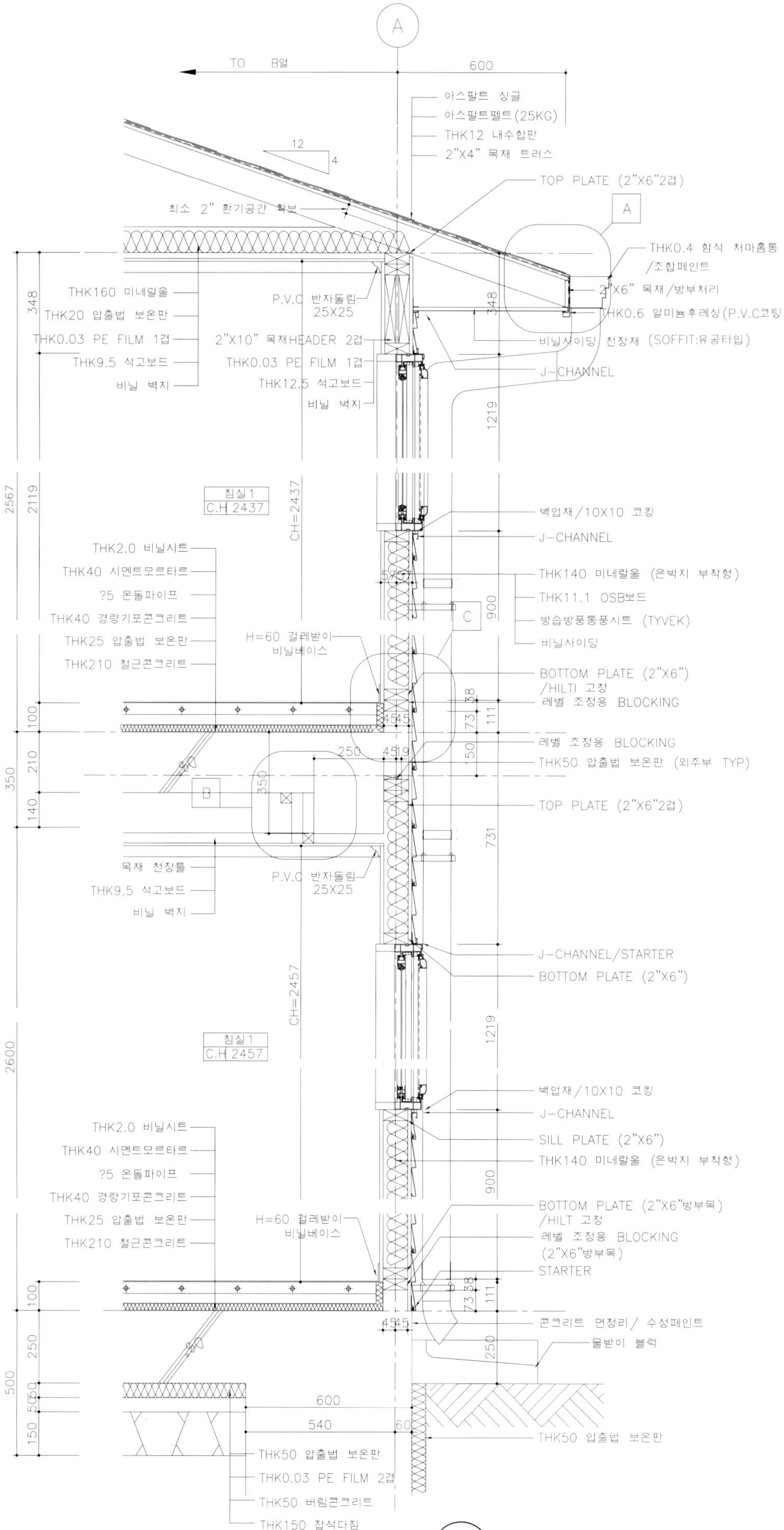

2 외벽 부분 단면 상세도-2

SCALE : 1/20

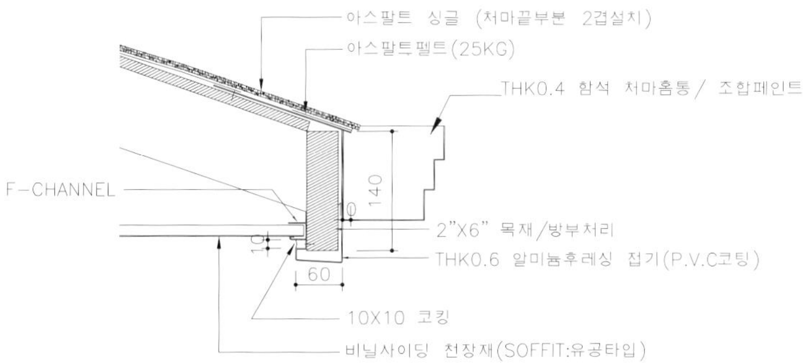

A 부분 단면 상세도

SCALE : 1/10

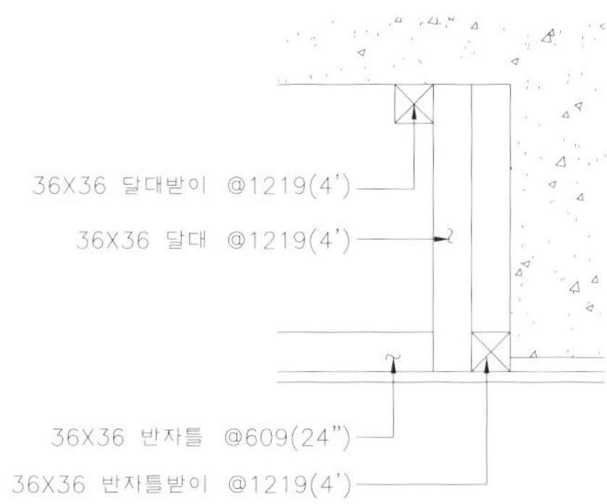

B 부분 단면 상세도

SCALE : 1/10

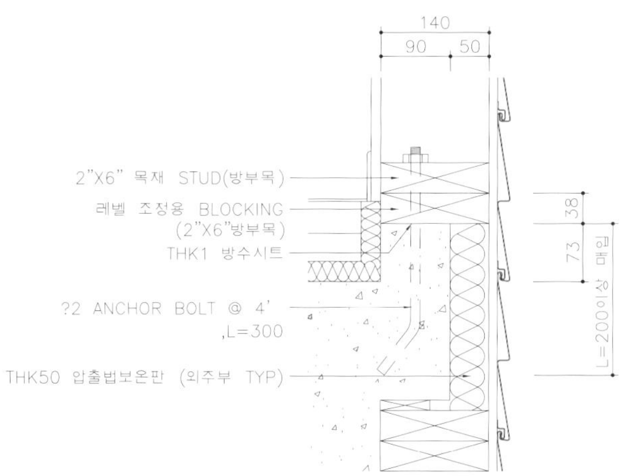

C 부분 단면상세도

SCALE : 1/10

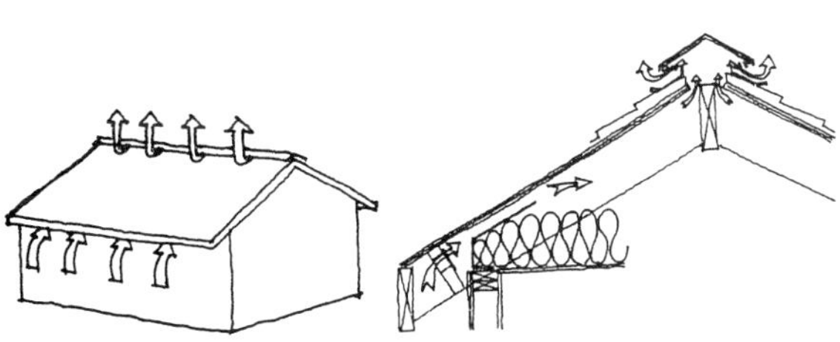

NOTES

1. 비닐 사이딩의 최하단 부위보다 1층 바닥기초 외주부 외곽선이 15mm가량 들어가도록 골조 시공의 정확도에 주의하여 시공할 것.
2. CON'C 골조 부위의 정확한 위치 및 그 사이즈에 대하여 구조도를 반드시 참조하고, 기성 목재 스터드(92 5/8인치) 적용에 문제가 없도록 마감치수를 정확히 고려하여, 시공 전 SHOP DWG을 작성하여 감독관 및 감리자의 승인을 득한 후 시공할 것.
3. CON'C와 목재가 만나는 건물 전체의 모든 부위에는 방수시트를 시공할 것.
4. 물홈통 공사는 적설량이 많은 지역(강원, 경기북부)의 경우 감독관에게 설치여부를 승인받을 것.
5. 외부와 만나는 벽과 천장은 단열재와 마감재 사이에 THK0.03 PE 필름을 1겹 시공한다.
6. 2층 슬래브 외주부에 설치되는 THK50 압출법보온판은 CON'C 타설 전에 형틀에 부착한다.

주기(Notes)

주단면도(1/100)에서 표현하기 힘든 설계의도를 상세하게 표현하기 위해 작성하는 도면으로 아래 내용을 표기한다.

1. 축척은 1/50 이상을 사용한다.
2. 앞에서 설명한 단면도에서와 같이 최고높이, 처마높이, 층높이, 천장높이와 창문의 크기를 치수로 표기한다.
3. 실내마감재료, 외벽재료, 지붕재료와 마감재료를 시공하기 위한 바탕재료를 순서에 맞게 표현한다.
4. 법에서 정한 단열기준에 맞도록 단열재의 종류와 두께를 표기한다.
5. 서로 다른 재료가 접속하는 부분이나 설계의도를 상세하게 전달해야 할 부분은 안내표시를 하고 부분상세도에 확대(1/5~1/20 축척)하여 표현한다.
6. 도면에서 단면선의 굵기는 철근콘크리트와 목구조 마감을 위한 바탕재, 마감재 순서가 바람직하며 입면으로 표현되는 부분은 단면선 표현보다 더 약하게 표현해야 한다.

참 고

- 목재는 항상 공기와 접해야 나무가 썩지 않고 내구연한이 길어진다. 목재 트러스의 썩는 것을 방지하기 위해서 지붕의 처마 안쪽 천장재료는 구멍이 있는 비닐제품을 사용하여 공기가 유입되게 하고, 지붕면과 용마루 사이 틈으로 배출시켜 항상 천장 속 공기를 환기시켜야 한다. 사용하는 자재는 기성제품으로 시중에 판매되고 있으며 처마의 천장과 용마루를 통하여 환기를 시킨다는 뜻으로 처마환기(soffit vent), 용마루 환기(ridge vent)라고 한다.

외벽단면 상세도의 이해

앞 장의 외벽단면 상세도-2를 좀 더 쉽게 이해하기 위해서는 시공순서에 맞게 도면을 작성해야 하고 그 과정을 이해하는 것이 필요하다. 완성된 건물을 절단하여 한꺼번에 보이는 대로 표현하면 복잡하기만 하고 이해하기가 어렵다. 모든 건축물은 설계와 시공의 과정을 거치기 마련이므로 설계도 작성은 시공단계별로 작성하는 것이 바람직하다. 가장 중요하다고 할 수 있는 구조표현은 단순한 선으로 표현되지만 목재와 단열재 등은 복잡하게 표현된다. 이런 것들을 분리하여 작성해보면 이해하기가 쉽다. 손으로 도면을 작성할 때는 물론이고, 특히 CAD를 활용할 때는 공정별, 재료별로 레이어(layer)를 다르게 사용하는 것이 원칙이다.

1. 철근콘크리트 공사(RC) 완료단계

모든 건축물은 사용하는 사람과 이들이 이용하는 각종 가구와 가전제품을 비롯하여 많은 살림도구들의 무게를 지탱해야 한다. 이들 무게(적재하중: live load)는 슬래브에 전달되고 다시 보와 기둥을 거쳐 기초에 전달된다. 이런 적재하중 이외에 슬래브, 보, 기둥과 마감재 등 건축물 자체하중(dead load)도 역시 기초를 통하여 지반에 전달된다. 지반이 암석과 같이 단단하면 기초의 바닥면적이 좁아도 되지만 성토한 흙이나 연약지반에서 건축물을 안전하게 건축하려면 기초의 바닥면적이 넓어져야 한다. 층수가 높을수록 기초가 부담하는 하중은 커지고 층수가 낮을수록 작아진다. 같은 규모의 건축물에서 철근콘크리트 구조는 목구조나 철골구조보다 건축물의 무게는 커진다.

지반 상태는 전문업체에서 조사하고 이를 근거로 기초형식과 기초크기와 철근배근은 구조 설계자에 의해 결정되지만 기초의 종류와 슬래브가 부담하는 하중을 기둥에 전달하는 방법은 알아둘 필요가 있다.

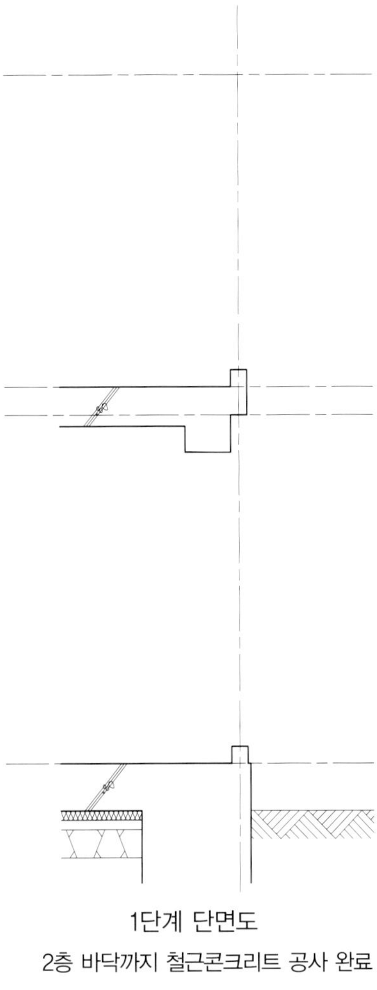

1단계 단면도
2층 바닥까지 철근콘크리트 공사 완료

온통기초 완료

■ 기초의 종류

• 줄기초

연약지반(성토나 매립한 땅)이 아닌, 1~3층 높이의 소규모인 철근콘크리트 벽식 구조나 조적조(벽돌 또는 블록벽 구조) 건축물에 주로 적용한다.

• 독립기초

연약지반이 아닌 땅에 철근콘크리트 구조의 중대형 건축물의 기초에 적용한다. 일반적으로 가장 많이 사용하는 기초형식이다.

• 온통기초

줄기초나 독립기초의 바닥 넓이로 건축물의 하중을 지탱할 수 없는 연약지반에 건축하는 중 · 소형 건축물과 대형 및 초고층 건축물에 적용하는 형식이다. 해비타트 주택은 1~2m를 성토하고 바로 기초공사를 해야 하는 여건이어서 온통기초가 적용되었다.

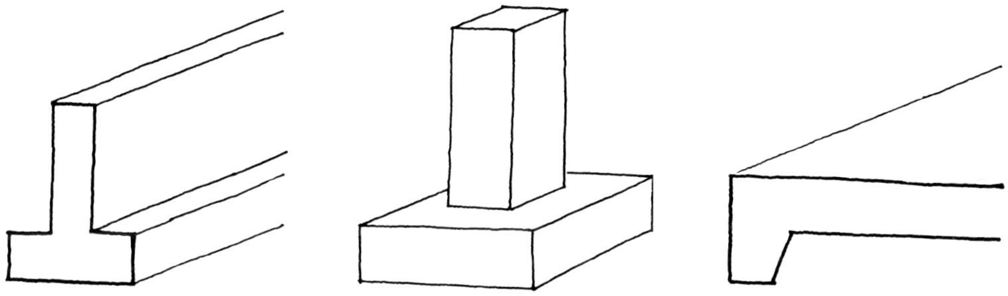

줄기초 독립기초 온통기초

■ 슬래브의 종류

슬래브가 받는 하중은 보를 거쳐 기둥에 전달된다. 기둥과 기둥을 연결하는 보를 큰 보(girder), 큰 보와 큰 보를 연결하는 작은 보(beam)로 구분되며 기둥간격이 클 때, 슬래브가 지나치게 커지지 않도록 작은 보에 하중을 분담시킨다.

• 작은보(beam) & 슬래브(slab)

가장 많이 사용하는 방식으로 해비타트 주택에 적용했다.

• 장선 슬래브(joist slab)

슬래브 아래층에서 천장을 하지 않고 구조를 노출시키려는 설계의도일 때 사용할 수 있다. 작은 단면의 보를 좁은 간격으로 배치하여 슬래브의 하중을 부담하게 하는 방식으로 루버를 설치한 것과 같은 시각적인 효과를 얻을 수 있다.

• 와플(waffle) 시스템

보가 없이 아래층 천장이 벌집형태의 우물천장을 시도할 때 사용하는 방법이다. 플라스틱으로 만든 상자형 형틀을 평평한 형틀 위에 일정 간격으로 올려놓고 상자형 형틀 사이를 보로 이용하여 슬래브의 하중을 부담케 하는 방식이다. 콘크리트를 타설한 후에 거푸집을 제거하면 플라스틱 상자형태로 천장이 만들어진다.

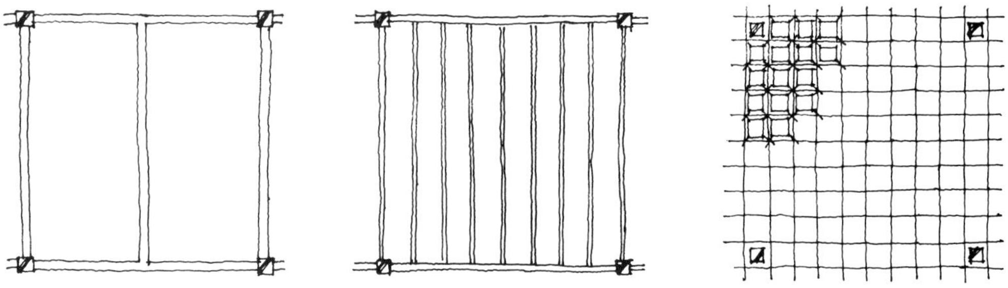

작은보 & 슬래브　　장선슬래브　　와플

철근콘크리트 공사 완료-1

철근콘크리트 공사 완료-2

2. 벽체 스터드(stud)와 지붕트러스 설치완료 단계

온통기초, 기둥, 2층 바닥보 및 슬래브 공사가 완료되면 1층의 철근콘크리트 골조공사가 완료된다. 세대 간 차음과 누수를 방지하기 위한 2층의 일부 콘크리트 벽은 구조용 벽이 아니다. 철근콘크리트의 양생이 끝나면 다음 단계는 2층의 구조인 벽체용 스터드를 세우고 그 위에 트러스를 올려서 고정시키면 단층목구조의 골조공사가 끝난다. 1층에 설치한 벽체 스터드는 트러스 등의 하중을 받지는 않지만 강풍에 대응할 수 있는 구조가 되어야 한다. 커튼월(curtain wall)이라고 해도 수직하중을 담당하지 않을 뿐 구조재로 취급되어야 한다.

참 고

1. 목조주택 벽체 틀의 구성
   목구조의 벽체는 스터드(stud), 밑깔도리(bottom plate), 이중 위깔도리(top plate), 헤더(header)로 구성된다. 벽체의 외부에는 합판이나 OSB, 실내 측에는 석고보드가 부착되어야 영구 가새(bracing) 역할을 하게 되며 벽 구조로써의 내력을 갖게 된다.
2. 트러스(truss)
   트러스에는 왕대공트러스, 하우(howe)트러스, 핑크트러스 등의 종류가 있으며 이 프로젝트에는 하우트러스가 적용되었다. 트러스는 벽체의 이중 위 깔도리에 고정되며 트러스도 합판이 설치되어야 구조적인 내력을 갖게 된다. 합판의 시공 전까지는 임시 가설재로 트러스를 고정하게 된다.
3. 사용하는 목재의 규격은 일반적으로 2″×4″, 2″×6″ 의 공칭단면 크기를 가장 많이 사용하며 제재과정에서의 톱밥 등으로 인한 단면손실로 인하여 실제 단면의 크기는 38㎜×89㎜, 38㎜×140㎜로 작아진다.
4. 지면으로부터 기초를 통한 습기를 차단해야 목재의 부식을 방지할 수가 있다. 기초와 밑깔도리의 접속부분에 방습 또는 방수용 시트(sheet)를 설치하는 것이 중요하다.
5. 벽체 스터드는 운반이 가능한 일정 크기로 현장의 여유공간에서 제작한 후 벽체위치로 운반 설치한다. 트러스도 지상에서 제작하여 2층의 외벽 스터드 상단으로 옮겨 고정한다.

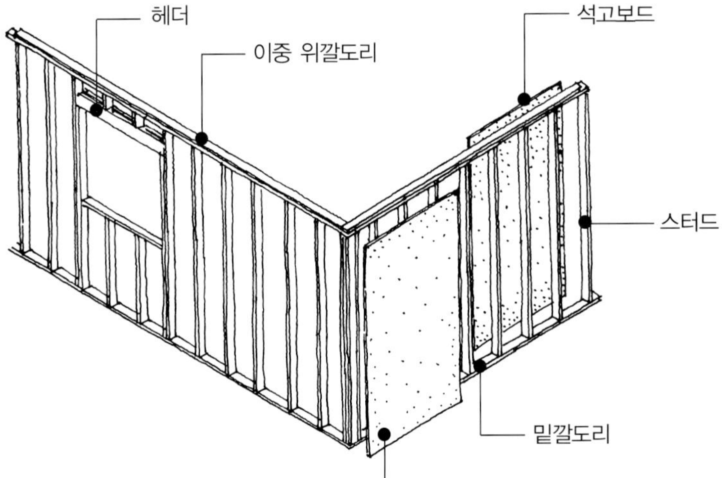

벽체 스터드 구성 개념도

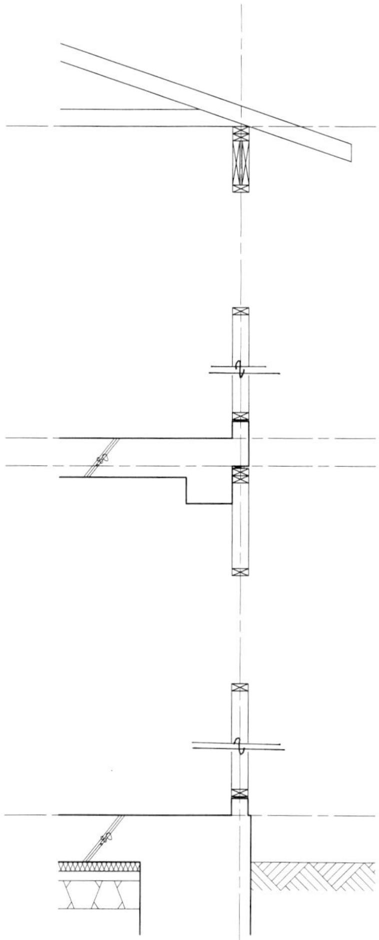

2단계 단면도
벽체스터드와 지붕트러스 완료단계 단면도

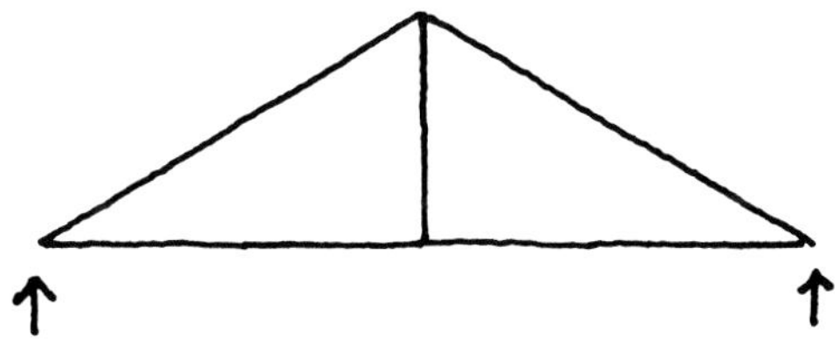

왕대공 트러스

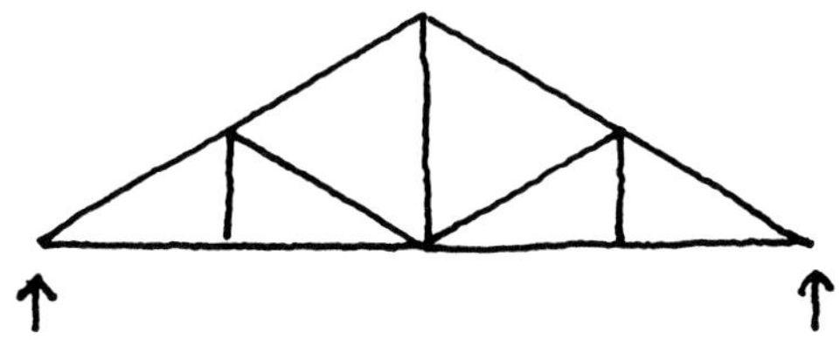

하우(howe)트러스

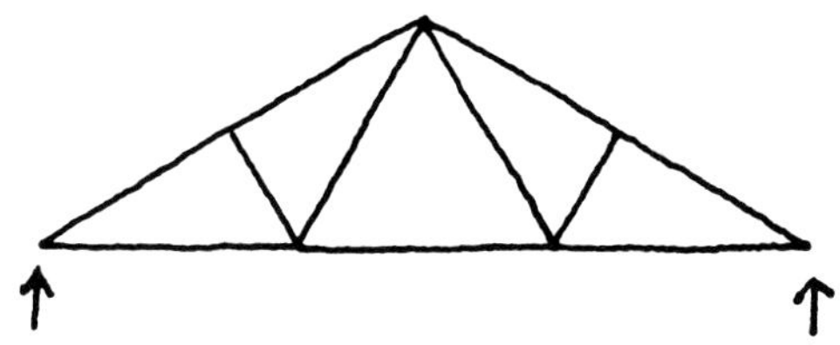

핑크(fink)트러스

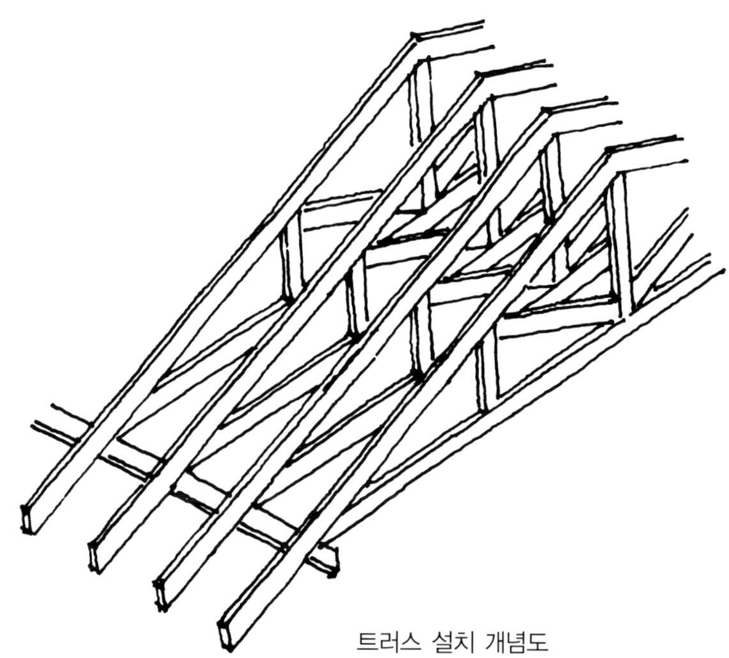

트러스 설치 개념도

벽체스터드와 트러스 설치완료(외부)-1

벽체스터드와 트러스 설치완료(외부)-2

벽체스터드와 트러스, 지붕OSB 설치완료(내부)

벽체스터드, END 트러스 위 OSB, 루핑 설치완료

3. 지붕용 아스팔트 싱글 공사 및 벽체용 비닐 사이딩(siding), 창문 설치완료단계

스터드와 트러스가 설치되면 트러스 위에 내수합판, 아스팔트 펠트, 아스팔트 싱글 순서로 지붕 공사가 완료되고 외벽에는 창틀을 고정하고 스터드 위에 OSB나 합판, 투습방수지, 비닐 사이딩 순서로 시공하면 외벽의 외측이 완료되어 건축물의 외관이 거의 완성되어 보인다. 이 단계가 완료되면 우천 시에도 실내공사가 가능해진다. 다음 단계에 시공하게 되는 단열재, 석고보드는 물에 취약한 단점이 있어 이 단계 완료 전에 시공을 할 수가 없다.

참 고

투습방수지는 고밀도 폴리에틸렌을 이용하여 시트형태로 만든 제품으로 공기와 습기는 통과하나 물은 통과하지 않는, 마치 두툼한 한지와 같은 재질의 제품이다. 목조 스터드를 항상 공기와 접하게 하여 목재의 부식을 방지하고 단열재의 습기를 방출하여 단열효과를 유지시키는 역할을 한다. 1.5m×50m의 규격으로 판매된다.

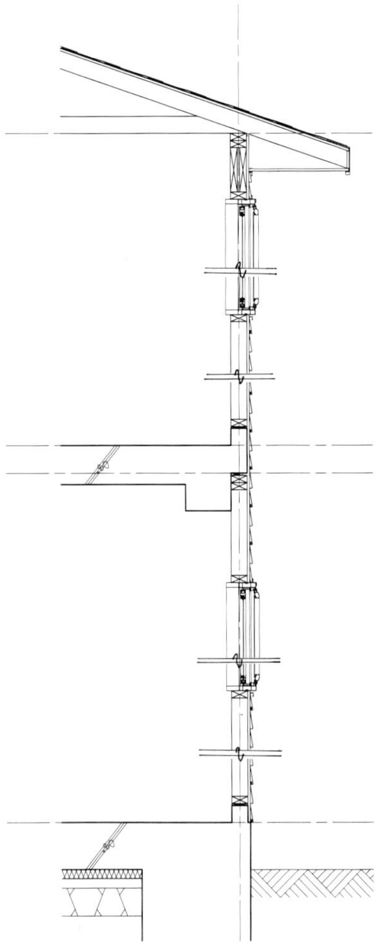

3단계 단면도

4. 단열재 시공 및 석고보드 설치 완료단계

외벽에 단열재 설치 및 석고보드를 부착하고 2층 천장단열재를 설치한 단계이다. 특히 단열재는 열손실을 막아 에너지 절감은 물론 실내의 결로로 인한 생활의 불편을 방지하는 중요한 기능을 한다.

5. 기타

이상의 단계 이후에 1층 천장틀과 천장용 석고보드, 파이프온돌, 도배지 등의 공사와 외부의 처마홈통, 선홈통을 설치하면 설계도의 외벽 단면상세도가 완성된다.

참 고

1. 단열재는 지역별, 단열재의 종류별로 법에서 정한 두께 이상을 확보해야 한다.
2. 스터드와 스터드 사이에 단열재를 밀실하게 채워야 단열성능을 확보할 수가 있다. 단열재와 스터드 사이에 조그만 틈이라도 있으면 외벽은 11.1㎜ 두께의 OSB와 12.5㎜의 석고보드로 구성된 것과 다름없다. 겨울철 기온이 영하로 내려가면 실내 온도와의 온도차가 실내의 석고보드 표면에서 발생하여 심한 결로와 곰팡이로 인하여 생활에 큰 불편을 초래한다.
3. 절단면 표시는 상세도를 작성할 때, 설계의도 표현과 무관하게 길이가 긴 부분은 절단표시를 하고 길이를 치수로 정확하게 표기하는 것도 방법이다. 표현해야 할 중요한 부분들을 도면의 크기 안에 배치하기 위하여 필요한 방법이다.

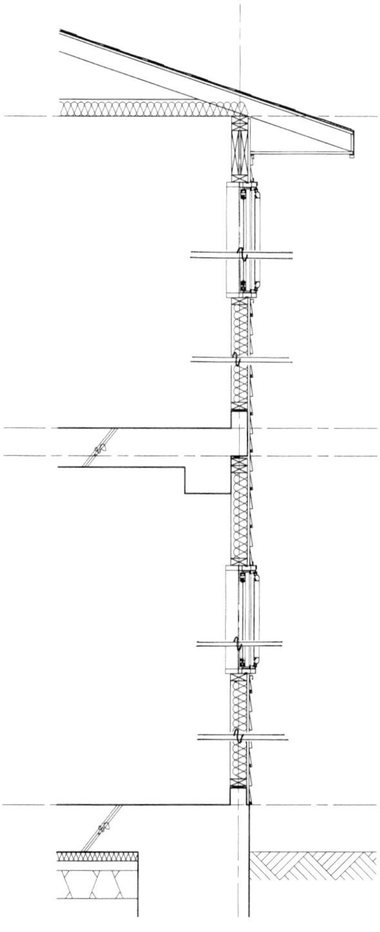

4단계 단면도

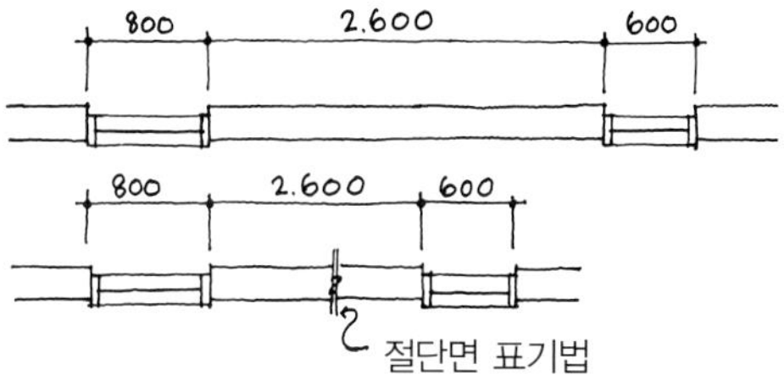

절단면 표기법

단열재 시공

벽식 철근콘크리트 구조로 바뀌었을 때의 외벽단면

사례-1의 건축물을 규모, 높이 등의 변화 없이 벽식 철근콘크리트 구조로 변경했을 때를 가정하면 아래와 같은 외벽 단면상세도가 된다. 소규모의 연립주택이나 다세대주택에서 가장 많이 활용하는 구조이며, 공동주택의 바닥슬래브 두께는 210㎜이 되어야 하나 다가구주택이나 단독주택의 슬래브 두께는 단면도와 같은 120㎜이면 가능하다. 철근콘크리트 구조는 목구조의 건축물보다는 표현이 간결하여 이해하기가 쉽다. 층높이, 처마높이, 창 개구부의 크기 등의 표기는 생략했으며 사례-1의 도면과 비교해 보면 참고가 될 것이다.

외부는 외단열공법, 내부는 모르타르 위 벽지로 마감했다. 외벽에 사용하는 단열재는 지역별로 법에서 정한 두께 이상이 되어야 한다.

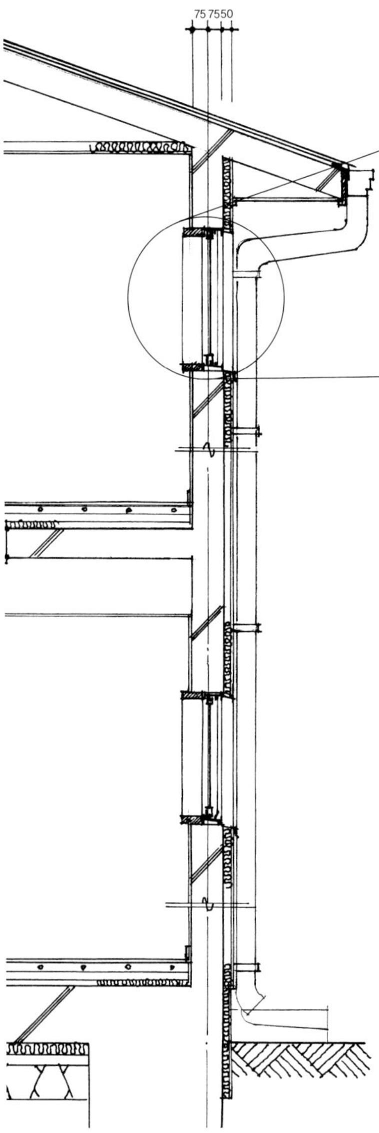

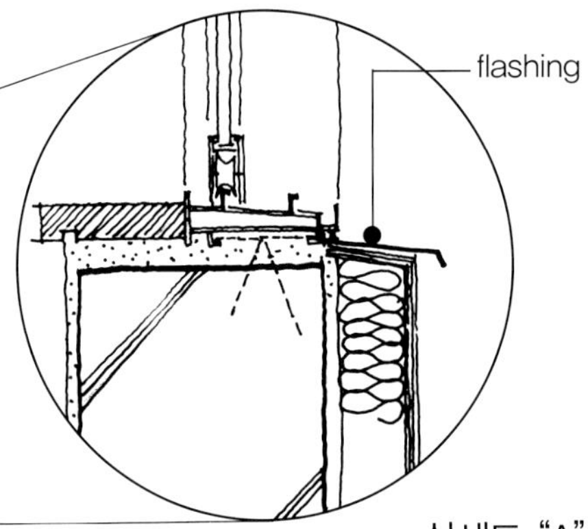

상세도 "A"

외벽 단면상세도
축척 1/30

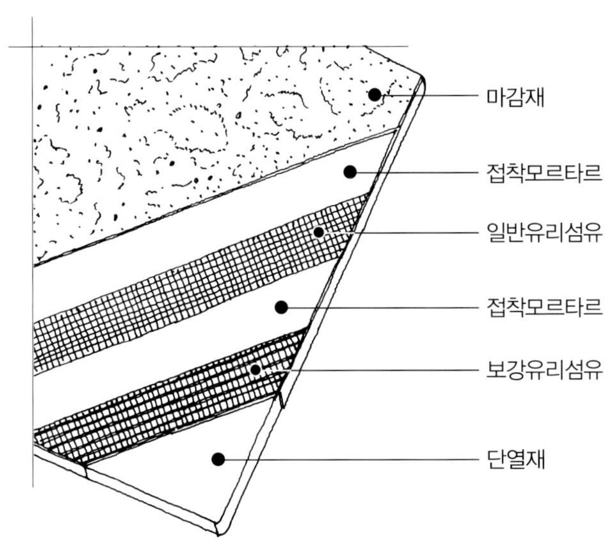

외단열공법 구성도

평면도 및 단면도에서의 창호 표현

창호의 단면형태(profile)는 복잡하다. 제조업체별로 개폐방법에 따라 다양한 제품이 생산되고 있으며 단면형태도 각각 다르다. 설계자는 창호의 재질, 색상, 개폐방식 등을 감안하여 창호 제조회사의 카탈로그에서 창호를 선택하는 것이 중요하며 상세한 단면형태를 표현하려는 노력은 필요하지 않다. 벽두께 부분에서 창틀의 위치, 창틀의 크기, 창틀과 접속하는 자재의 처리 등을 중요하게 다루어야 한다.

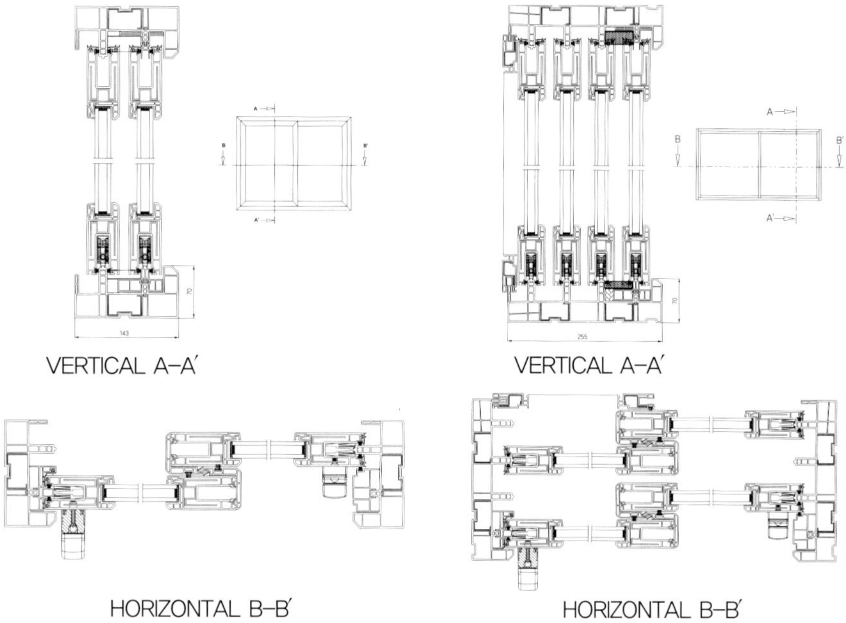

창호 제조회사의 카탈로그에 수록된 미세기창

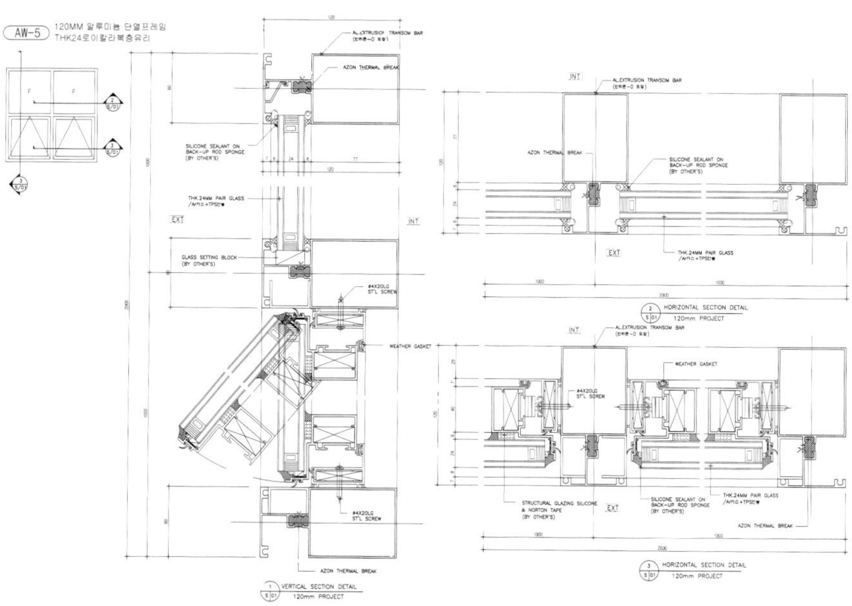

창호 전문업체에서 작성한 창호상세 예

창호전개도

형 태

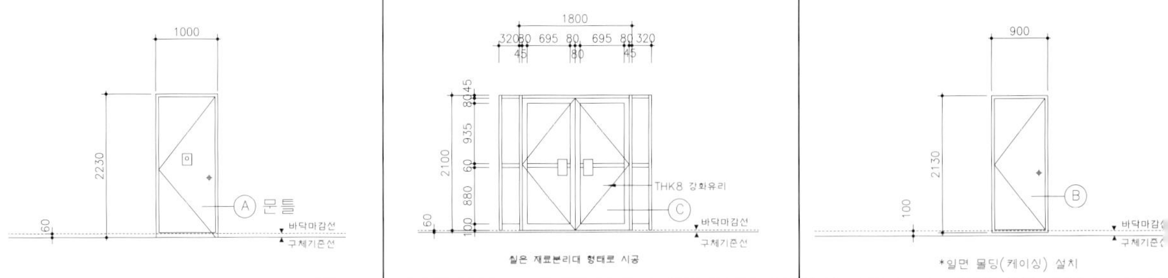

	1 FSD			1 SSD			2 WD	
부호 및 명칭	THK150 철재 여닫이문 (갑종방화문)			THK1.5 SST (헤어라인) 쌍여닫이문 (문틀THK 170)			THK150 목재 여닫이문	
위치 및 개소	현 관	세대당 1개소		주출입문	동당 1개소		침실-1, 2	세대당 2개소
유리 및 마감	내외부 조합 페인트			플로어힌지2조			THK3.6 양면합판 후레쉬문, 양면무늬목/투명락카6회	
부 속 철 물	피봇힌지1조, 도어록1EA, 도어클로저1EA, 기계식 벨 및 외부투시경(일체식)						도어록1EA, SST정첩,(W=100)3EA, 부속철물일체	

형 태

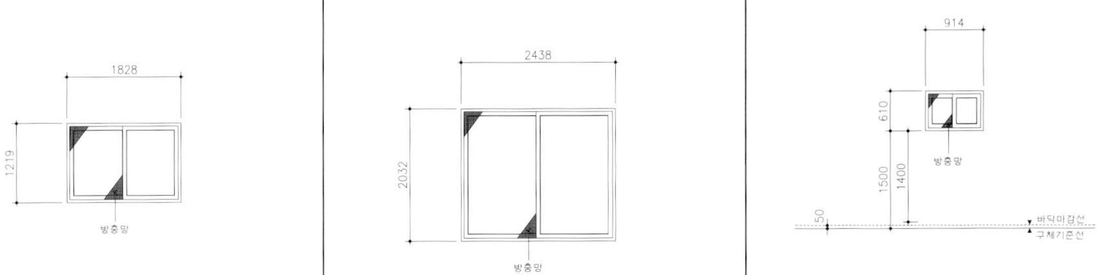

	1 PW		2 PW		3 PW	
부호 및 명칭	합성수지 미서기창		합성수지 미서기창		합성수지 미서기창	
위치 및 개소	침실1, 침실2, 계단참	세대당 3개소	발코니1	세대당 1개소	욕 실	세대당 1개소
유리 및 마감	THK18 복층유리		THK18 복층유리		THK18 복층유리	
부 속 철 물	30mm 스크류		30mm 스크류		30mm 스크류	

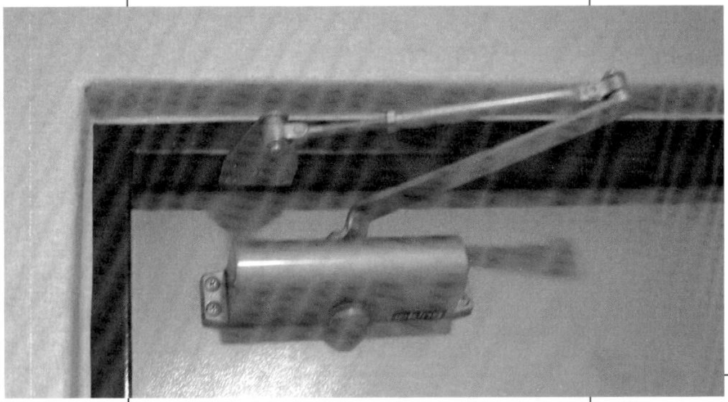
도어 클로저

위치 및 개소			
유리 및 마감			
부 속 철 물			

문틀 상세도

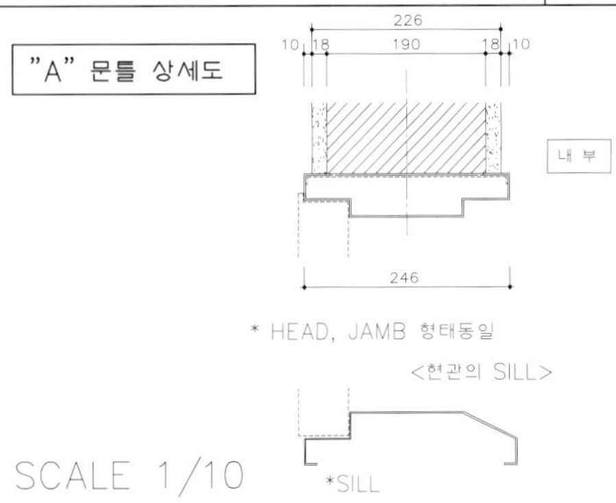

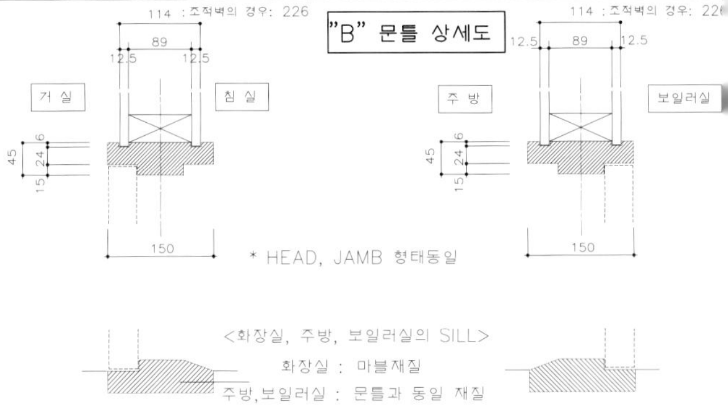

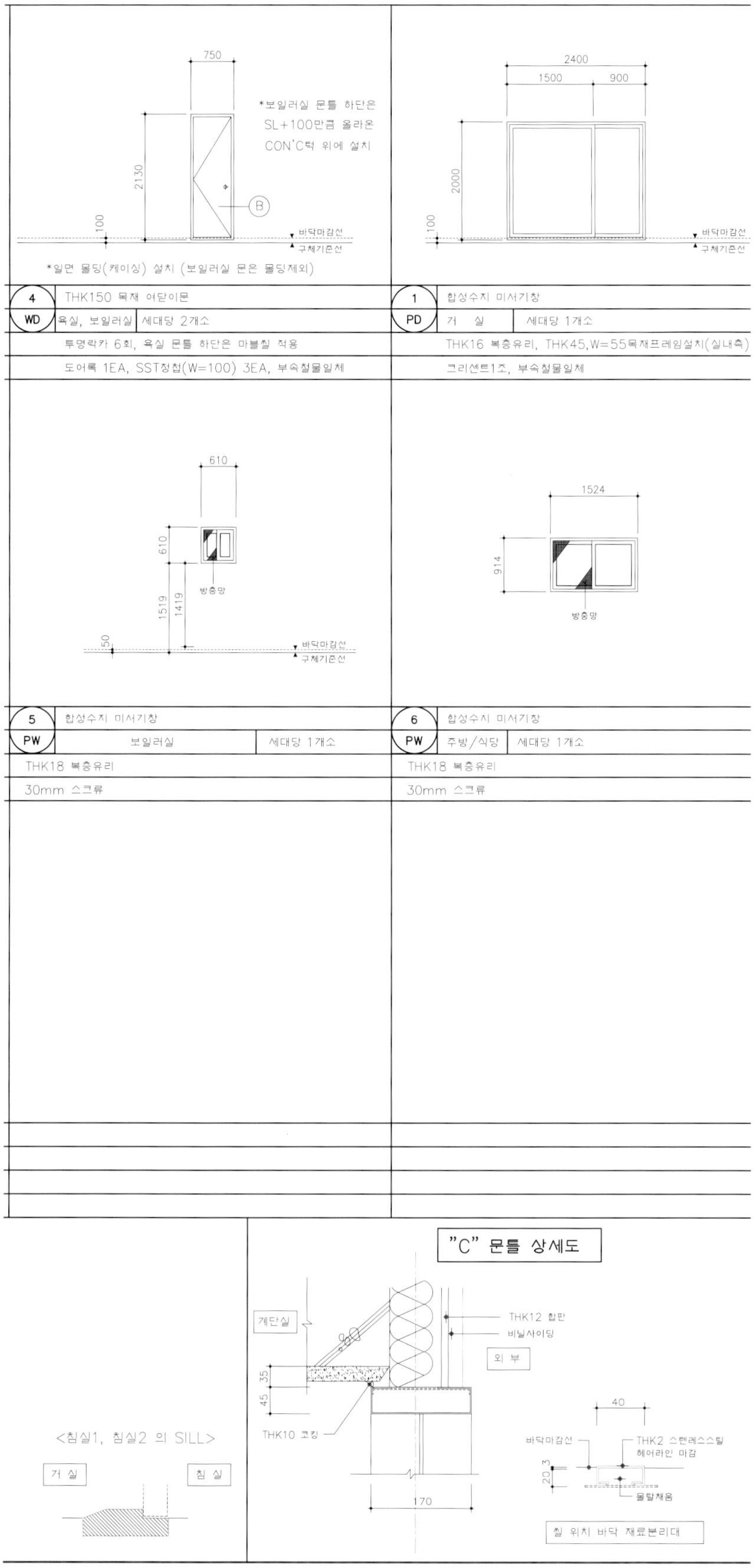

NOTES

1. 개소에서 (　)안의 수는 전체개수임
2. 본 창호전개도에서 표기된 창호 치수는 해당 창호부위의 오프닝 사이즈를 나타낸 것이며, 실제 창호 사이즈의 제작은 목구조 벽체의 시공을 감안하여 창호의 테두리 각각에서 12mm씩 작은 사이즈로 제작하되, 시공 전에 실측 후 SHOP DWG을 작성하여 감독관 및 감리자의 승인을 득한 후 시공할 것.

주기(Notes)

창과 문의 기능

창과 문은 겨울철 한기와 여름철의 열기를 차단하고 방범의 기능을 갖고 있다. 문은 사람의 출입과 물품의 반출입 기능을 충족시켜야 하므로 동선의 양이나 물품의 크기에 따라 적절한 폭과 높이가 필요하다. 채광, 환기 및 통풍, 조망의 순기능을 갖는 창은 사생활 침해, 모기 등의 해충과 도둑의 통로로 이용되는 역기능이 있어 순기능을 극대화하고 역기능을 최소화 하는 창의 설계가 요구된다. 창을 개폐할 수 있게 설계를 했다고 환기가 보장되지만은 않는다. 창 상부에 처마나 차양(canopy)이 없을 경우에 미서기창이나 여닫이창은 바람을 동반한 비가 내릴 때 열 수가 없다. 장마철에는 환기와 통풍이 더 필요함에도 불구하고 창의 기능을 다할 수가 없다는 점에 유의해야 한다.

창호도에 표기해야 할 내용

1. 창호의 종류(창과 문의 종류 참조)와 방충망 설치여부.
2. 창과 문의 크기와 재질, 창 · 문틀의 재질과 규격
3. 유리의 종류와 규격
4. 부속철물
5. 설치 위치 및 소요개수

설계도 사례-1

해비타트(HABITAT)주택/RC 및 목구조

(구조)

사람은 골격과 골격을 감싸고 있는 근육을 튼튼하게 만들기 위해서 운동을 한다. 골다공증 같이 뼈대가 허약한 사람은 골밀도를 높이기 위해 운동은 필수적이다. 성형수술과 피부관리에만 지나치게 신경을 쓰다보면 건강을 잃게 된다.

건축물에서도 골조(skeleton)가 튼튼해야 건축물의 수명을 보장할 수가 있다. 보이는 외피(skin)에만 신경을 쓰느라 구조가 허술해지면 수명을 다하지 못할 뿐만 아니라 인재로 이어지게 된다. 그만큼 사람이나 건축물에서 구조는 아주 중요한 부분임에도 불구하고 단지 보이지 않는다는 이유로 소홀해지기 쉽다. 골조 자체의 아름다움이 건축물의 아름다움을 좌우하게 되고 안전한 구조는 건물의 수명과 이용자들의 안전을 보장하게 된다. 삼풍백화점과 성수대교 붕괴로 인한 참사는 구조의 중요성을 말해준다. 건축설계에서 구조는 아무리 강조해도 지나치지 않는다.

목구조

사용된 스터드는 2″×4″와 2″×6″의 제재목 크기를 사용했다. 외벽에는 2″×6″, 내벽에는 2″×4″를 사용했다. 구조적으로는 외벽도 내벽과 같은 단면크기의 스터드 사용이 가능하지만 법에서 정하고 있는 지역별 단열재 두께를 확보하기 위해서는 단면이 큰 것을 사용해야 한다. 스터드의 간격이 406.4㎜(16″)인 것은 외벽에 사용하는 OSB(합판 포함)의 규격이 406.4의 배수인 4″×8″(1,220㎜×2,440㎜)의 크기로 생산되기 때문이다. OSB를 못으로 고정하게 되는 스터드의 전면 폭이 38㎜에 불과하기 때문에 이 치수를 지키지 않으면 OSB를 고정할 수가 없다. 못과 망치로 지을 수 있는 시스템이기 때문에 일반자원봉사자들에 의해 지어지고 있다.

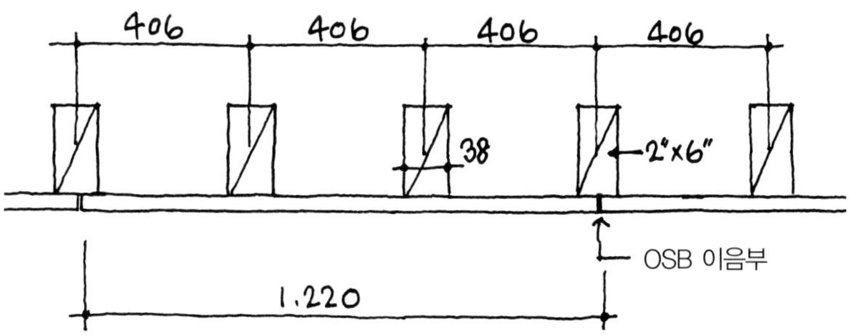

철근콘크리트 구조

기초, 1층 기둥, 2층 바닥슬래브, 계단은 철근콘크리트 구조이다. 철근콘크리트의 단면과 철근배근은 구조설계자에 의해 결정되지만 협의과정에서 설계자가 원하는 구조시스템과 단면을 요구할 수도 있다. 형틀(form), 철근배근, 콘크리트 타설 등의 과정은 전문인력에 의해 시공된다. 콘크리트의 타설 단계별로 양생이 충분히 된 후에 다음 작업을 진행하는 것이 중요하다.

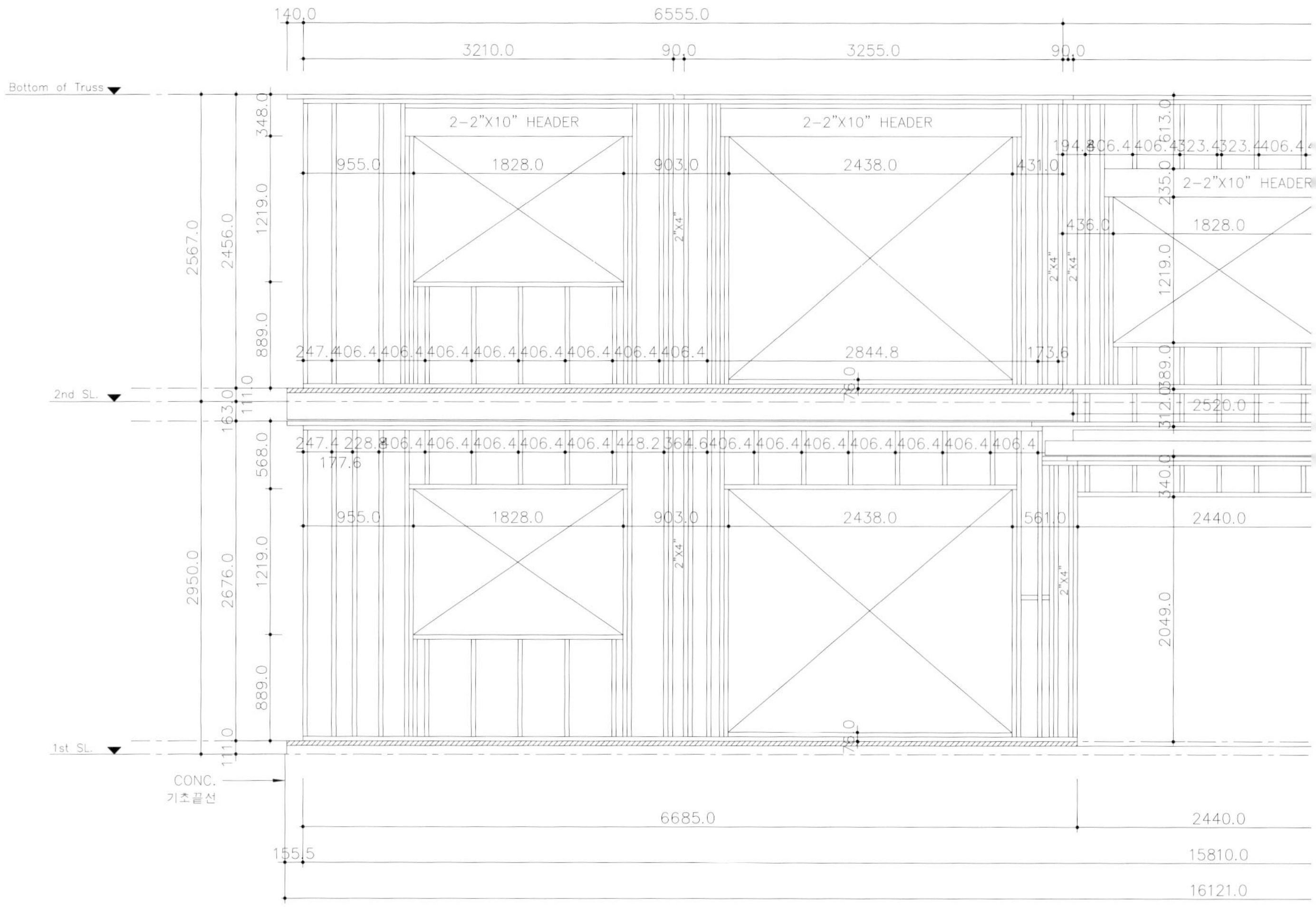

1 전면 스터드 구조 전개도
SCALE : 1/60

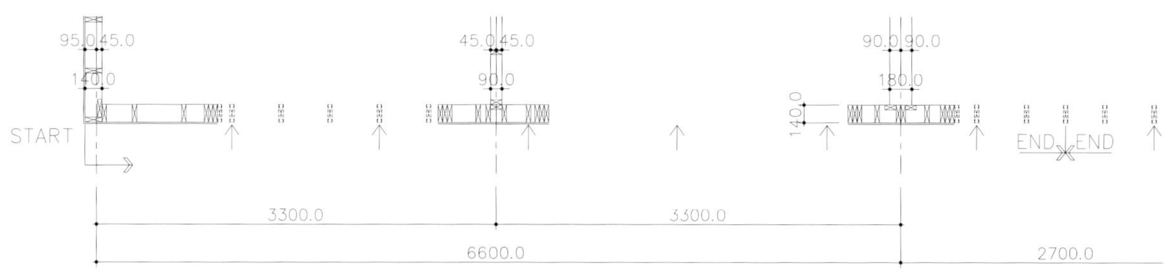

2 2층 전면 스터드 구조 평면도
SCALE : 1/60

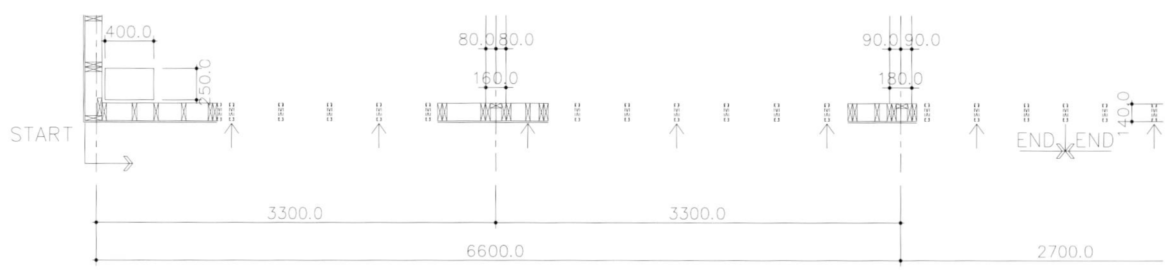

3 1층 전면 스터드 구조 평면도
SCALE : 1/60

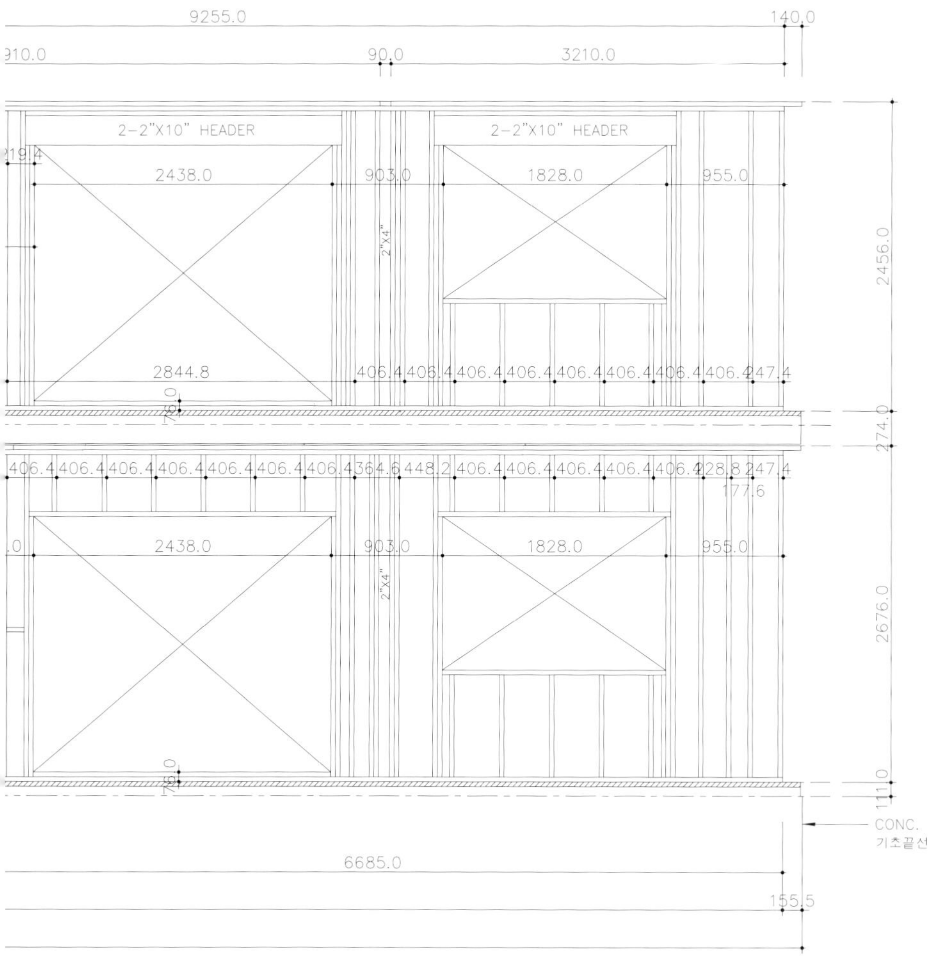

NOTES

1. 부재별 치수
   외벽 stud : 2″× 6″@16″
   내벽 stud : 2″× 6″@16″
   header : 2″× 10″(2겹)
   외벽 top plate(dleoub) : 2″× 6″
   내벽 top plate(dleoub) : 2″× 4″
   외벽 botton plate : 2″× 6″
   내벽 botton plate : 2″× 4″
   기타부재 : 2″× 4″
2. 모든 외벽 OPENING부분의 문틀 옆은 2″× 4″ STUD BLOCKING을 설치하여 보강할 것.
3. ▨는 구체 레벨을 조정하기 위한 2″× 6″ 방부 목재이므로 스터드 설치 전에 구체에 설치한다.

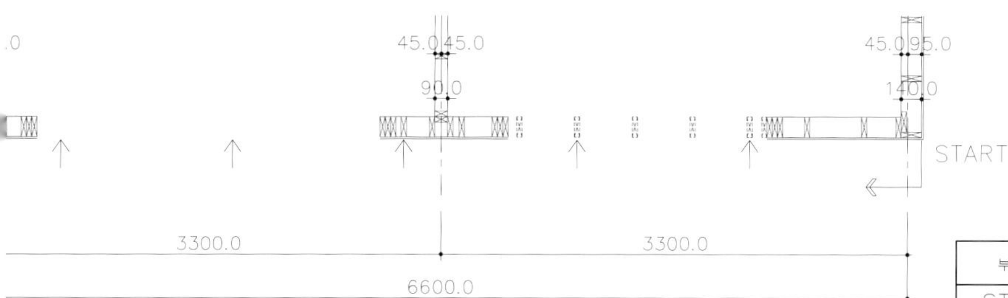

부 호	내 용
START →	STUD 설치작업 시작점
END →	STUD 설치작업 끝점
→ ←	합판(석고보드) JOINT 지점

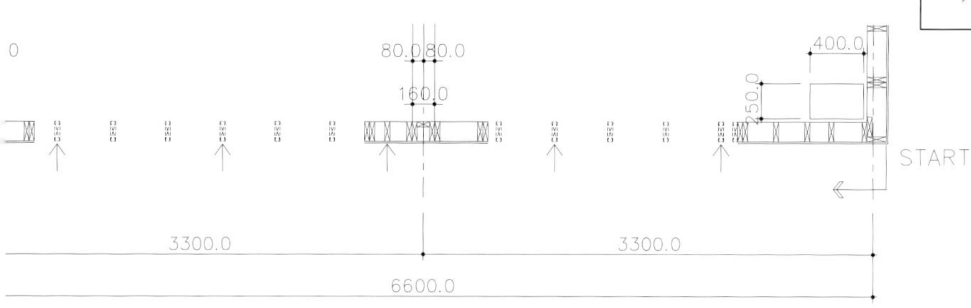

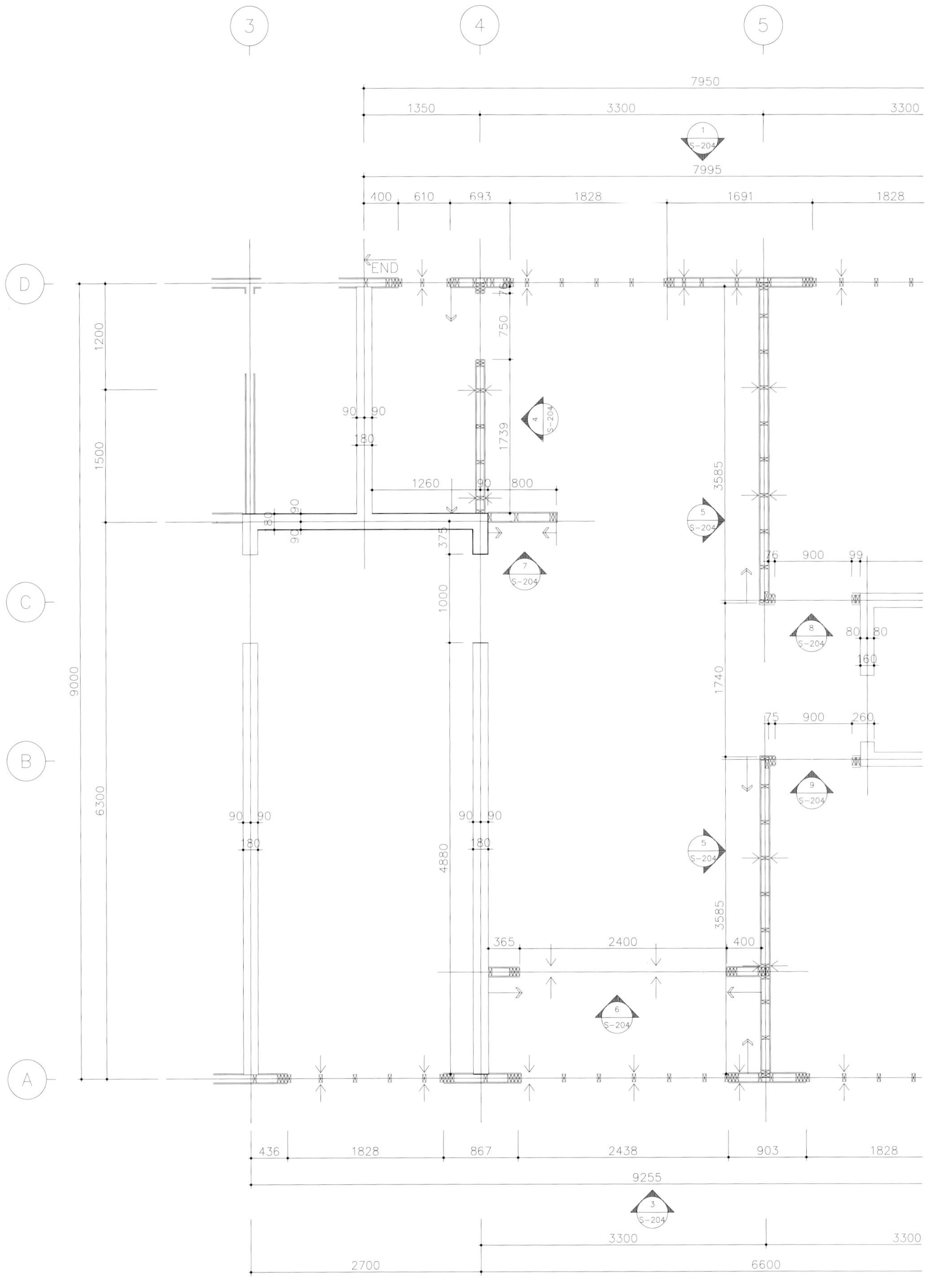

1 주거동(전용16평) 2층 스터드 구조 평면도
SCALE : 1/30

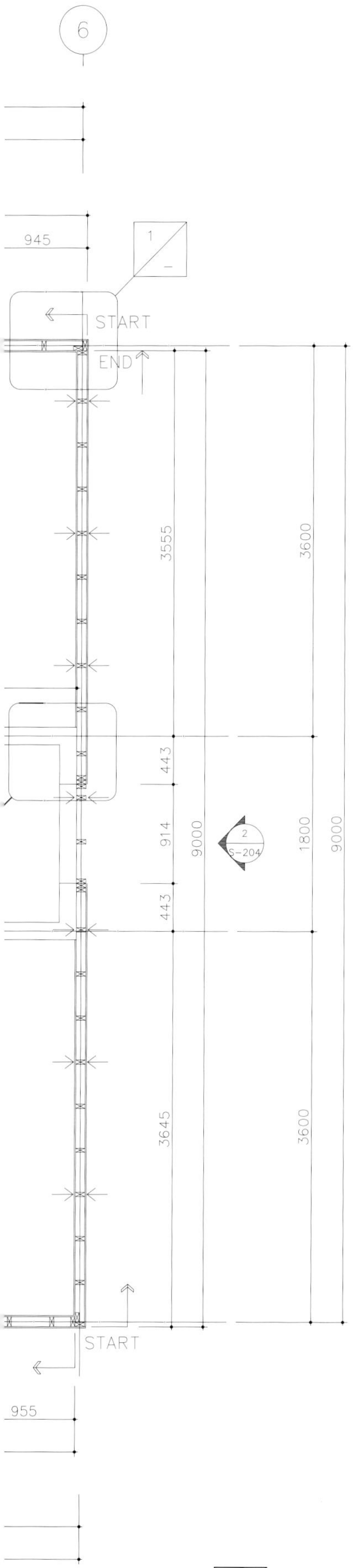

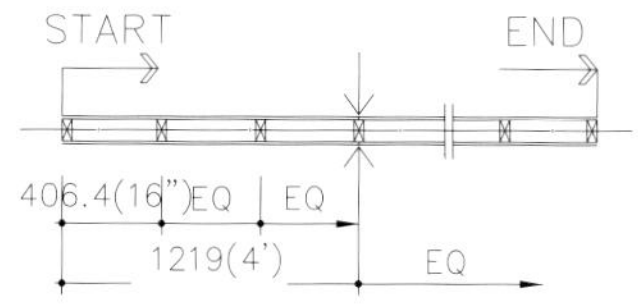

STUD 설치 기본 MODULE

부 호	내 용
START →	STUD 설치작업 시작점
END →	STUD 설치작업 끝점
→ ←	합판(석고보드) JOINT 지점

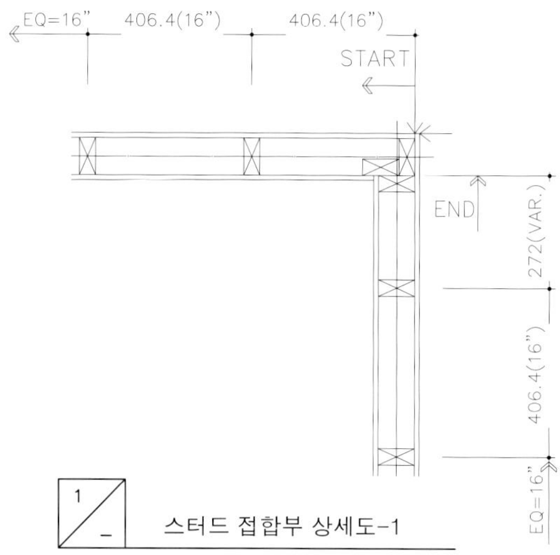

스터드 접합부 상세도-1

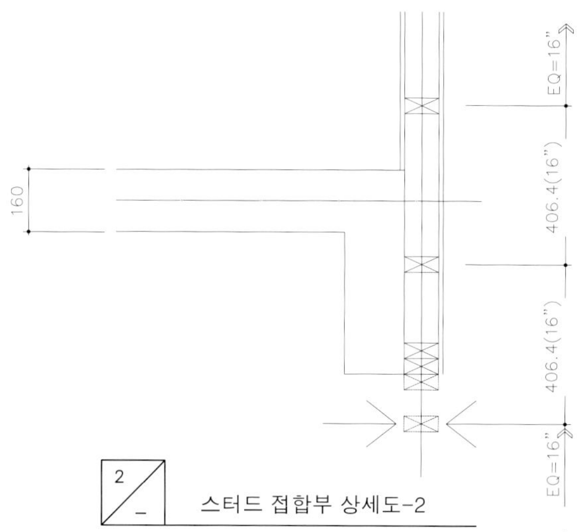

스터드 접합부 상세도-2

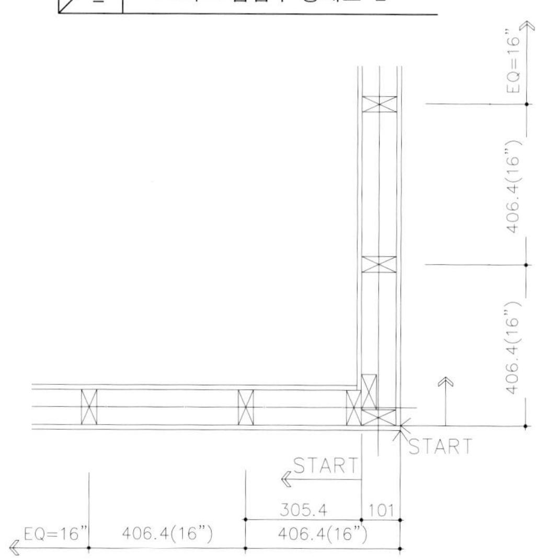

스터드 접합부 상세도-3

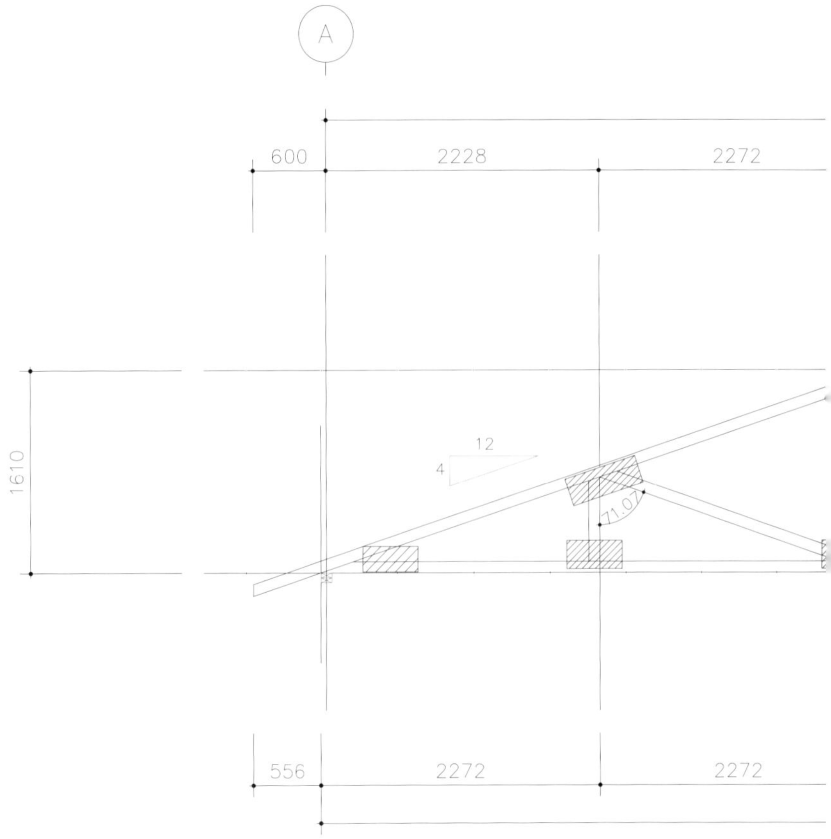
A
600
2228
2272
1610
12
4
71.07
556
2272
2272

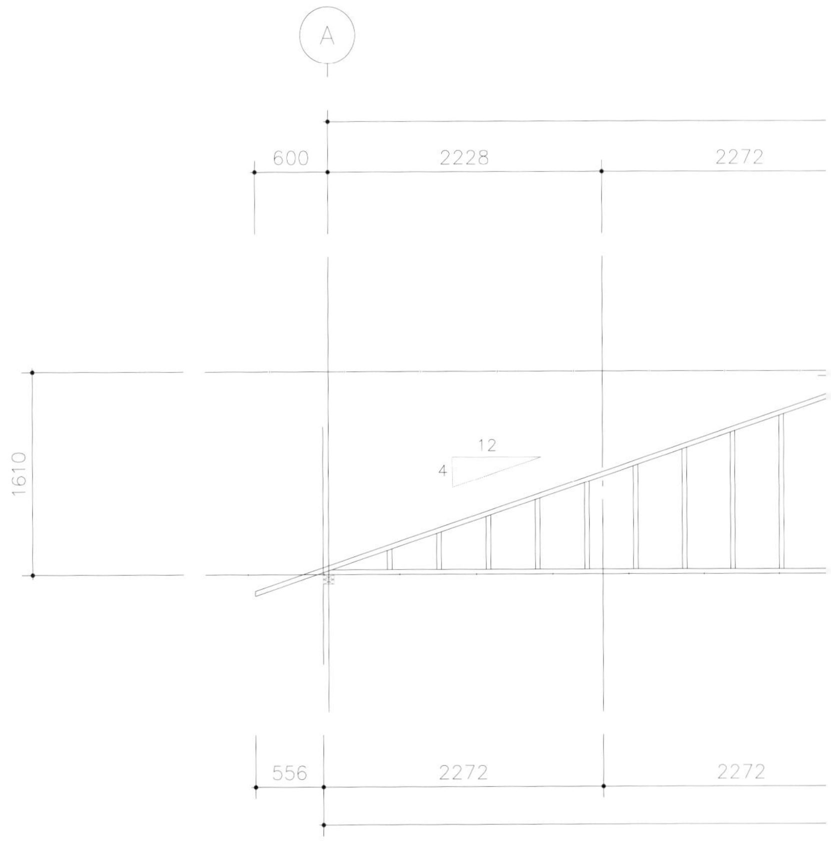
A
600
2228
2272
1610
12
4
556
2272
2272

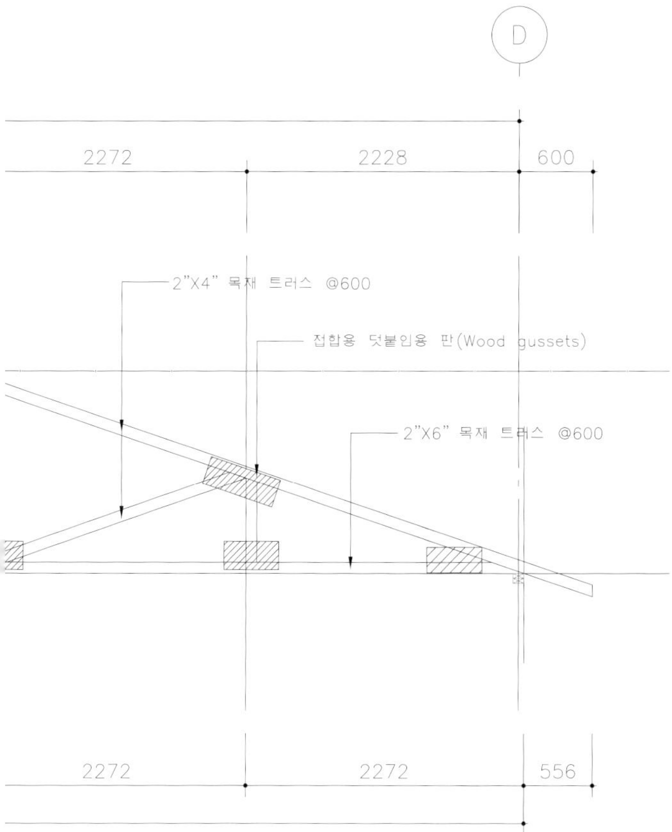

1 트러스 구조 상세도
SCALE : 1/60

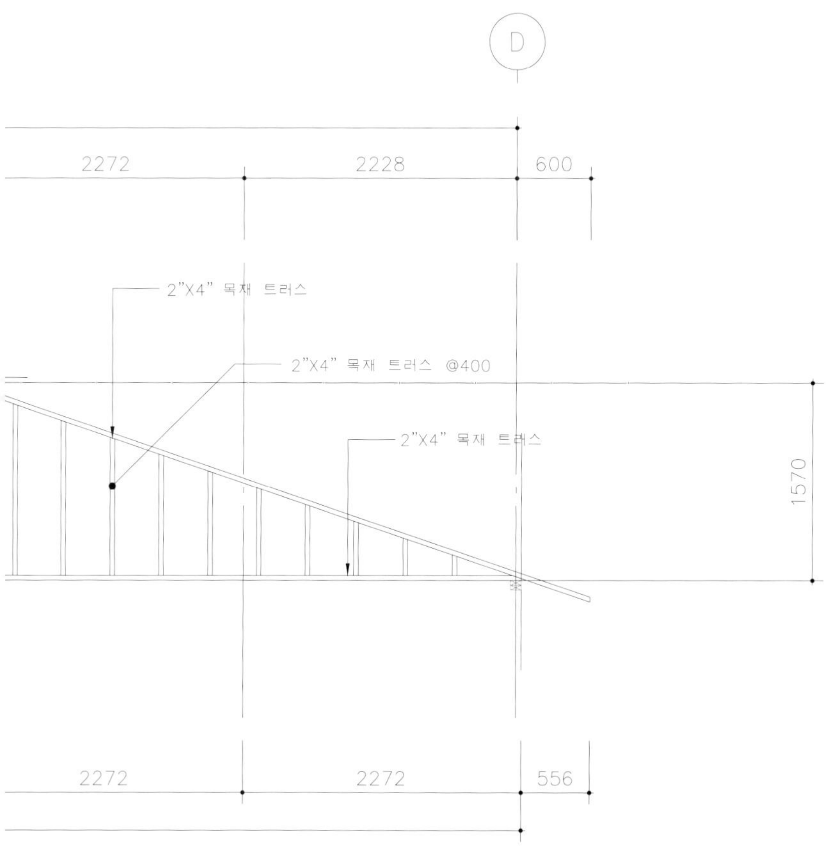

2 엔드트러스 구조 상세도
SCALE : 1/60

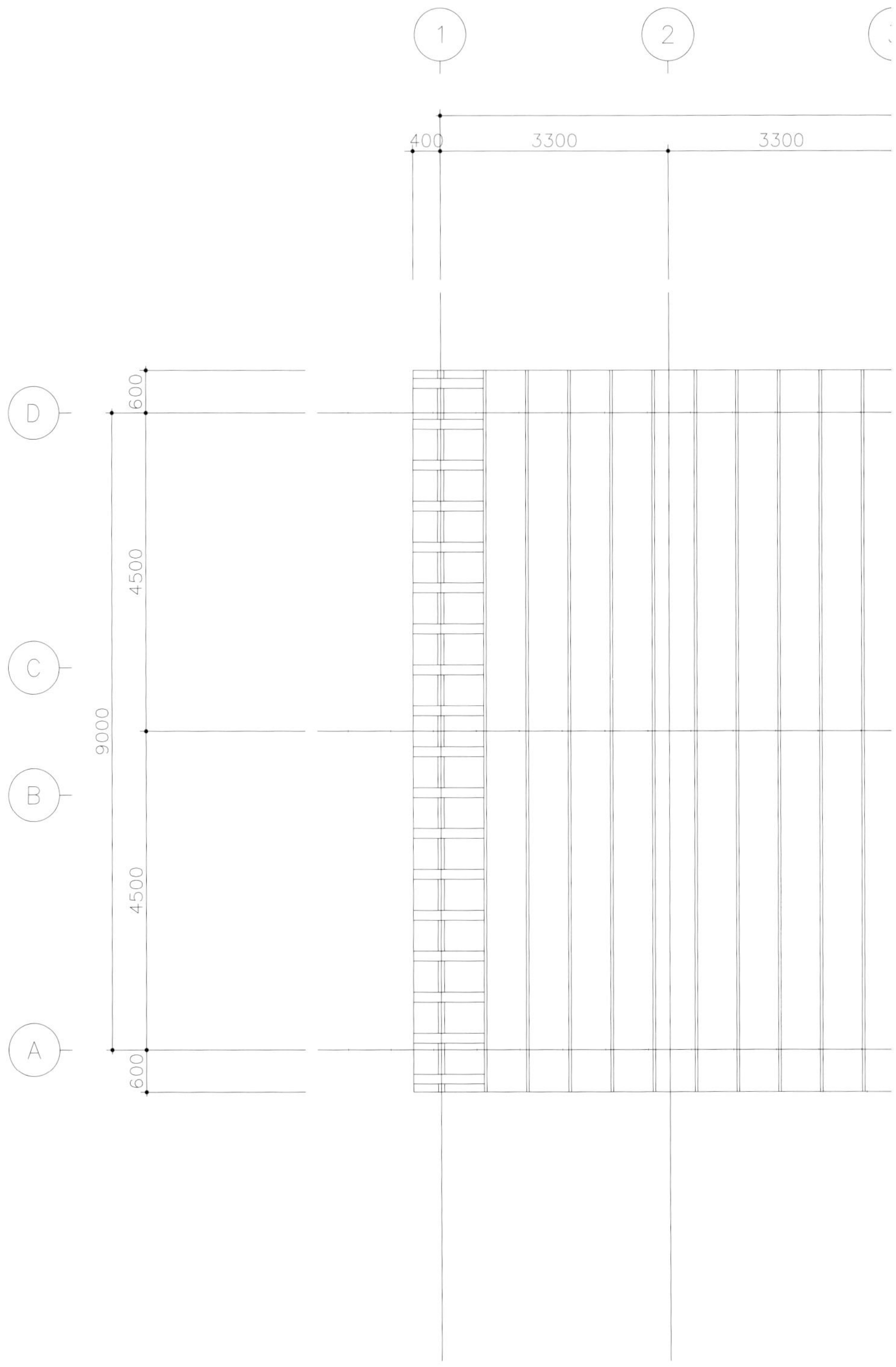
1
2
400
3300
3300
D
C
B
A
600
4500
9000
4500
600

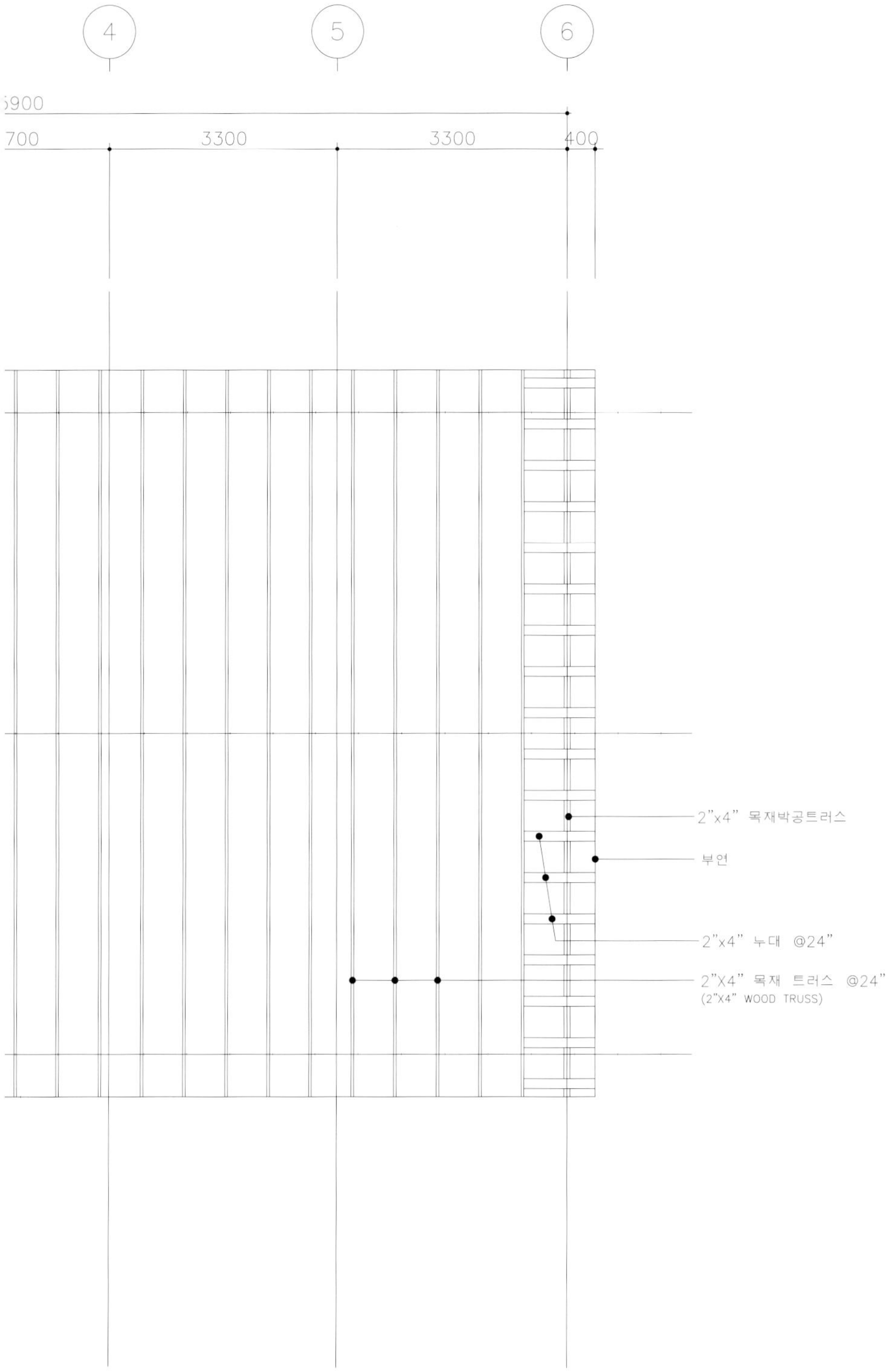

1 지붕층 트러스 구조 평면도
(ROOF TRUSS STRUCTURE PLAN)
SCALE : 1/100

적재해 놓은 벽체스터드와 END 트러스

적재해 놓은 벽체스터드

1층 모서리 부분의 RC기둥과 벽체스터드

2층 모서리 부분의 벽체스터드

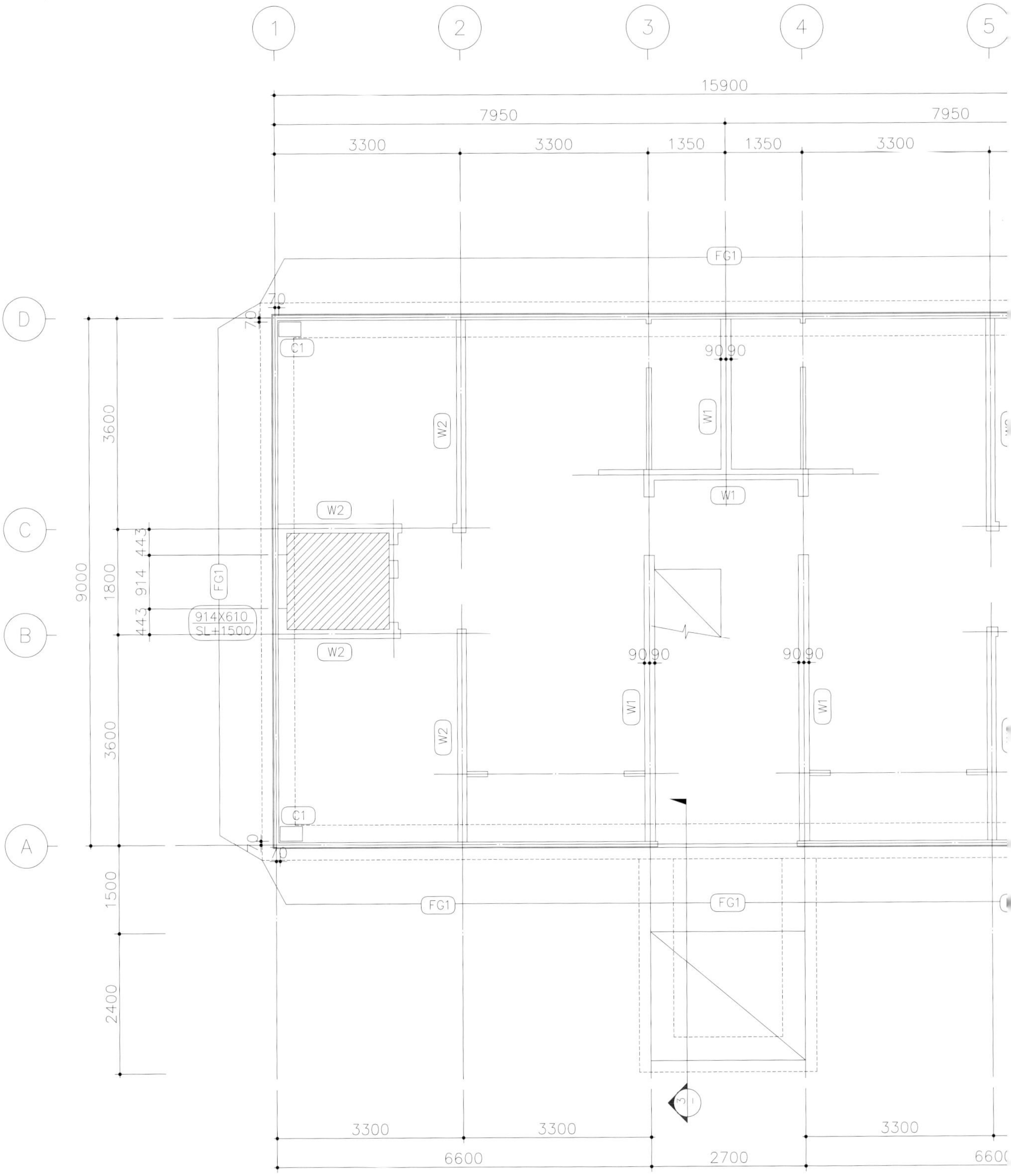

1 기초 및 1층 바닥구조평면도

SCALE : 1/100

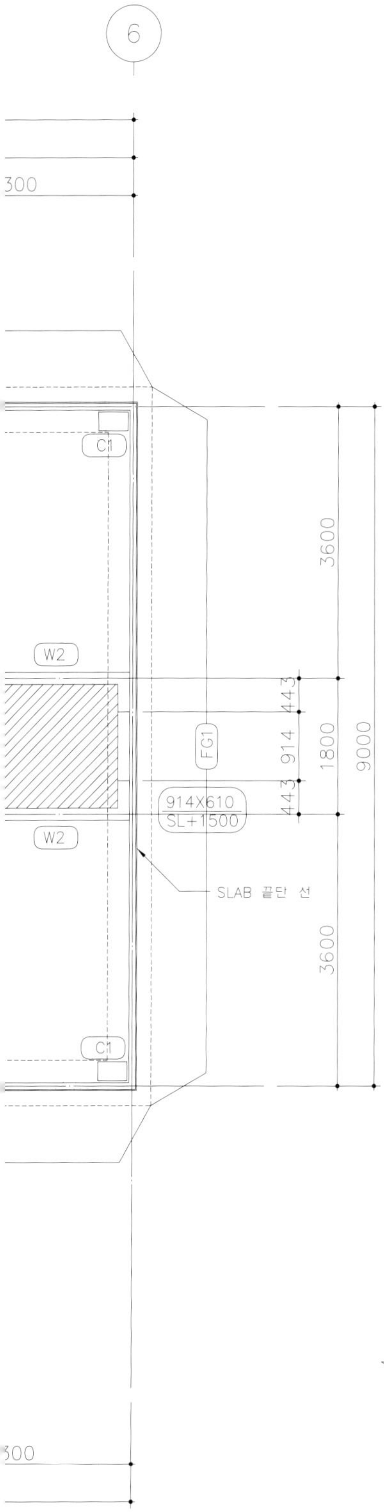

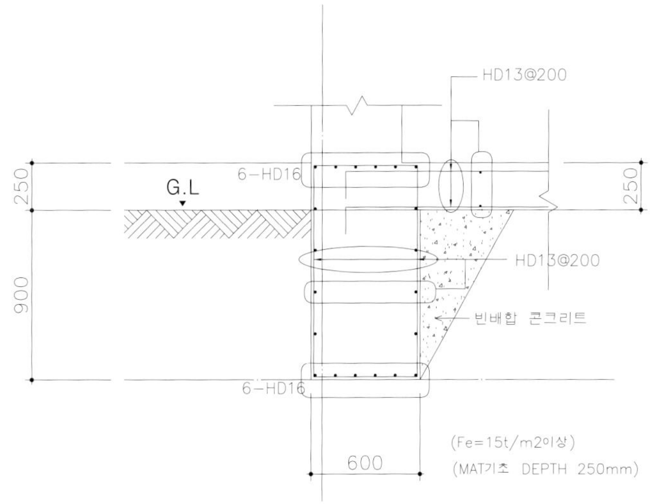

2 FG1 기초 구조단면도 (FOUNDATION SECTION)

SCALE : 1/40

주기(Notes)

철근콘크리트 구조설계에서 주로 사용하는 약어는 아래와 같다.

F : 기초(footing)

C : 기둥(column)

G : 큰 보(girder)

B : 작은 보(beam)

S : 슬래브(slab)

W : 벽(wall)

FG : 지중 보(footing girder)

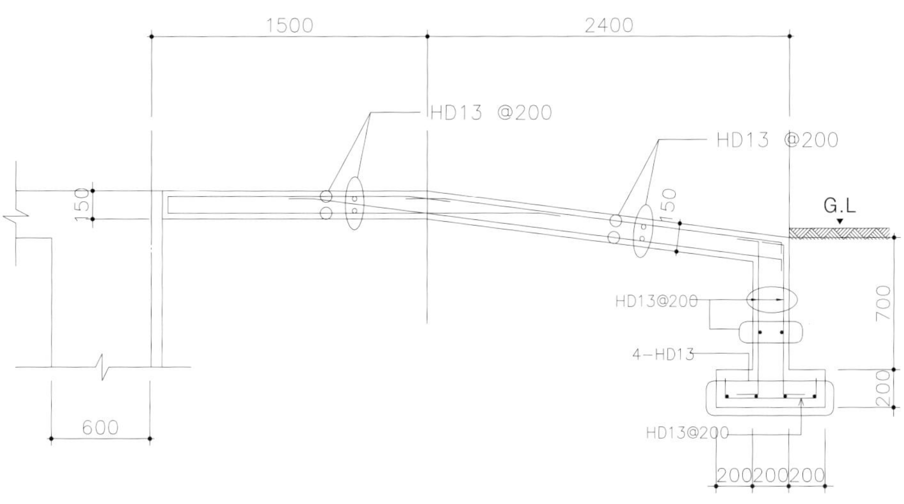

5 A-A' 구조 단면 상세도 (A-A' STRUCTURE SECTION DETAIL)

SCALE : 1/40

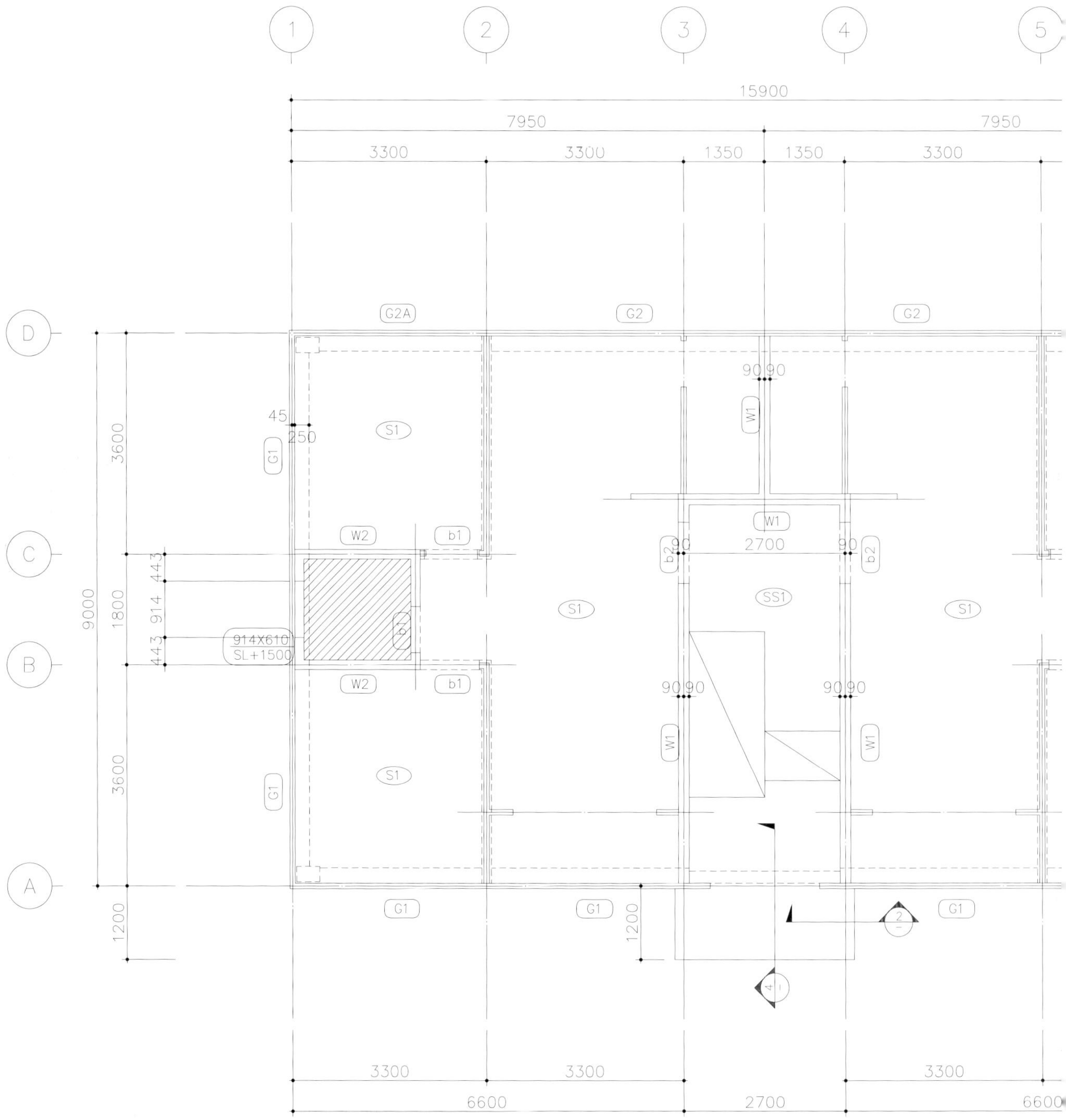

1 2층 바닥구조평면도
SCALE : 1/100

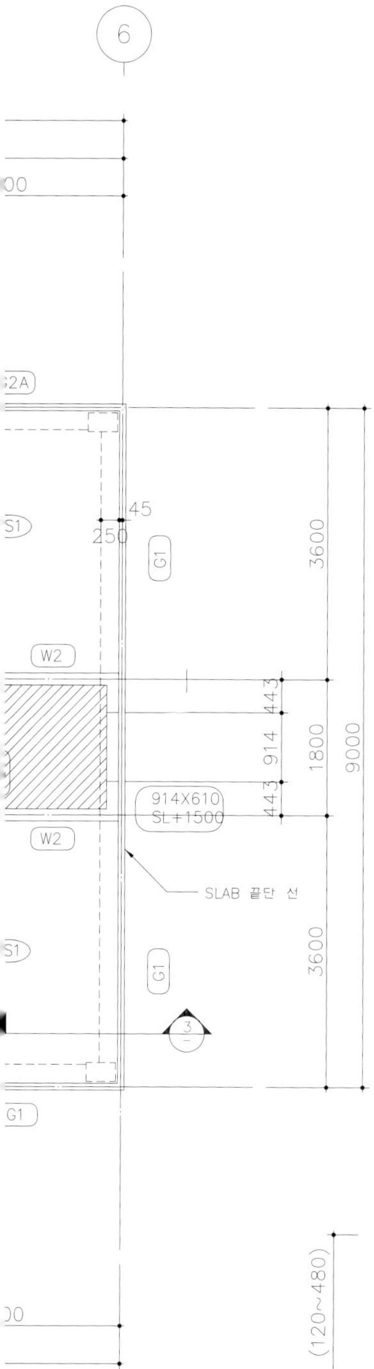

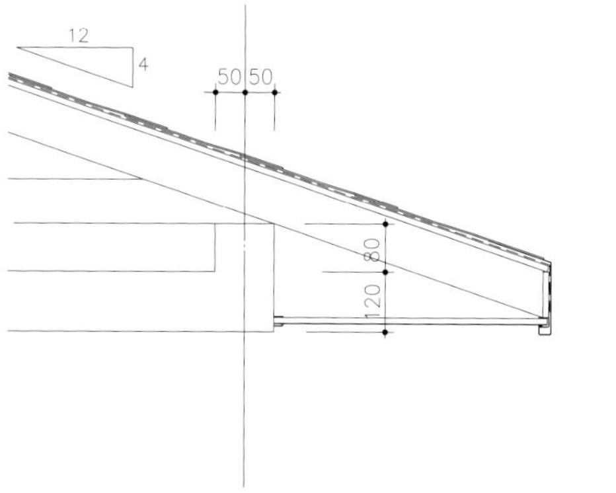

2 부분단면 상세도

SCALE : 1/20

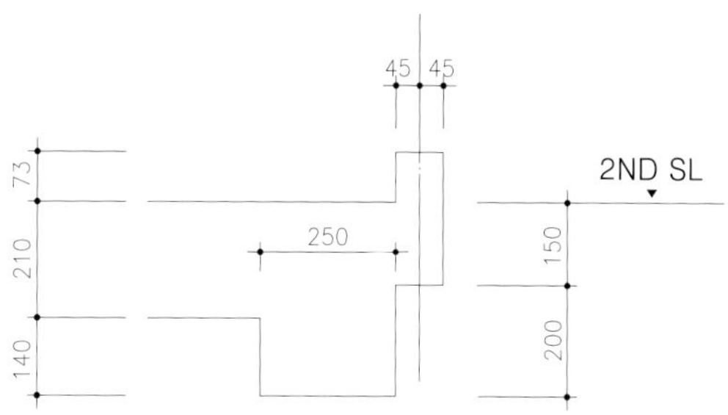

3 부분단면 상세도

SCALE : 1/20

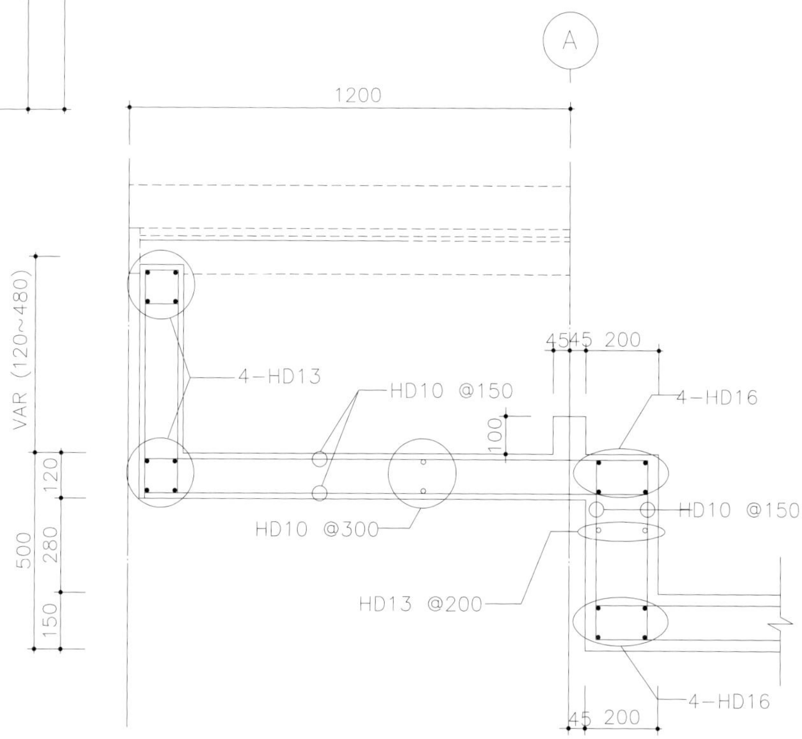

4 부분 단면 상세도

SCALE : 1/20

NOTES

1. 기초 설치시 지반의 지내력 Fe= 15t/m² 확보 후 설치
2. 모든 작업은 지반을 잘 다진 후 시행해야 한다.
3. 1층의 모든 슬래브 기호는 1S1임
4. 1층 바닥슬래브의 외주부 끝단의 위치에 대해서는 건축도면 외벽 부분단면상세도를 참조하여 시공오차 없이 주의할 것.
5. 기둥, 보, 벽의 오프닝의 정확한 위치는 해당 층의 스터드 관련 도면 치수를 기준으로 하여, 건축마감선 및 디테일을 고려하여 시공할 것.
6. "바닥 CON'C 턱" 부위는 반드시 건축평면도, 스터드 평면도를 참조하여 위치와 턱의 높이, 폭의 크기를 내벽과 외벽을 구분하여 마감, 문틀 설치 등을 고려하여 결정 후 감독관 및 감리자의 승인을 득한 후 시공할 것(외벽 CON'C 턱의 상단은 SL+73으로 일정하도록 한다.)
7. 슬래브 레벨
   SL-100 SL+0

보 일람표

부 호	2G1	2G2	2G2A	2b1
크 기	250 X 350	250 X 350	250 X 350	160 X 4
단 면	전 체 	전 체 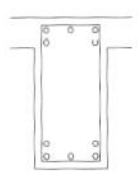	전 체 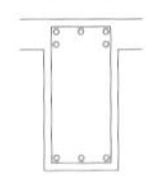	전 체 
보조근				
상부근	3 - HD16	5 - HD16	5 - HD16	2 - HD1
하부근	3 - HD16	5 - HD16	3 - HD16	2 - HD1
늑 근	HD10 @150	HD10 @150	HD10 @150	HD10 @15

슬래브 일람표 (Fc=210 kg/cm^2, Fy=4000 kg/cm^2)

부 호	형 태	두 께	주 근 (LX)						
			중 앙 부			단 부		중 앙	
			상부근 (1)	절곡근 (2)	하부근 (3)	상부근 (4)	하부근 (5)	상부근 (A)	절곡근
1S1	C	250	HD13 @200		HD13 @200			HD13 @200	
2S1	C	210	HD10 @150		HD10 @150			HD10 @330	

참 고

1. 콘크리트는 레미콘(remicon: ready mixed concrete) 공장에서 배합하여 전용 트럭으로 현장까지 운반한다. 국내에서는 강도가 다른 여러 종류의 레미콘이 공급되고 있어 필요한 강도를 선택하여 사용할 수가 있다. 180㎏/㎠, 210㎏/㎠, 240㎏/㎠, 270㎏/㎠, 300㎏/㎠, 400㎏/㎠ 강도의 제품이 주로 사용되고 있다. 콘크리트의 단면과 설계기준강도(Fc)는 구조설계자가 결정하는 것이 일반적이지만, 콘크리트의 단면을 줄이기를 원한다면 건축설계자가 협의를 통하여 고강도에 해당하는 콘크리트를 선택할 수도 있다. 높이가 500m를 넘는 초고층 건축물에는 1,000㎏/㎠ 강도의 콘크리트를 사용하기도 한다.

2. 철근의 규격과 대수는 구조설계자에 의해 결정되며 도면 작성은 건축설계팀에서 작성하게 된다. 일반 이형철근(Deformed bar)과 고장력 이형철근(High tension Deformed bar)이 주로 사용되며 표기는 아래와 같다.

   HD16: 철근의 직경이 16㎜인 고장력 이형철근
   HD13: 철근의 직경이 13㎜인 고장력 이형철근
   D12: 철근의 직경이 12㎜인 일반 이형철근

	2b2
	180 X 400
	전 체 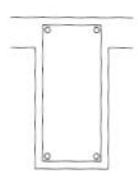
	2 - HD16
	2 - HD16
	HD10 @150

근 (LY)

	단 부	
부근 (C)	상부근 (D)	하부근 (E)
13 @200		
10 @330		

기둥 일람표

부 호	C1
크 기	400 X 250
단 면	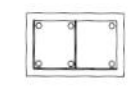
주 근	6-HD16
대 근	HD10 @250
상하대근	

벽체 일람표

부 호	형 태	두 께	수 직 근	수 평 근	단부보강근
W1	D	180	HD10 @300	HD10 @300	4 - HD13
W2	D	160	HD10 @300	HD10 @300	4 - HD13

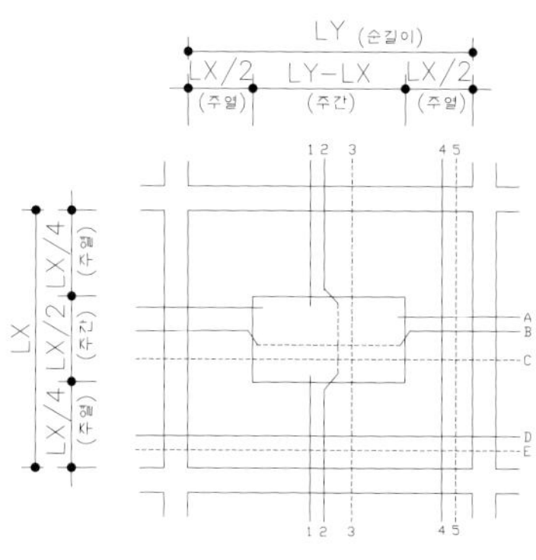

Ⓐ

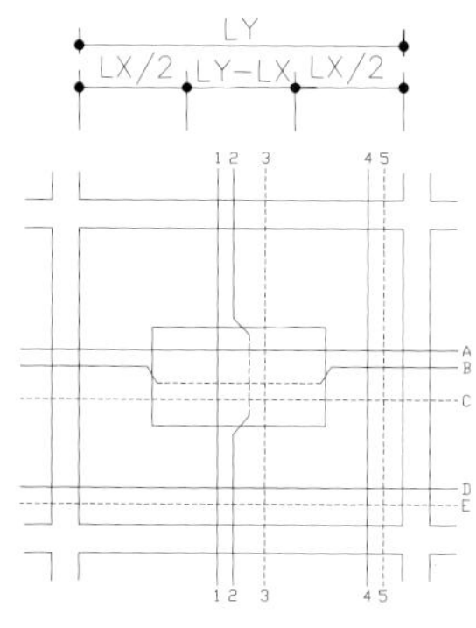

Ⓑ

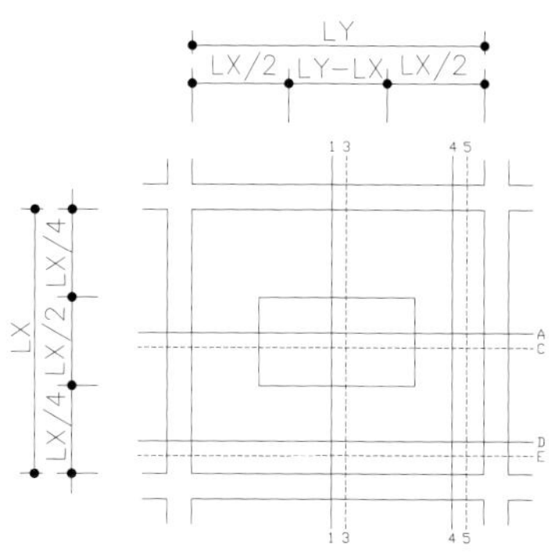

Ⓒ

LX: 단변순지간
LY: 장변순지간, LY>LX

———— 실선: 상부근
------- 점선: 하부근

NOTES

1. 주열대폭은 LY/LX ＜ 2일 경우 LX/4적용
2. 연속단은 인접슬래브(의 길이 : 1) 가 존재하는 곳에 적용

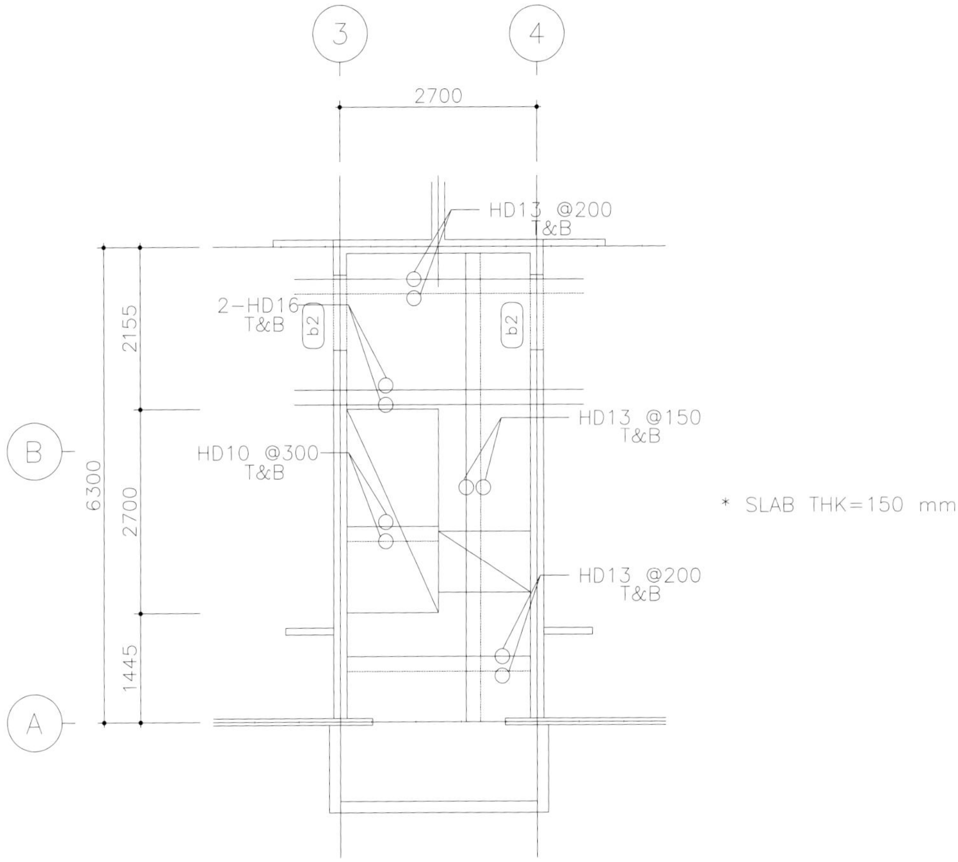

1 계단슬래브(SS1) 구조평면도
SCALE : 1/100

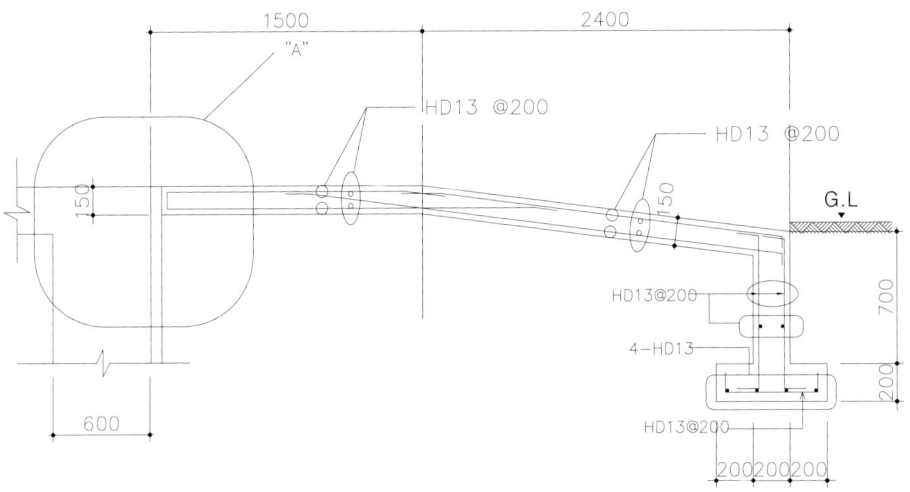

3 현관램프 단면상세도
SCALE : 1/40

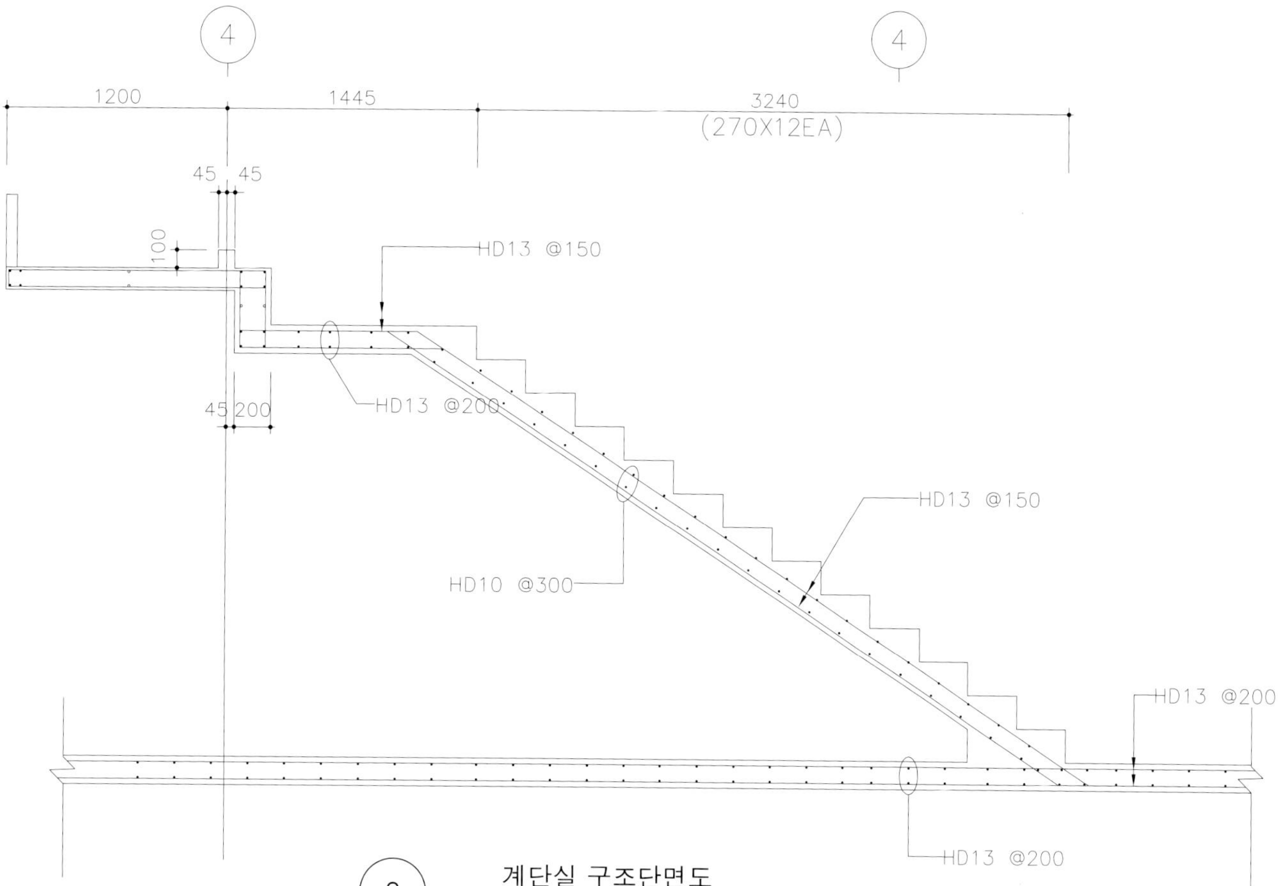

2 계단실 구조단면도
SCALE : 1/40

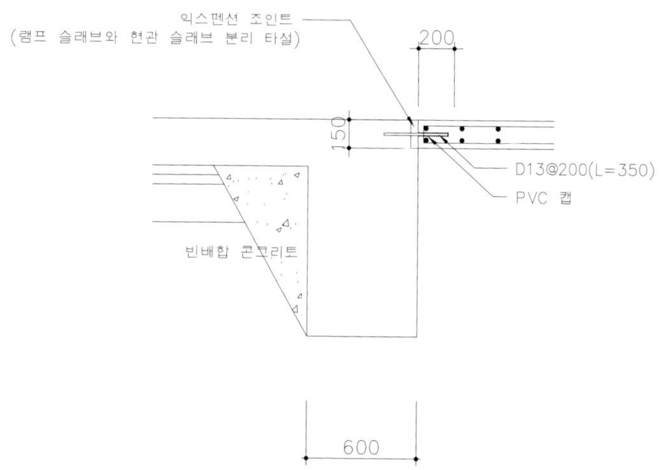

"A" 부분 상세도 SCALE:NONE

설계도 사례-2

해비타트(HABITAT)주택/RC 및 목구조

(전기설비, 기계설비)

기계설비 설계도와 전기설비 설계도는 각기 그 분야의 전문가들에 의하여 작성되지만 건축설계 의도에 맞도록 기술적인 문제를 해결하는 역할을 하게 된다. 조명기구의 위치와 형태, 가전제품(세탁기, 냉장고, TV, 전자레인지 등)의 위치 등은 건축분야 설계자가 결정을 해야 필요한 장소에 전기공급이 가능하며 콘센트에서 가전세품까지 별도의 전선을 이용하는 불편을 방지할 수가 있다.

욕실 안의 위생기구, 주방의 개수대, 세탁기 등 물을 사용하는 기구들의 위치와 제품모델도 설계자가 결정해야 정확한 급 · 배수 설계를 할 수가 있다. 보일러의 위치와 분배기의 위치까지도 기계설계자와 협의를 거쳐 결정하게 된다.

앞에서 설명한 '가전, 가구제품의 크기와 필요한 공간' 의 예에서와 같이 필요한 것들이 구비되어야 편안한 생활을 영위할 수가 있다. 주거가 단순히 비바람을 막는(shelter) 역할을 넘어 실내 환경의 질에 대한 요구가 점증되는 시점이므로 전기 및 기계설계의 중요성 또한 높아지고 있다. 사례의 도면들은 전기설비설계자 및 기계설비설계자들에 의해 작성된 도면들이지만 이런 도면들이 작성되려면 건축설계자와 협의를 거쳐 작성된다는 점이 중요하다.

실내 환경의 질을 결정하는 요소인 개폐가능한 창의 크기와 외주부 벽체의 단열은 건축설계자가 해결할 수 있지만 야간의 조명, 냉 · 난방과 냉 · 온수 공급 등은 전기와 기계설비에서 해결하게 된다. 실내 환경의 질은 전기설비와 기계설비 설계에 의해 좌우된다고 해도 과언이 아닐 정도로 중요하게 취급되어야 한다.

설비분야 설계도는 어떤 종류의 도면들로 구성되는지와 도면에 표현된 내용들을 참고하는 것도 설계도를 이해에 도움이 된다.

도면목록표

도면번호	도 면 명	축 척	
		A1	A3
M – 001	도면목록표및범례	NONE	NONE
M – 002	장비일람표	NONE	NONE
M – 003	옥외배관평면도	1/200	1/400
M – 004	1층및2층난방배관평면도	1/50	1/100
M – 005	1층 급수, 급탕배관평면도	1/50	1/100
M – 006	2층 급수, 급탕배관평면도	1/50	1/100
M – 007	1층 오, 배수배관평면도	1/50	1/100
M – 008	2층 오, 배수배관평면도	1/50	1/100
M – 009	1층 가스배관평면도	1/50	1/100
M – 010	2층 가스배관평면도	1/50	1/100
M – 011	일반상세도	NONE	NONE

범 례

범 례	명 칭	비 고
—— HWS ——	온수공급관	동관 L-TYPE KSD-5301 가스 보일러에서 온수 분배기 까지는 동관 이후는 X-L관
—— HWR ——	온수환수관	
—— C W ——	시상수인입관	동관 L-TYPE KSD – 5301
—— • ——	시수양수관	동관 L-TYPE KSD – 5301
—— •• ——	급탕공급관	동관 L-TYPE KSD – 5301
—— ••• ——	급탕반환관	동관 L-TYPE KSD – 5301
—— D ——	배수관	PVC VG²
—— S ——	오수관	PVC VG²
—— G ——	가스관	배관용탄소강관 KSD – 3631
- - - - V - - - -	통기관	PVC VG²

범 례	명 칭	비 고
F D	바닥배수구	
FCO	바닥소제구	
C O	소제구	
- - - - - V V.T.R	지붕통기구	
	게이트밸브	
	책크밸브	
	글로우브밸브	
	볼밸브	
	스트레이너	

XL관 시공

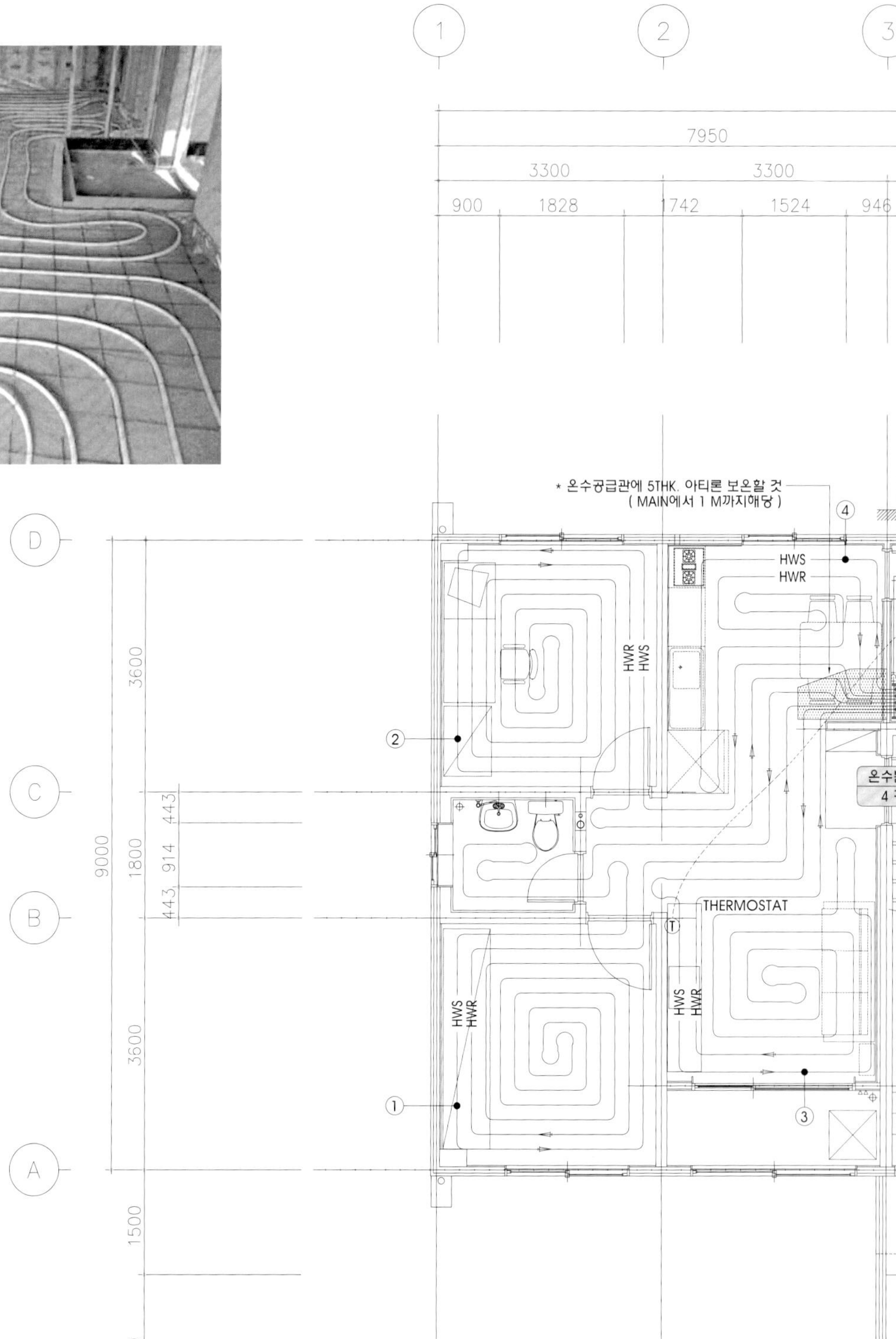

주기(Notes)

보일러에서 덥혀진 온수가 분배기를 거쳐 각 방의 바닥을 돌아서 다시 분배기를 거쳐서 보일러로 돌아온 후 덥혀지는 배관경로를 표현한 설계도이다. 분배기는 각 방별로 난방을 잠그거나 열 수 있는 밸브가 있어 필요한 방만 난방을 할 수가 있는 에너지 절약장치라고도 할 수 있다. 배관 재질은 강관, 동관, 스테인리스 스틸관, PVC 재질의 관들을 사용할 수 있으며 재질마다 부식, 스케일 여부, 시공성 등에 대한 장단점이 있으며 가격도 각기 다르다. 30~40년 전에는 강관을 주로 사용했지만 최근에는 동관과 PVC 재질의 XL관을 많이 사용한다. 이 프로젝트에 사용한 XL관은 분배기에서 각 방을 거쳐 분배기까지 이음 없이 배관 공사가 가능하고, 연질이라 시공성이 좋은 장점을 갖고 있다.

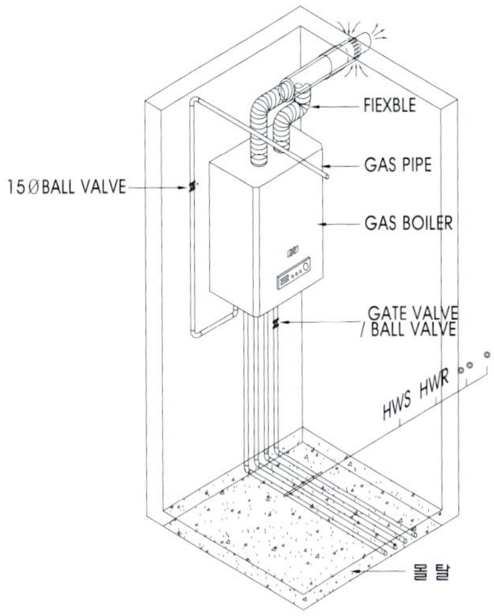

보일러 설치 상세도
Scale : NONE

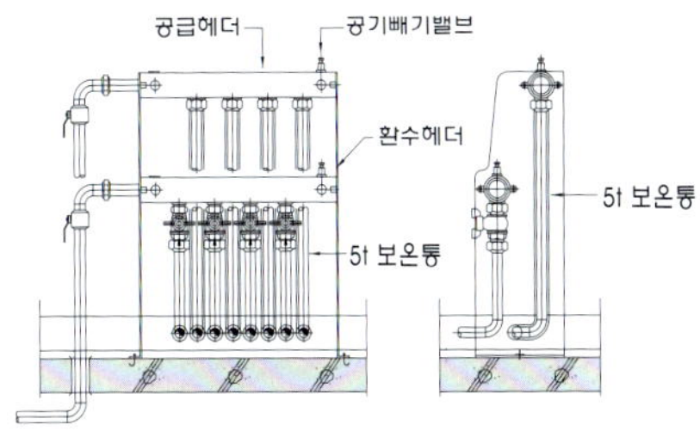

온수분배기 상세도(4-구형)
Scale : NONE

1. 보일러와 TEMP. CONTROLLER 설치시 배관 매설은 전기공사.
2. 보일러실 바닥은 거실과 같은 높이이고 필히 방수할 것(건축공사)
3. 난방배관후 필히 내부 후라싱 처리할 것.
4. 가스보일러 연도스래브는 설비공사임.
5. 온수분배기에는 각방의 밸브를 표시할 수 있는 명판을 부착한다.
6. 벽체와 코일 길이의 이격 거리는 현장여건에 따라 다소 조정이 될수 있으나 아래 기준을 적용한다.
   - 외벽과 코일 이격거리: 100mm
   - 내벽과 코일 이격거리: 100mm

번호	실 명	간 격 (mm)	관 경 (Ø)	재 질	길 이 (m)	비 고
1	침 실 - 1	200	15	XL관	68	
2	침 실 - 2	200	15	XL관	61	
3	거 실	250	15	XL관	45	
4	주 방	250	15	XL관	23	

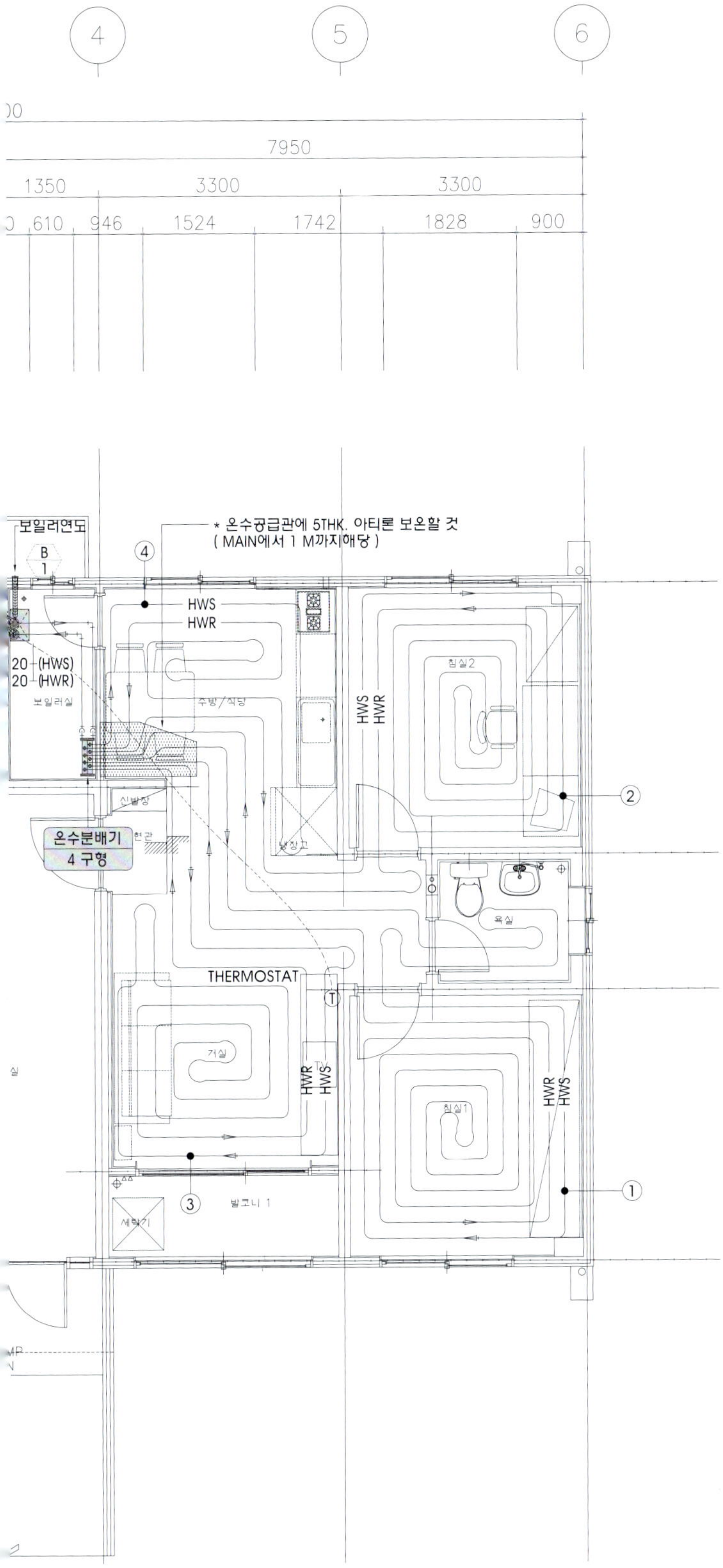

1층 및 2층 난방배관 평면도(16세대)

축척 : 1/100

주기(Notes)

이 도면은 화장실의 세면기 및 대변기와 주방의 개수대, 세탁기에 냉·온수 공급배관을 표현하고 있다. 사용하게 될 세면기, 대변기, 개수대의 위치, 크기와 형태 등은 건축설계자가 결정해야 한다. 각종 수도꼭지(faucet), 휴지걸이, 수건걸이, 비누받침까지도 설치위치와 모델을 동시에 결정해야 한다. 벽과 바닥의 타일 크기와 색상은 건축설계자가, 위생기구와 수도꼭지의 색상과 타입은 기계설비설계자가 결정하면 일관성이 결여된 욕실 디자인의 결과로 나타난다. 다양한 국내·외의 제품정보를 갖고 있어야 선택을 할 수 있다.

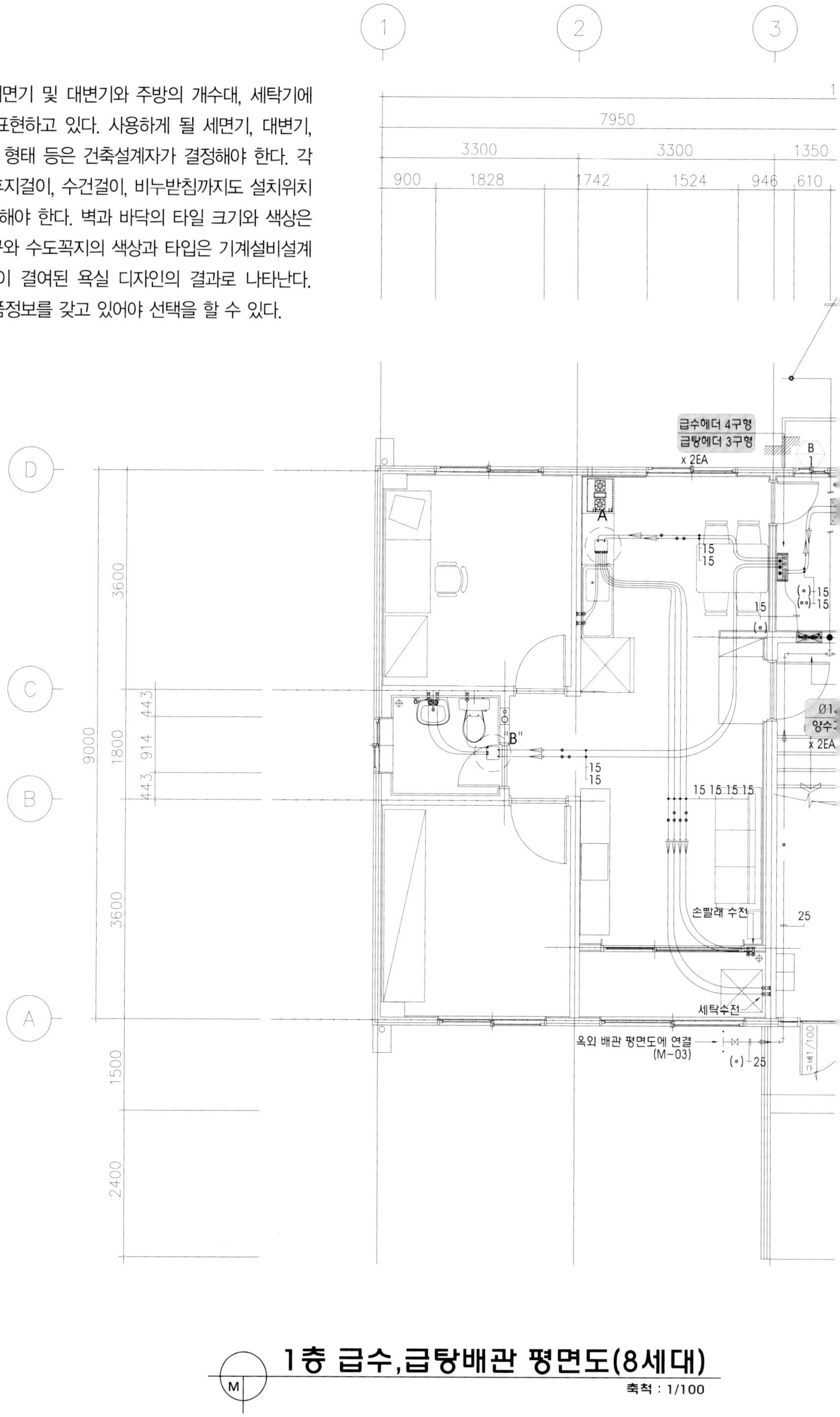

1층 급수,급탕배관 평면도(8세대)

축척 : 1/100

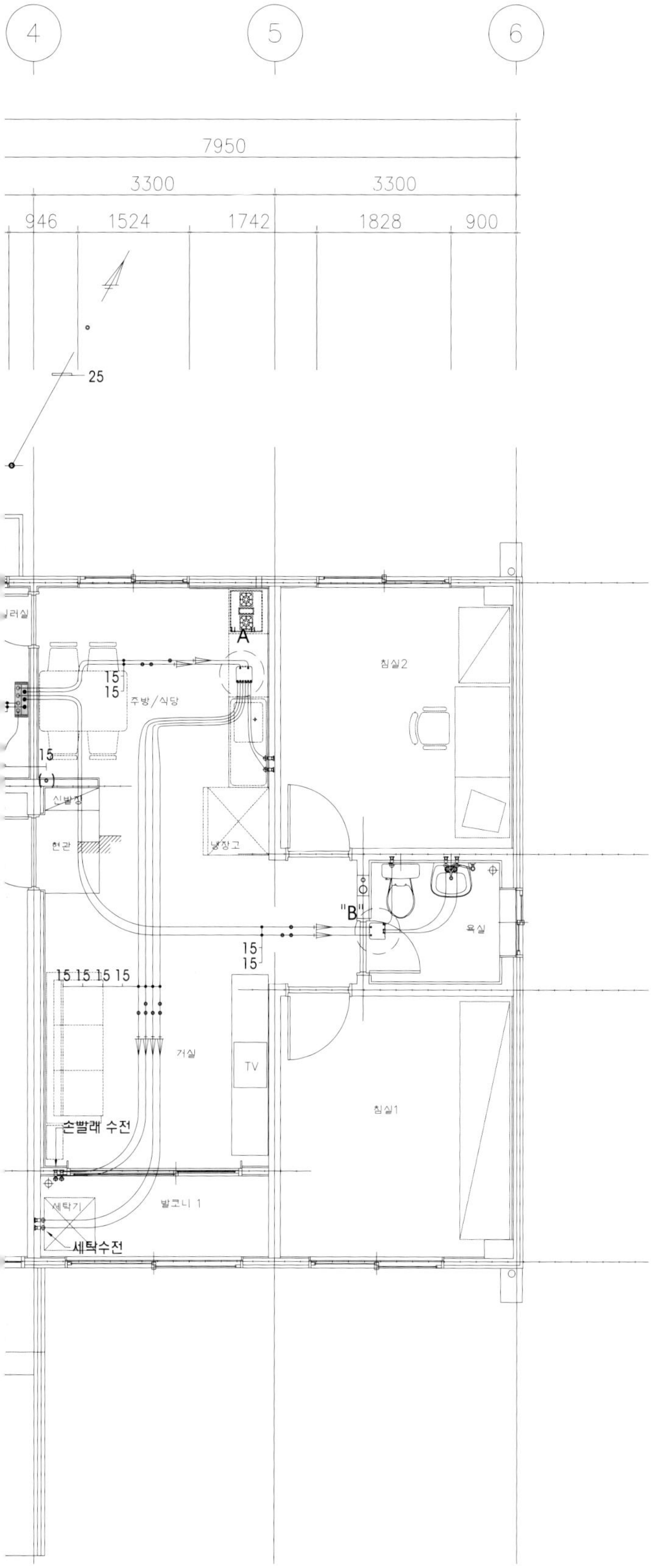

DETAIL "A" – MP박스(3구-3구형 / 215×215×85mm)

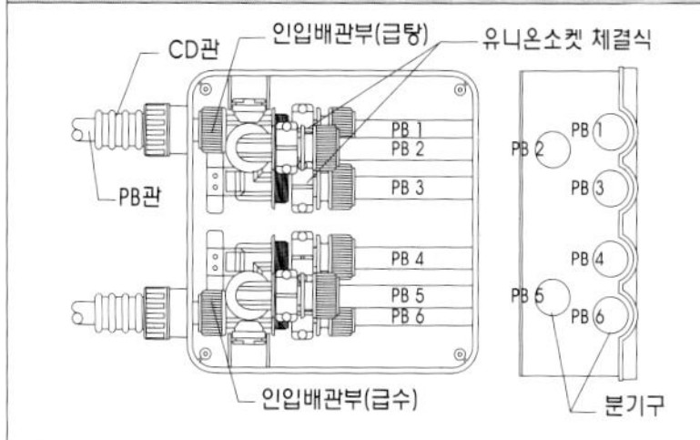

□ 관련부속 :유니온 가스켓(실리콘 오링), 소음방지링, 유니온 너트풀림 방지링
□ 주기 : 급수,급탕 위치 변경가능 / 보수점검을 위하여 유니온체결형 임.

DETAIL "B" – MP박스(3구-2구형 / 215×215×85mm)

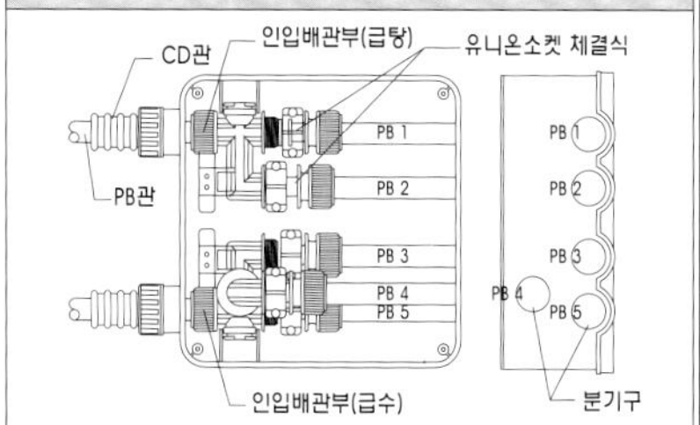

□ 관련부속 :유니온 가스켓(실리콘 오링), 소음방지링, 유니온 너트풀림 방지링
□ 주기 : 급수,급탕 위치 변경가능 / 보수점검을 위하여 유니온체결형 임.

이중관용 수전엘보와 그 수전케이스 상세도

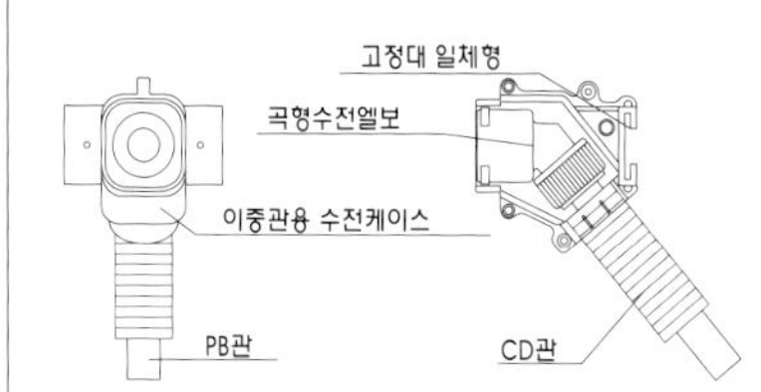

□ 관련부속 : SUS 피스볼트사용 체결
□ 주기 : 이중관용 단독 수전과 그 보호케이스 임.

세탁기 및 발코니 수전 설치 상세도

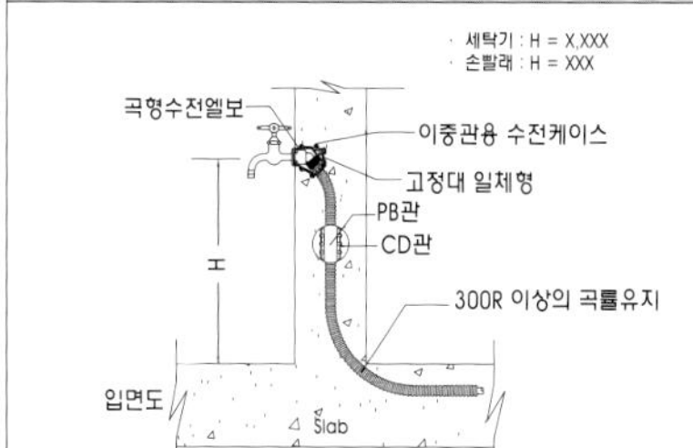

□ 주기 : 바닥Slab에서 보양되는 CD관은 하부근에 결속

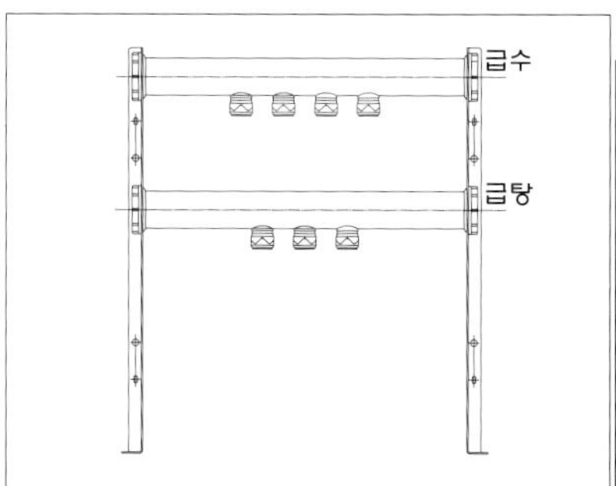

급수:4구, 급탕:3구

냉온수 분배기 상세도

축척 : NONE

도면목록표(전기)

도면번호	도 면 명	축 척	기 호	내	용
EE - 001	도면 목록표, 범례 및 일반주기	NONE		천정형 형광등 기구	FL 1 / 32W
EE - 002	옥외전력인입 및 외등설비 배선도	NONE		천성형 형광등 기구	FL 2 / 32W
EE - 003	전력간선 설비 계통도	NONE		천정형 형광등 기구	FL 1 / 36W
EE - 004	조명기구 외형도 및 분전반 결선도	NONE		천정형 형광등 기구	FL 2 / 36W
EE - 005	1층 전등설비 배선도	1 / 50	○	천정형 백열등 기구	IL 20W
EE - 006	2층 전등설비 배선도	1 / 50		천정형 백열등 기구 (SENSOR SW 내장)	IL 20W
EE - 007	101동 1층 전열설비 배선도	1 / 50		벽부형 백열등 기구	IL 20W
EE - 008	102동 1층 전열설비 배선도	1 / 50		외 등	MHL 150W
EE - 009	103동 1층 전열설비 배선도	1 / 50			
EE - 010	104동 1층 전열설비 배선도	1 / 50	∘	매입 연용 스위치 (단로)	1P - 300V -
EE - 011	2층 전열설비 배선도	1 / 50	∘	매입 연용 스위치 (삼로)	1P - 300V -
				매입 콘센트 1구용 (FAN용)	2P - 300V -
				매입 콘센트 2구용	2P - 300V -
			WP	매입 콘센트 2구용 (방수형)	2P - 300V -
				전등 및 전열용 분전반	
			⊙	접지동봉 ø18 x 2400	
				전선관 상승, 소통, 입하	
			□	PULL BOX	
			Ⓙ	중형사각 BOX (W/명카바)	
			———	전선관의 천정 스라브 매입 배관 배선	
			— —— —	전선관의 바닥 스라브 매입 배관 배선	
			— — — —	전선관의 천정 및 벽체 노출 배관 배선	
			—··—	전선관의 천정 은폐 배관 배선	
			—·—	전선관의 지중 매설 배관 배선	
			—G—	접지 배선 BC 16" x1	

	비 고
l극부	
l극부	
l극부	
	SIZE 방기

일 반 주 기

1. 각 전기 설비 배선도중 표기없는 전선관은 HI-LEX CD (KSC 8454) 을 사용하여야 한다.
   다만, 노출 배관 및 천정 은폐 배관은 아연도 강제 전선관 (KSC 8401) 을 사용하여야 한다.

2. 각 전기 설비 배선도중 표기없는 것은 다음과 같아야한다.

   가) 전 등 설 비 공 사

   ——— WF 2.5˚ /3C (16)

   ——///—— VCT 4˚ /4C (16)
   ——///⁄—— VCT 4˚ /5C (22)
   ——////—— VCT 4˚ /6C (22)

   1C는 접지선으로 이용. (단, 스위치용 배선에는 접지선을 제외한다.)

   나) 전 열 설 비 공 사

   —— —— WF 2.5˚ /3C (16)

   1C는 접지선으로 이용.

3. 각 분전반, 제어반 및 각종 OUTLET 의 설치높이는 도면에 별도로 기입된것을 제외하고는 다음과 같다.

명 칭	~ 에 서 ~ 까 지	설치높이
연 용 스 위 치	바닥에서 기구 중심까지	+ 1200mm
전 열 OUTLET	바닥에서 기구 중심까지	+ 300mm
벽 부 형 조 명 기 구	바닥에서 기구 중심까지	+ 2300mm
각 종 분 전 반	바닥에서 반 상단까지	+ 1800mm

4. 접지선 및 접지측 전선등의 색별은 아래와 같이 사용하여야한다.

   (관련규정 : KSC 0804 및 내선규정 160 절)
   가) 접지선 : 녹색 나) 접지측 전선 : 백색 다) 전압선 : A상 - 흑색 , B상 - 적색 , C상 - 청색

5. 벽에 매입되는 모든 연용 스위치 및 기구 부착용 BOX 는 중형 (102mm) 의 것을 사용하며
   반드시 오목형 커버를 사용하여야한다.

6. 특기없는 가요 전선관 (FLEXIBLE) 은 고장력형을 사용하여야 한다.

7. 강전류 전로를 금속관공사 (금속 몰드 공사 , 가요 전선관 공사 및 금속 덕트 공사) 에 의할 경우에는
   금속관과 분전반 외함간을 직경 2.5˚ 이상의 나동선과 EARTH CLAMP 를 사용하여 BONDING 을 하여야 한다.

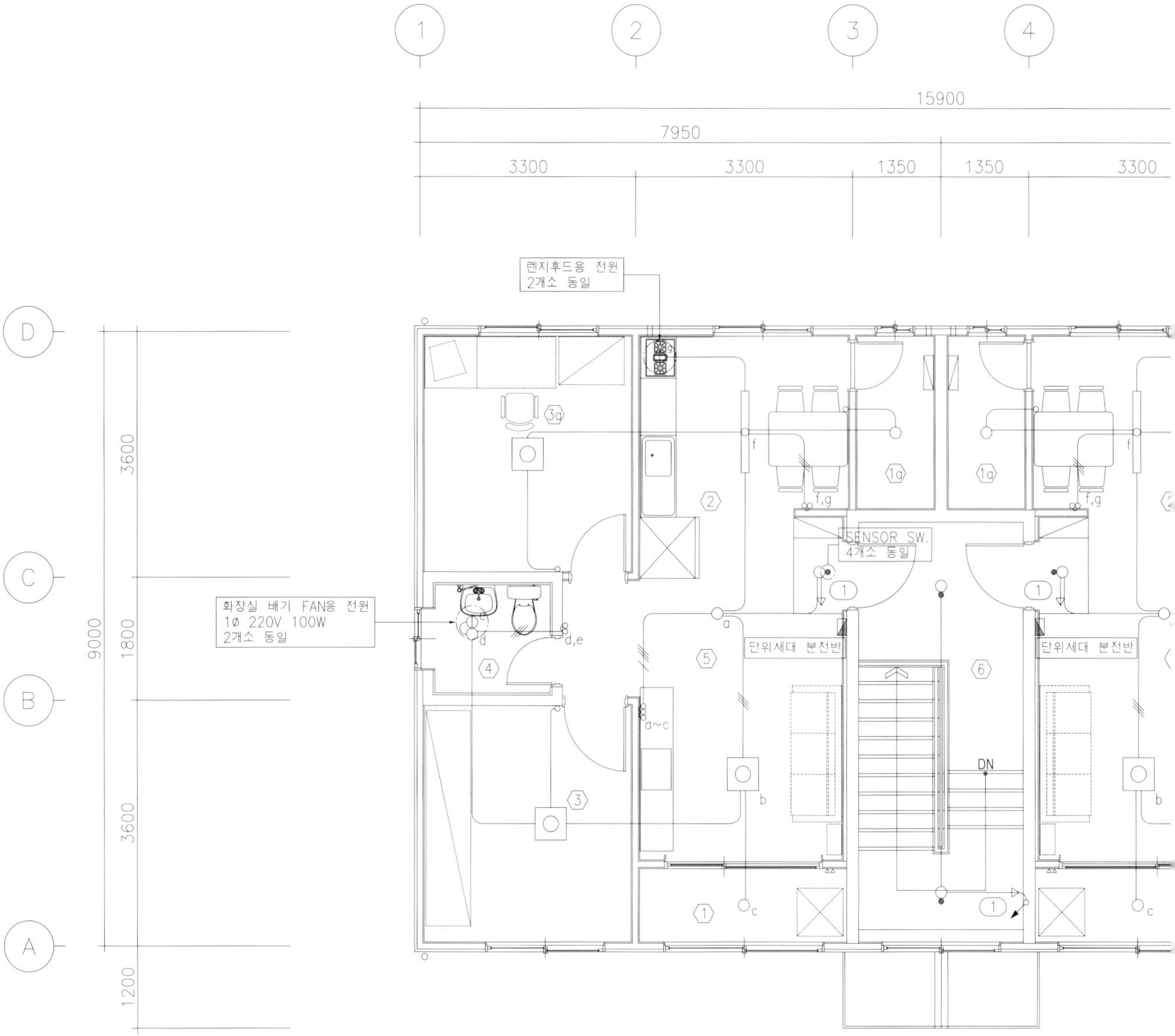

FB FL 1 / 32W	FC FPL 1 / 36W	FC1 FPL
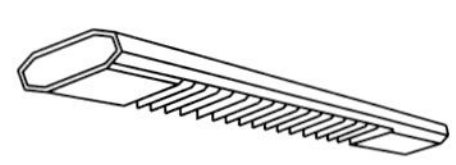 천정 직부형 하부 그릴 카바 타렛트 소켓 전자식 안정기 몸체 : 철판	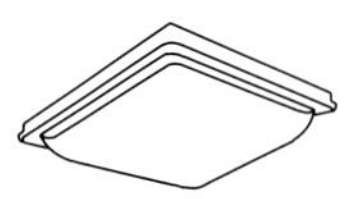 천정 직부형 PL LAMP 지정색 도장 하부 아크릴 카바 몸체 : 철판	
IC EL 20W	IE EL 20W	IB E
 천정 직부형 유백색 유리 그로우브 방 습 형 몸체 : 아연도 철판	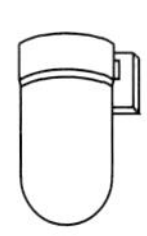 벽 부 형 유백색 유리 그로우브 지정색 도장 방 습 형 몸체 : 아연도 철판	천정 유백 금속 몸체

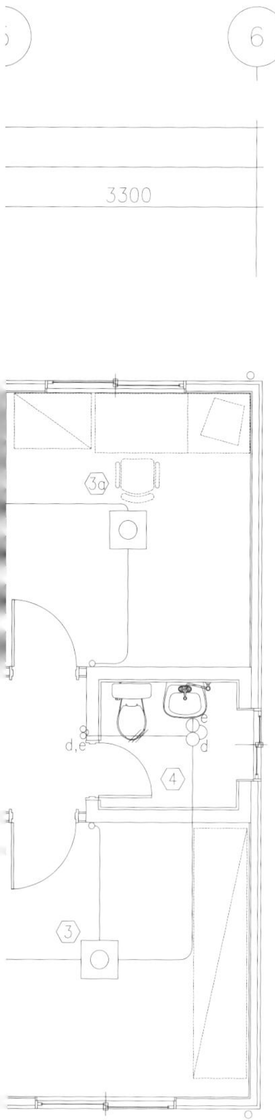

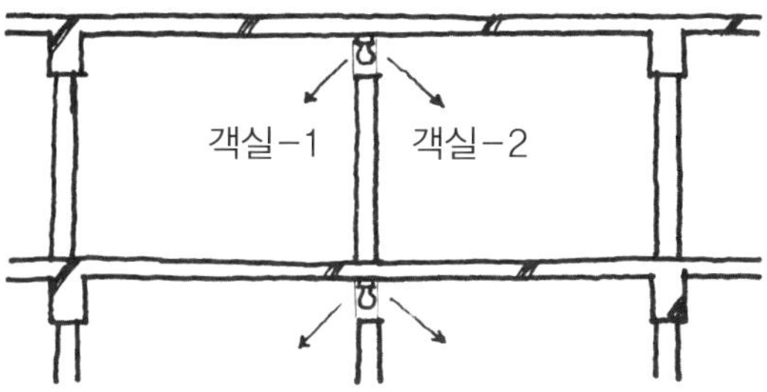

주기사항

NO	실 명	TYPE	수 량	비 고
1	발 코 니1	IB	1	
1a	보 일 러 실	IB	1	
2	주 방	FB	1	
3	침 실1	FC	1	
3a	침 실2	FC	1	
4	욕 실	IC	1	
5	거 실	FC1	1	
		IA	1	
		IB	1	
6	계 단 실	IA	2	

주기(Notes)

실내의 전등부착 위치와 위치별 조명기구의 종류와 형태를 보여주는 도면이다. 서민용 주택이라 방 한가운데에 등을 배치하고 있지만 최근에는 조도가 필요한 부분에만 조명을 하는 국부조명방식을 선호하는 추세다. 책상 앞, 침대 옆, 조리대 앞 등 생활에 꼭 필요한 부분만 선택적으로 사용할 수 있는 국부조명과 스탠드 형태의 조명기구를 많이 사용한다. 천장 중앙에 전등을 설치하게 된 것은 국민소득이 낮고 전력이 부족하던 60~70년대에 흐릿한 전등 한 개를 천장에 달아서 사용하던 습관이 아닌가 생각된다. 그 시절에는 방 두 개에 전등 한 개로 어둠을 밝히던 여관도 있었다.

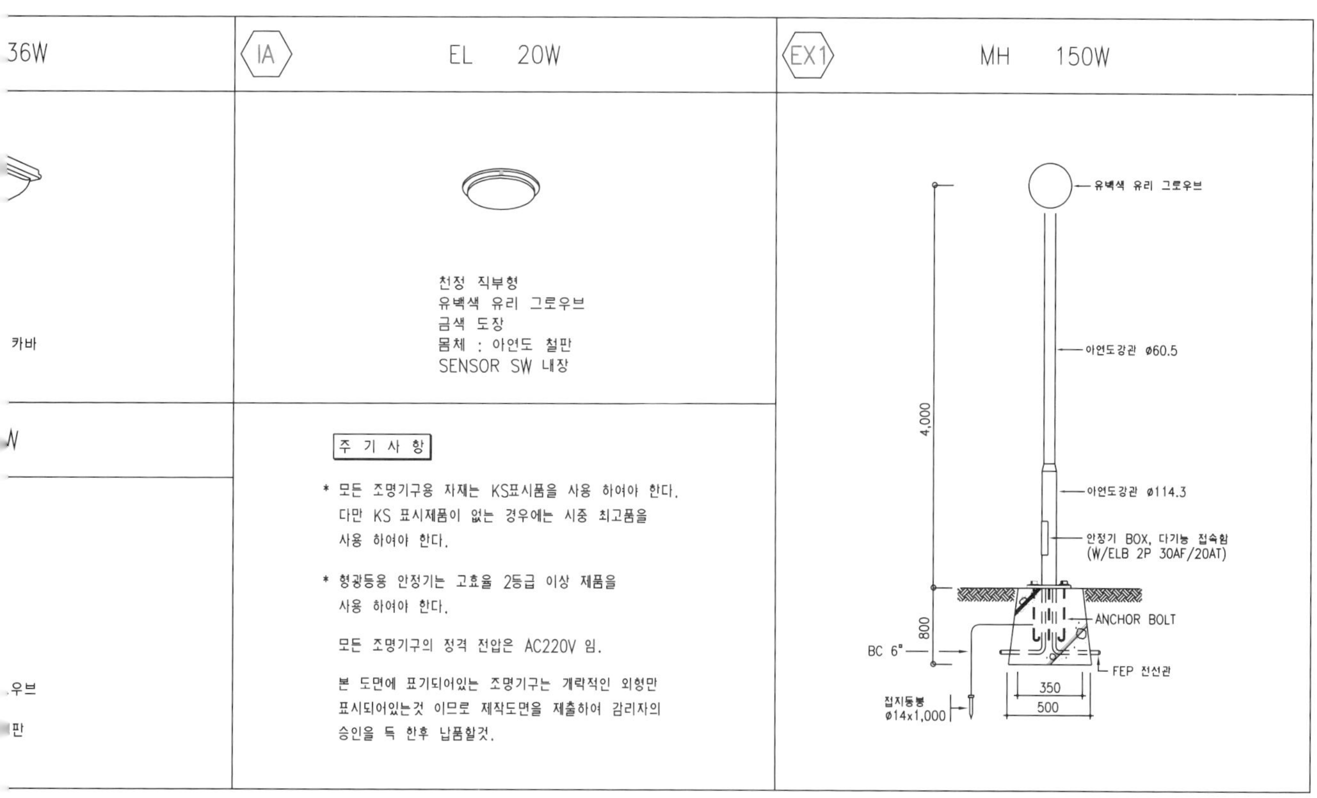

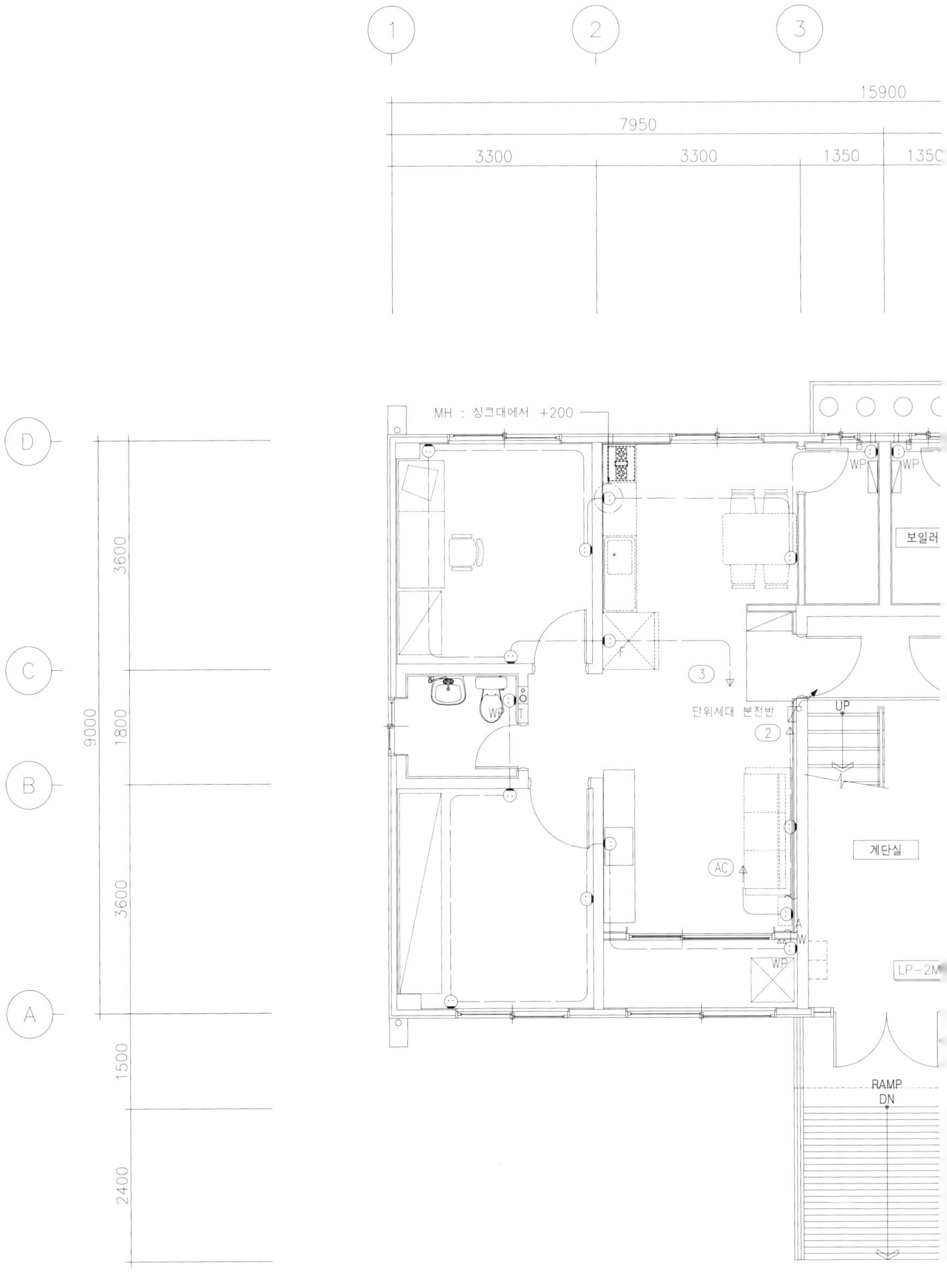
15900
7950
3300
3300
1350
135C
MH : 싱크대에서 +200
보일러
단위세대 분전반
UP
계단실
LP-2M
RAMP
DN
9000
3600
1800
3600
1500
2400

주기(Notes)

전기의 과부하로 발생하는 화재사고가 종종 발생한다. 예정했던 부하 이상의 전기제품을 한 콘센트에서 사용하게 되면 전선에서 열이 발생하여 화재로 이어진다. 각종 가전제품과 특히 전열기구 등을 예측하여 필요한 곳에 전용콘센트를 설치해야 과부하를 막을 수가 있다. 삶을 담는 그릇인 내부공간에서 각종 전기제품의 위치를 정확하게 예측해야 하는 일이 설계자의 역할이다.

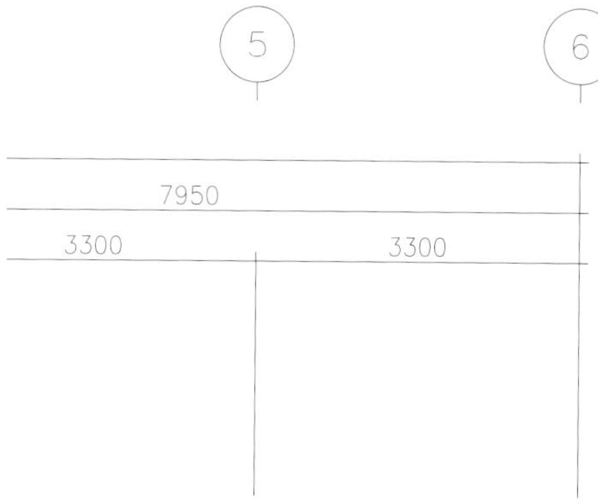

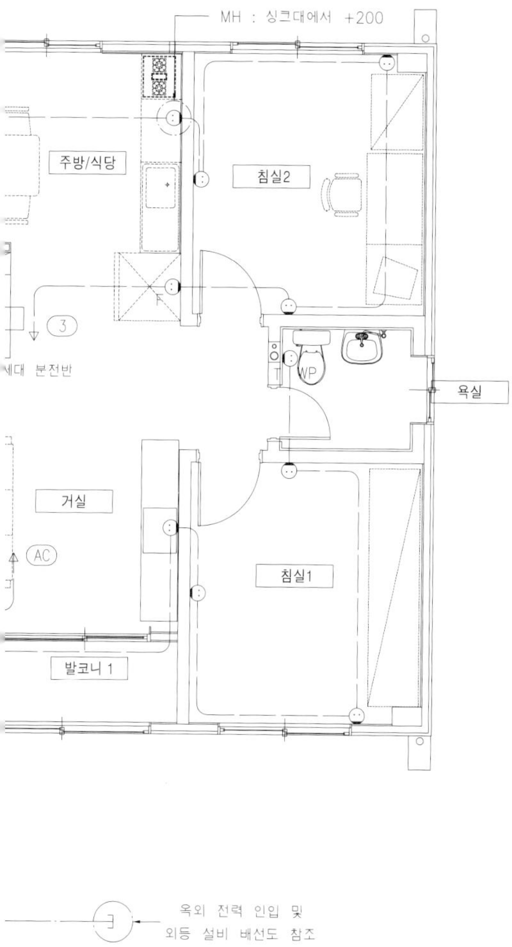

주기사항

SYMBOL	내 용	설치높이	비 고
⊙	일반 전열용 콘센트 (2구용)	MH : +300	바닥 마감면에서 기구 중심까지
⊙B	보일러용 콘센트 (2구용)	MH : +1,500	
⊙F	냉장고용 콘센트 (2구용)	MH : +500	
⊙T	욕실용 콘센트 (2구용)	MH : +1,200	
⊙W	세탁기용 콘센트 (2구용)	MH : +1,500	
⊙A	에어컨용 콘센트 (1구용)	MH : +500	

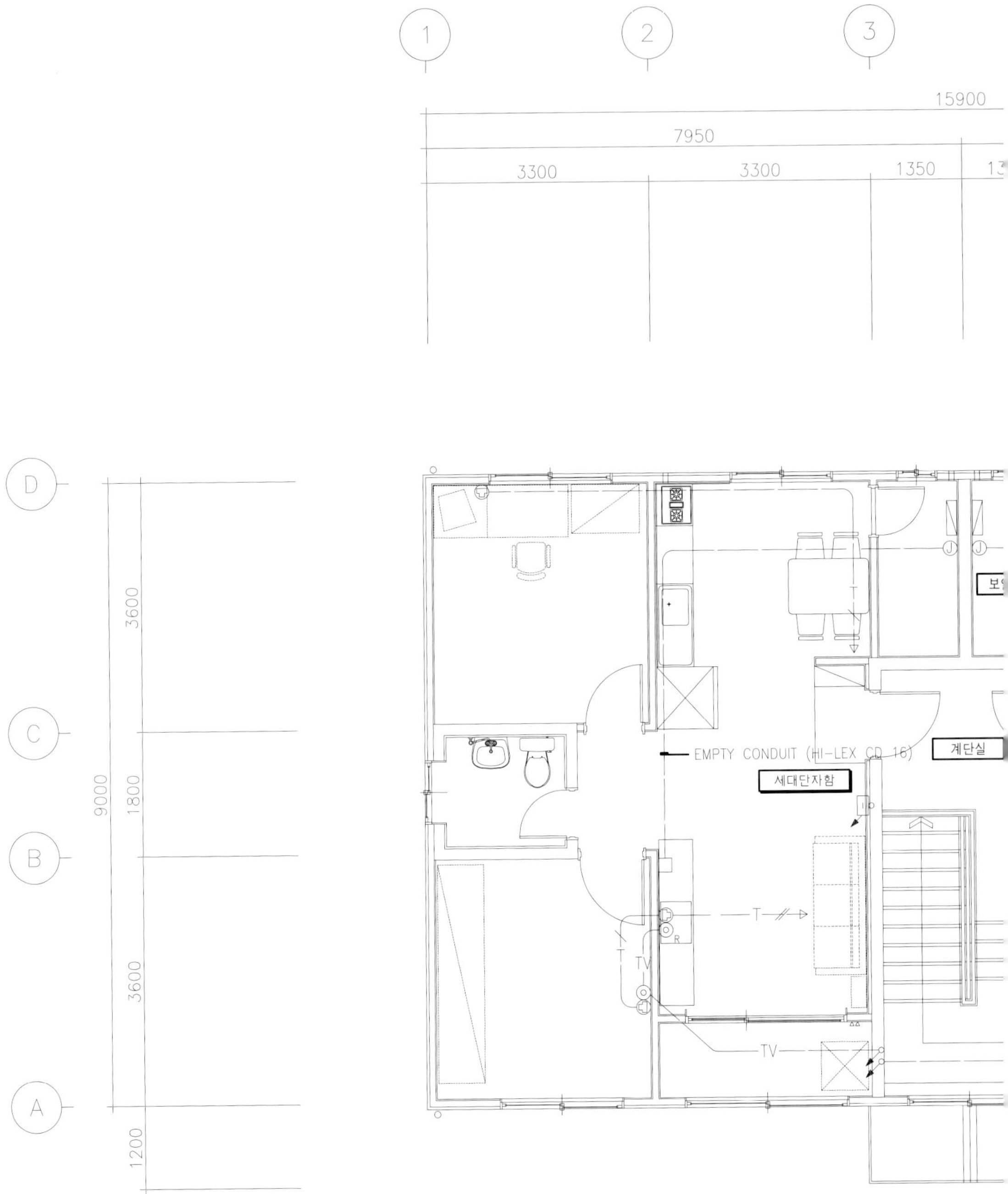
15900
7950
3300
3300
1350
EMPTY CONDUIT (HI-LEX CD 16)
세대단자함
계단실
9000
3600
1800
3600
1200

주기(Notes)

TV안테나 케이블의 배선은 위성TV, 케이블 TV, 인터넷TV, 일반 지상파TV 등의 종류에 따라 달라진다. 어떤 종류의 TV를 사용할 것인지를 건축주와 협의, 결정한 후에 전기설계자에 알려주어야 한다. 집에서 유선전화를 사용하지 않고 핸드폰만을 사용한다면 전화배선도 불필요하게 된다.

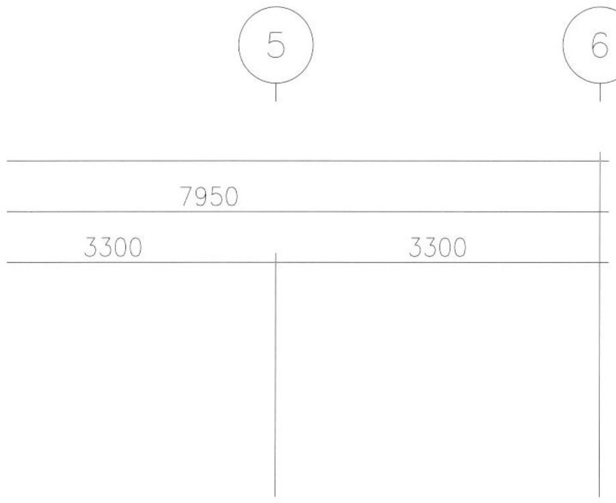

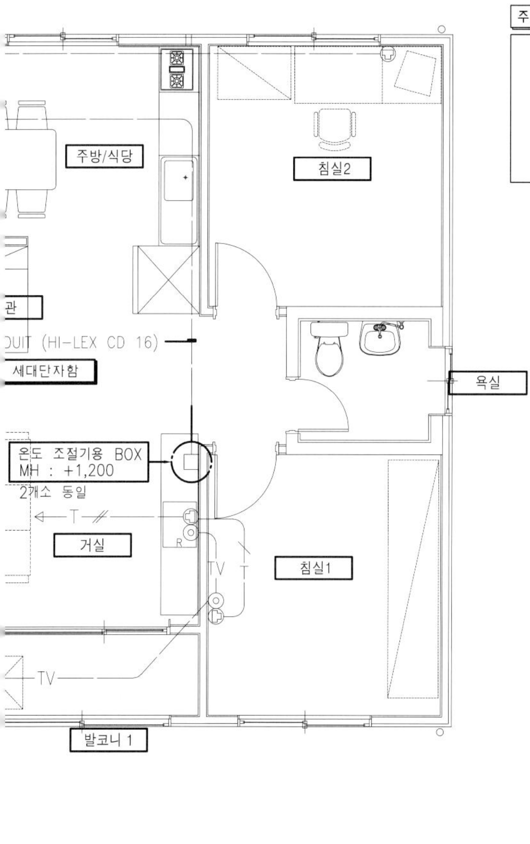

주기사항

1. 전선관은 사용하지 않는 장소 다음과 같다
- 목조벽, 간이칸막이벽 내에 시설하는 배관 배선은 전선관을 제외할 것
- 2층 천정에 시설하는 배관배선은 전선관을 제외할 것

설계도 사례-2

1.5ℓ 에코하우스(ECO HOUSE)/철골조

제4회(2009년) 생태환경건축대상 설계부분 우수상 수상작

사단법인 한국생태환경 건축학회

추진배경 및 의미

날로 심각해지고 있는 대기오염, 지구온난화 등 지구환경위기를 극복하기 위한 노력이 요구되는 시점이다. 환경파괴의 주범인 이산화탄소 감축 노력은 정부차원의 노력이 필요하지만 건축가 뿐만 아니라 건축자재 생산업체, 건축주가 참여 했을 때 효과적인 결과를 얻게 된다.

본 프로젝트는 태양에너지활용을 극대화 하려는 시도에서 출발한다. 에너지절약형 건축자재 생산 업체를 운영하는 건축주와 설계자가 공동으로 에너지절약형 주거를 목표로 추진하게 되었다. 디자인을 확정지은 후에 태양에너지 활용 가능성을 모색하는 것이 아닌, 태양에너지 활용을 전제로 디자인을 시작한 프로젝트이다.

자연에서 취득할 수 있는 에너지 중에서 태양의 빛과 열에너지를 활용하거나 제어하는 일은 건축가의 몫이며 건축기술이 뒷받침 되었을 때 목표달성이 가능하다는 사실을 본 프로젝트를 통하여 확인 할 수 있었다.

지난 3년여 기간동안 사용하면서 에너지(등유) 소비는 1.5ℓ /㎡ 미만의 성공적인 결과를 얻을 수 있었으며 설계자와 건축주, 건축자재 개발업체가 공동의 목표로 추진한 결과, 기대이상의 에너지 절약 효과를 얻게 되었다는 점에 의미를 둘 수 있다.
에너지 절약에 관심 있는 많은 분들에게 도움이 되는 에너지 절약 사례의 하나가 되길 기대한다.

2009년 10월

태양에너지 활용계획

– 난방: 1. 지붕복사열 이용(Solar Deck System)

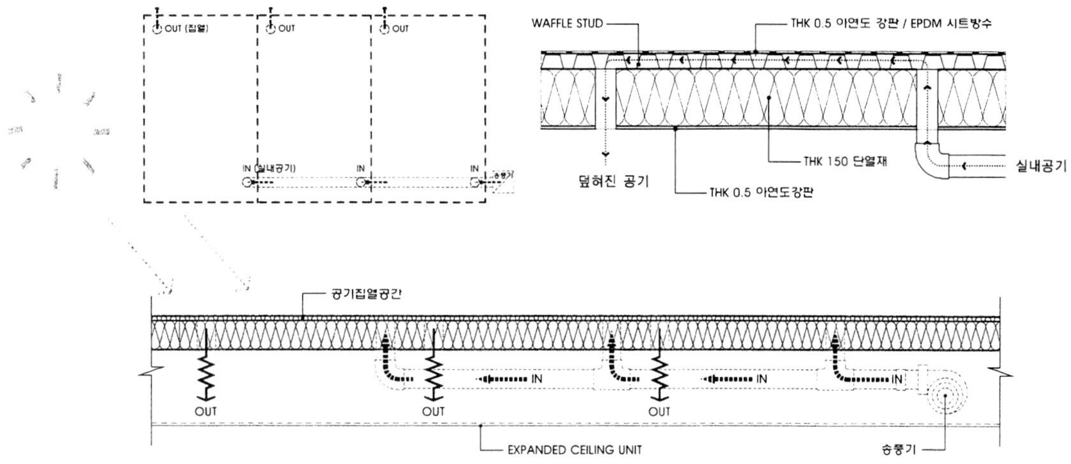

솔라데크 시스템 개념도

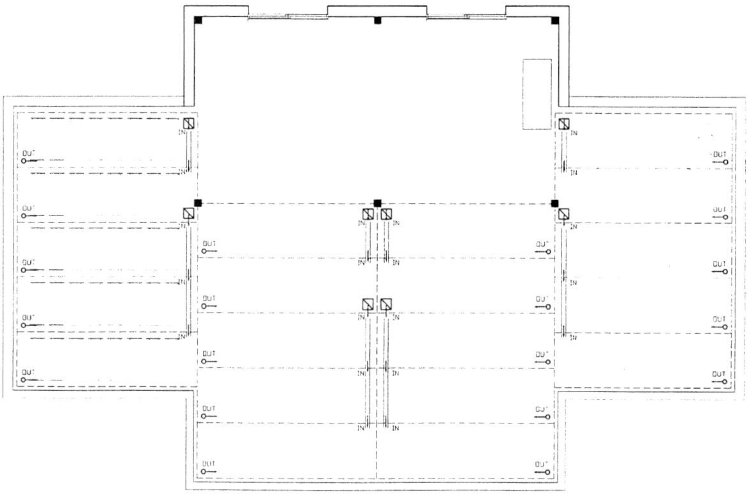

솔라데크 설치 평면도

설계개요 및 배치계획

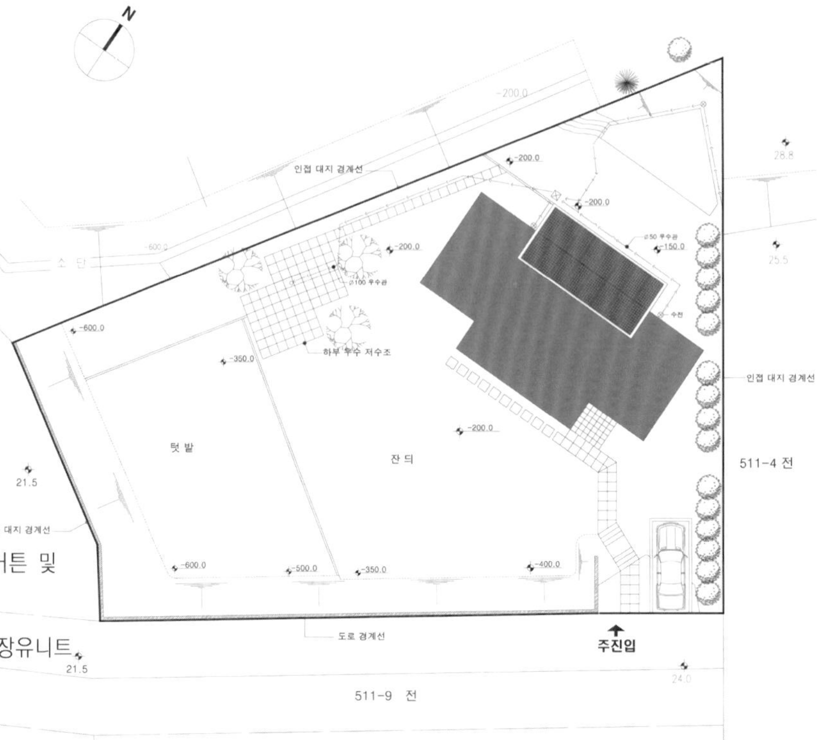

설계개요

대지위치 I 인천광역시 옹진군 영흥면
대지면적 I 800㎡
지역지구 I 관리지역

[건축]

규모 I 주택 100.68㎡(약30평)/다락
창고 17.32㎡
구조 I 철골조(철근콘크리트 매트기초)
외벽 I 외단열 공법(단열재 두께: 200㎜)
지붕 I 평지붕: 솔라데크 패널/시트방수
경사지붕: 태양광 발전판(BIPV)
창호 I 24㎜투명복층유리/알루미늄 단열바
외부에 단열셔터, 내부에 투명 비닐커튼 및
롤 블라인드
내벽 I 노출 콘크리트 블록
천장 I 익스팬디드메탈(expanded metal) 천장유니트

[기계설비]

· SOLAR DECK 약 70㎡ 설치
· 보조난방: 콘덴싱유니트 보일러(20,000㎉/h)

[전기설비]

· 태양광 발전판 28㎡설치로 3kw/h 발전(100% 한전에 판매)
· 월간 발전가능량: 300~350kW

준공시기 I 2006년 01월

배치계획

· 도로축과 45° 각도인 정남향 배치
· 태양광 발전판 및 SOLAR DECK면의 최대 일사량 확보로 발전 및 난방효율 증대
· 서측 대지의 경사면 및 수림으로 여름철 서향일사 차단 및 겨울철(낙엽) 일사 확보
· 겨울철 남측 창을 통한 일사유입량 최대한 확보

단열계획

슈퍼(super)단열

· 사용 단열재: 비드법 보온판 (30㎏/㎥)
· 단열 두께: 외벽 200㎜, 지붕 150㎜, 기초하부 150㎜

· Thermal bridge 차단: 단열재 관통요소 철저 배제
단열 셔터레일을 외단열재에 설치
· 현관캐노피 구조물 및 유리지붕 , 차양구조물 등 외단열재 밖에 분리설치(사진 참조)

· 창 외부에 단열셔터 설치: 자동 및 수동제어로 야간 열손실 차단 (사진 참조)

· 창 내부에 투명 비닐커튼 설치: 겨울철 낮 시간대에 창을 통한 열손실 방지

· 다락방에 개폐식 사다리설치: 평상시 다락과 식당 완전 차단 (사진참조)

기타 친환경 적용요소

기타 친환경 적용요소

· Berming: 건물 외벽까지 잔디 및 조경식재(사진참조)

· 가동식 어닝(awning)설치: 하지 기준으로 창을 통한 일사유입 차단 길이, 계절별 가변(사진참조)

· 지하에 우수 저류조 설치: 잔디 및 채소 관수(灌水)용으로 사용 (사진참조)

냉방계획

· 부지 전면 바다와 후면 숲을 관통하는 창 계획으로 자연통풍에 의한 자연냉방

· 여름철 야간에 실내로 외기 공급하여 축열벽에 축냉

2. 태양광 발전 및 난방이용

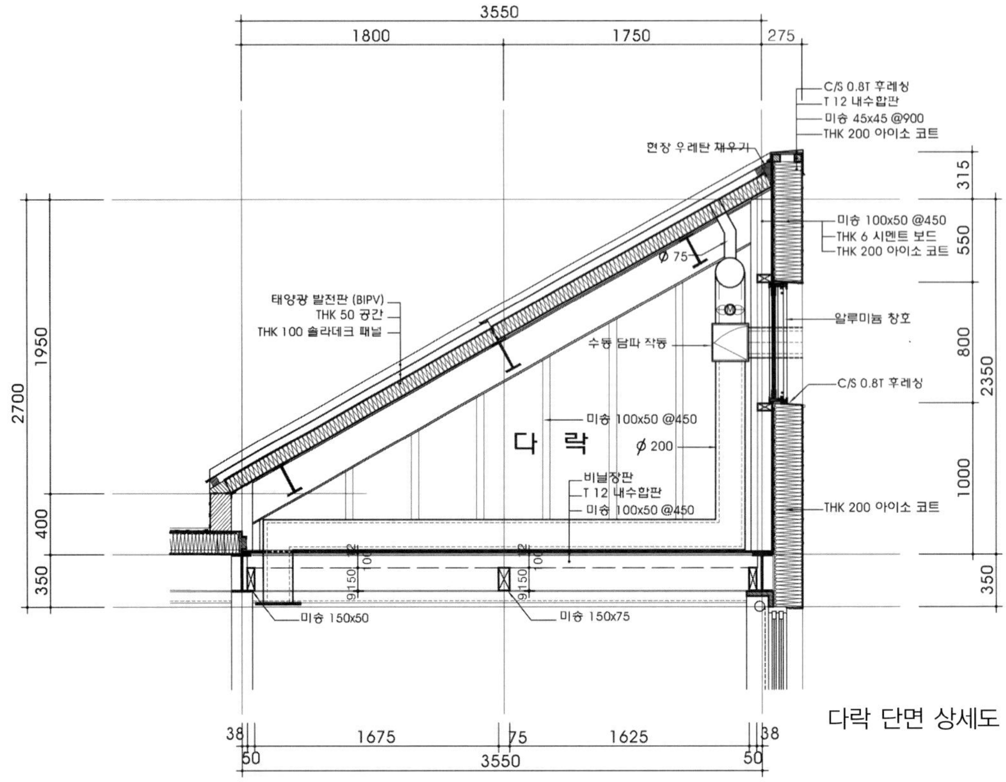

다락 단면 상세도

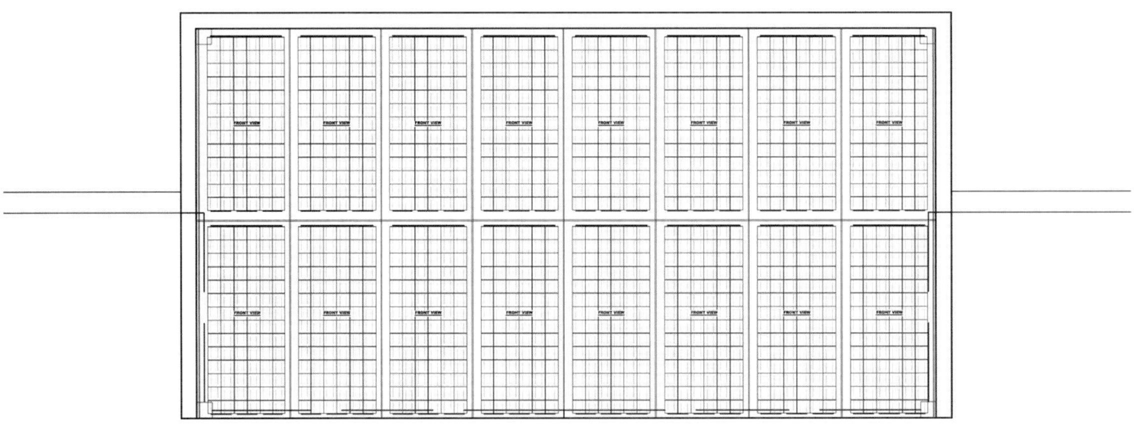

BIPV 설치 평면도

자동제어 및 원격 MORNITORING SYSTEM

- 모든 시스템을 자동제어뿐만 아니라 인터넷을 통한 원격제어 및 모니터링 가능

- 태양광 발전판 부분의 FAN 제어
  · 겨울철 주간 : FAN ON (태양광 발전판 하부의 데워진 공기를 실내로 송풍)
  · 겨울철 야간 : FAN OFF
  · 여름철 주간 : FAN ON (태양광 발전판 하부의 뜨거운 공기를 외부로 버림으로서 태양광 집열판 효율 감소 방지)
  · 여름철 야간 : FAN ON or OFF (외부의 공기가 실내 설정 온도보다 낮을 시에만 FAN을 가동하여 실내로 유입)

- 솔라데크 패널 부분의 FAN 제어
  · 겨울철 주간 : FAN ON (솔라데크 패널에서 데워진 공기를 실내로 송풍)
  · 겨울철 야간 : FAN OFF
  · 여름철 주간 : FAN OFF
  · 여름철 야간 : FAN ON (솔라데크 패널에서 데워진 공기를 실내로 송풍)

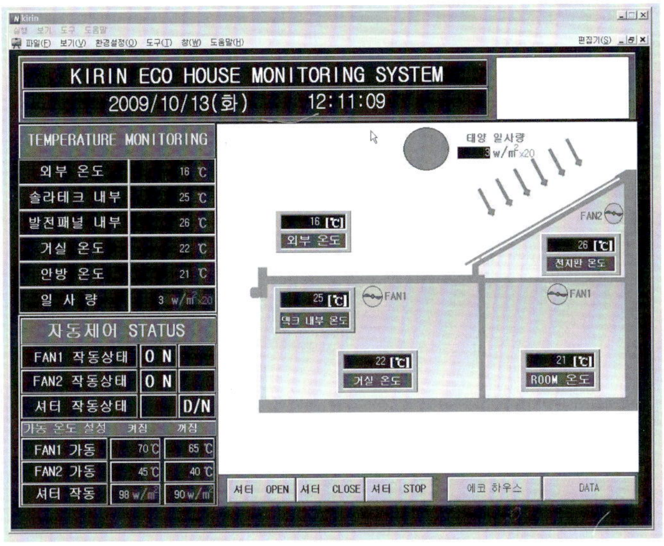

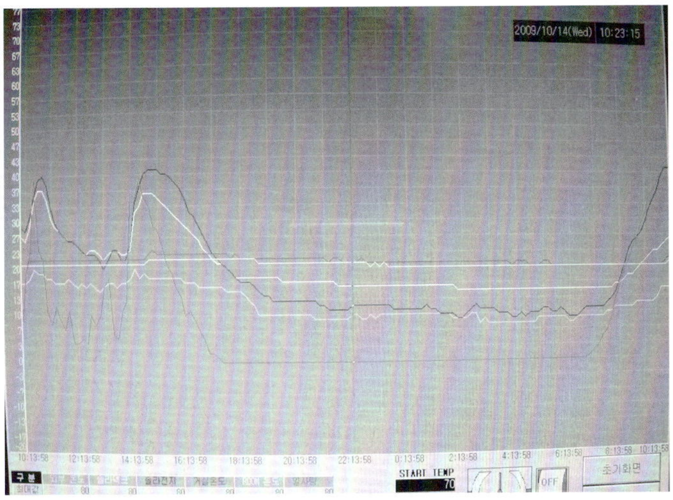

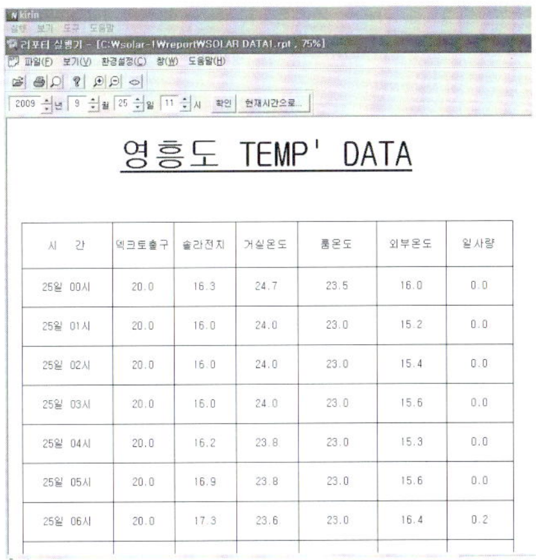
영흥도 TEMP' DATA

시 간	덱크토출구	솔라전지	거실온도	룸온도	외부온도	일사량
25일 00시	20.0	16.3	24.7	23.5	16.0	0.0
25일 01시	20.0	16.0	24.0	23.0	15.2	0.0
25일 02시	20.0	16.0	24.0	23.0	15.4	0.0
25일 03시	20.0	16.0	24.0	23.0	15.6	0.0
25일 04시	20.0	16.2	23.8	23.0	15.3	0.0
25일 05시	20.0	16.9	23.8	23.0	15.6	0.0
25일 06시	20.0	17.3	23.6	23.0	16.4	0.2

설계도 사례-2

에코하우스(ECO HOUSE)/철골조

(건축)

에코하우스의 설계 배경과 태양에너지를 어떤 방법으로 이용했는지는 앞부분에서 설명을 했으며 건축설계를 폭넓게 이해하려면 꼭 알아야 할 부분들이다.

건축설계는 건축주의 건축의도를 파악한 후에 그에 맞는 설계목표를 세우고 계획과정에서 의도에 맞는 계획안을 작성하여 건축주의 승인을 받은 후에 본격적인 설계도를 작성하게 된다. 용도, 규모, 예산, 입지조건 등을 종합적으로 검토하여 최상의 건축해법을 찾아야 하며 설계도에 설계자의 의도가 빠짐없이 표현되어야 시공에 차질이 없게 된다.

이 프로젝트는 태양에너지 이용을 극대화하는 이외에 자재와 현장의 전문인력 수급이 불리한 도서지방이라는 점도 감안하여 자재와 공법이 고려되었다.

소규모의 단독주택임에도 불구하고 주 구조를 철골로 계획하고 철골기둥은 150㎜×150㎜×6㎜규격을 사용하여 6″(150㎜)블록과 기둥이 같은 치수가 되어 접속부분의 요철이 없다. 보로 사용한 H형강의 플랜지(flange)의 폭도 150이므로 블록과 일치된다. 기둥과 기둥 사이(clearance)는 400㎜(블록길이 390㎜+줄눈폭 10㎜)의 배수를 원칙으로 하여 블록의 절단 없이 기둥과 기둥 사이에 끼워 넣을 수가 있다. 바닥 슬래브에서 철골 보의 하단까지는 블록 13매 높이(2,600㎜)로 설계되었다.

숙련된 조적공과 미장공의 수급이 어려운 현지 상황에 맞게 철골의 시공 후에 철골과 철골 사이에 블록을 쌓도록 하여 정밀시공이 가능했다. 미장을 하지 않아도 평활한 벽면이 만들어질 수 있어 내부는 블록 노출면에 페인팅 마감을 했다.

도면목록에 나타난 모든 건축설계도뿐만 아니라 설계도를 작성하기 위하여 검토과정에서의 스케치, 기계설비 도면과 전기설비 도면도 첨부했다. 건축설계도는 구조설계자, 전기설계자, 기계설계자와의 협동설계의 산물이므로 건축설계도 이외의 설비설계도도 참고할 필요가 있다.

참 고

사용된 형강의 규격은 아래와 같다.
H형강: 250×150×4.5×9
H형강 표기법: 웹(web)의 높이×플랜지의 폭×웹의 두께×플랜지의 두께

각형강: 150×150×6
각형강 표기법: A×B×살 두께

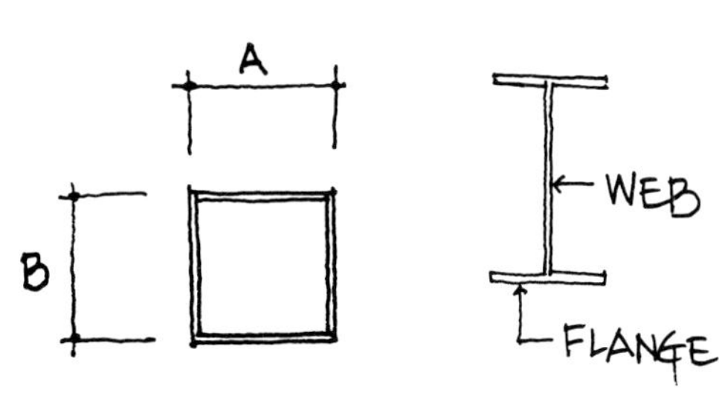

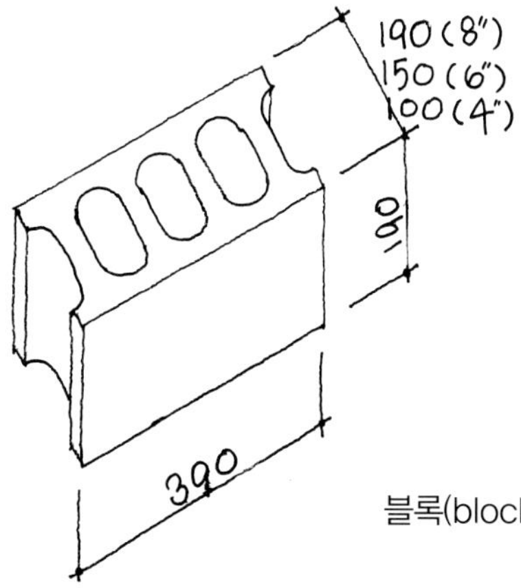

블록(block)의 치수

도면목록표

번 호	도 면 명	축 척	비 고	번 호	도 면 명	축 척	비 고
A-000	도 면 목 록 표	NONE		S-001	기 초 구 조 평 면 도	1/50, 25	
A-001	배 치 도	1/200		S-002	1층지붕구조 평 면 도	1/150	
A-002	1 층 평 면 도	1/50		S-003	골 조 구 조 도 - 1	1/50	
A-003	다 락 평 면 도	1/50		S-004	골 조 구 조 도 - 2, 3	1/50	
A-004	지 붕 평 면 도	1/50		S-005	접합상세도-1	1/20	
A-005	정면도 · 우측면도	1/50		S-006	접합상세도-2	1/20	
A-006	배면도 · 좌측면도	1/50					
A-007	종 단 면 도	1/60					
A-008	횡 단 면 도	1/60					
A-009	외 벽 단 면 상 세 도-1	1/20					
A-010	외 벽 단 면 상 세 도-2	1/20					
A-011	외 벽 단 면 상 세 도-3	1/20					
A-012	외 벽 단 면 상 세 도-4	1/20					
A-013	다 락 단 면 상 세 도	1/20					
A-014	부 분 단 면 상 세 도	1/10					
A-015	다락바닥각재배치도	1/30					
A-016	솔 라 패 널 설 치 도	1/50					
A-017	메 쉬 천 정 설 치 도	1/50					
A-018	메 쉬 천 정 상 세 도	1/40					
A-019	화장실평면, 입면도-1	1/30					
A-020	화장실평면, 입면도-2	1/30					
A-021	창 호 평 면 도-1	1/50					
A-022	창 호 평 면 도-2	1/50					
A-023	창 호 평 면 도-3	1/50					
A-024	창 호 도-1	1/100					
A-025	창 호 도-2	1/100					
A-026	창고 평 면, 단 면 도	1/50					
A-027	우수저수조평, 단면도	1/40					
A-							
A-							

❑ 설계개요

대지 위치	인천광역시 옹진군 영흥면
대지 면적	800.00M²
지역,지구	관리 지역
	신 축
건축면적	127.00M²
연 면 적	127.00M²
건 폐 율	15.87% (127.00 / 800.00 X 100 = 15.87)
용 적 율	15.87% (127.00 / 800.00 X 100 = 15.87)
구 조	조립식조
용 도	단독 주택

❑ 건물개요

구 분	용 도		
	주 택	창고	파 고 라
면 적	100.68M²	17.32M²	9.00M²
합 계	127.00M²		

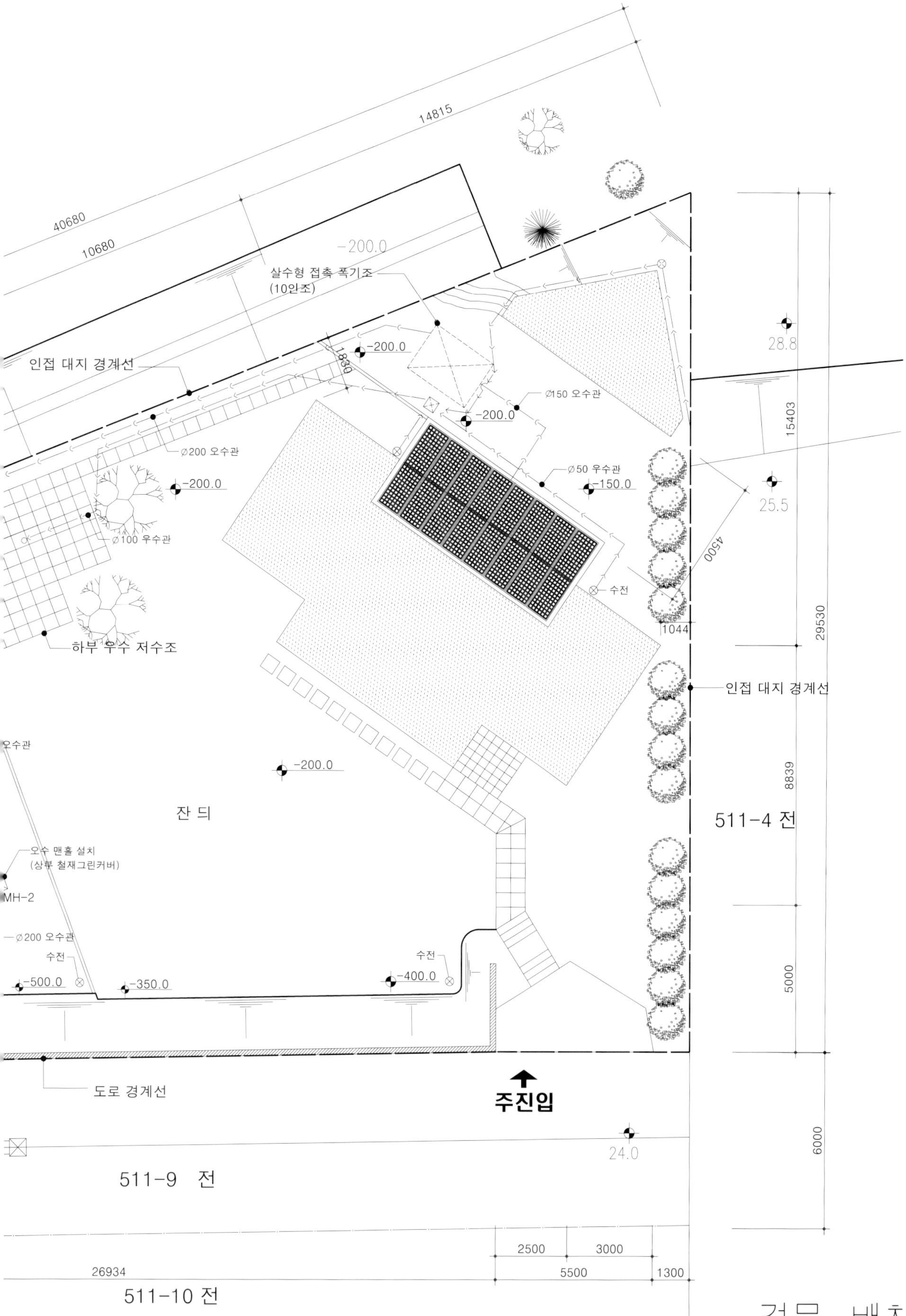

건물 배치도

축척 : 1/100

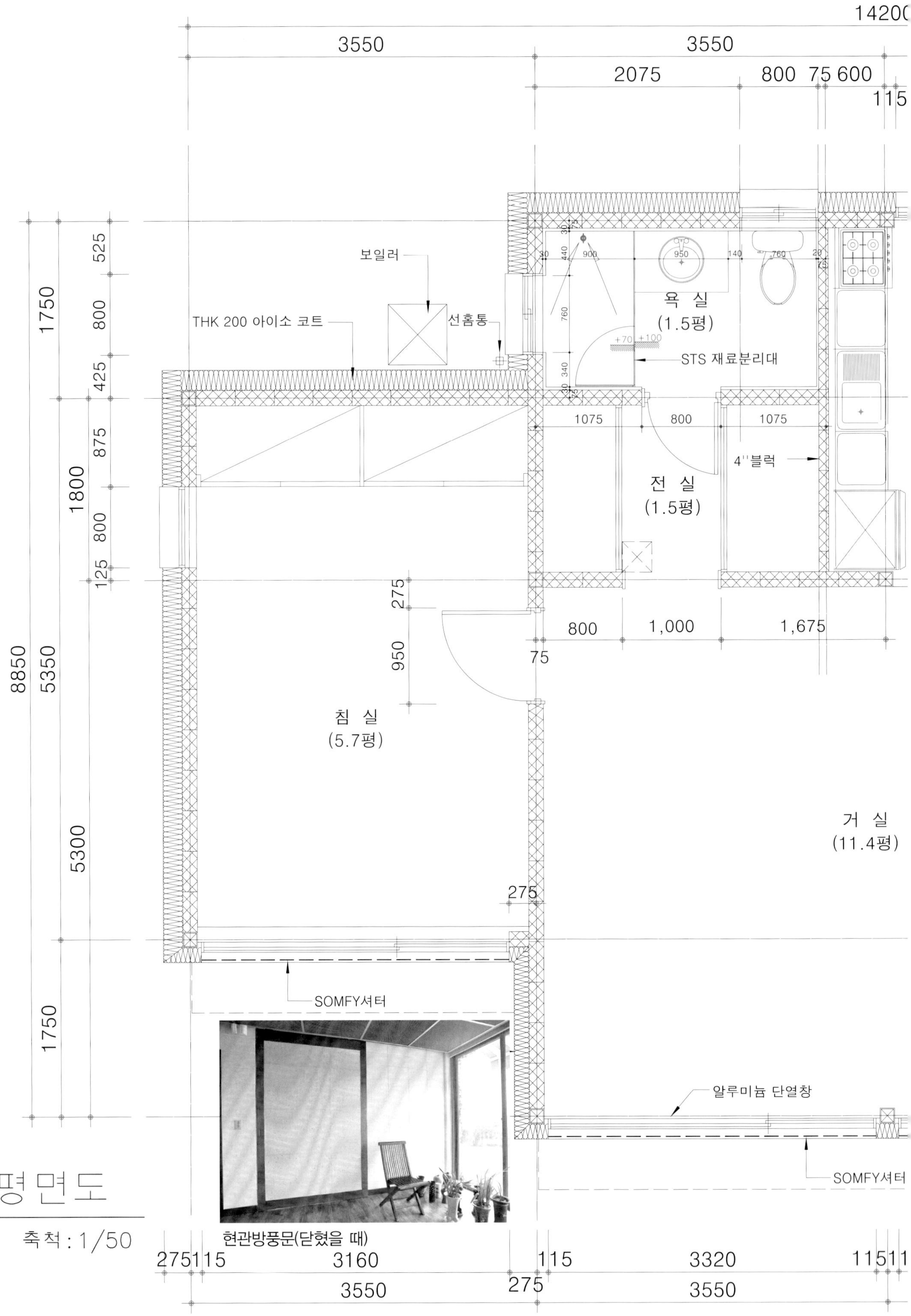

현관방풍문(닫혔을 때)

평면도

축척 : 1/50

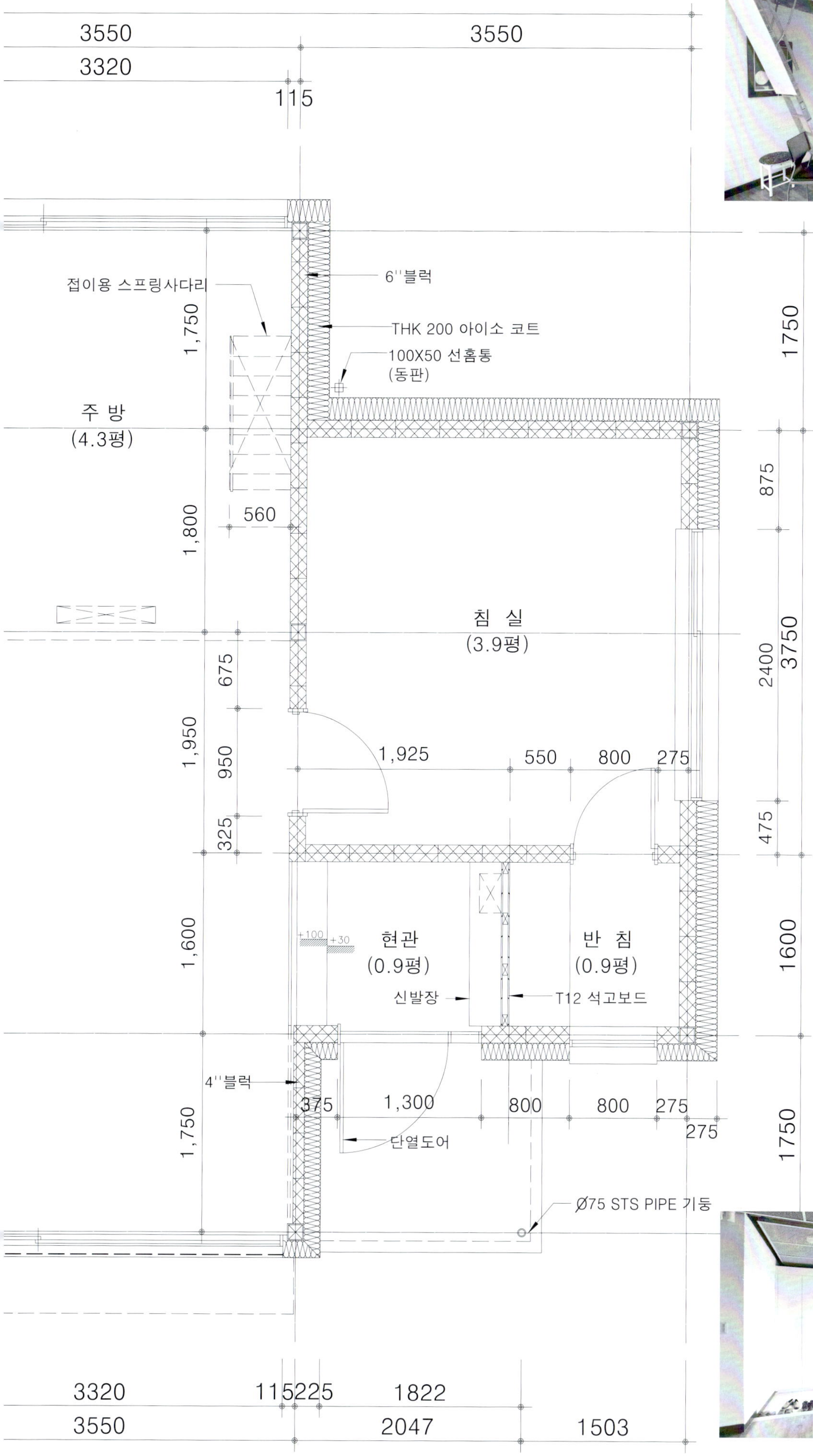

접이식 사다리

현관방풍문(열였을 때)

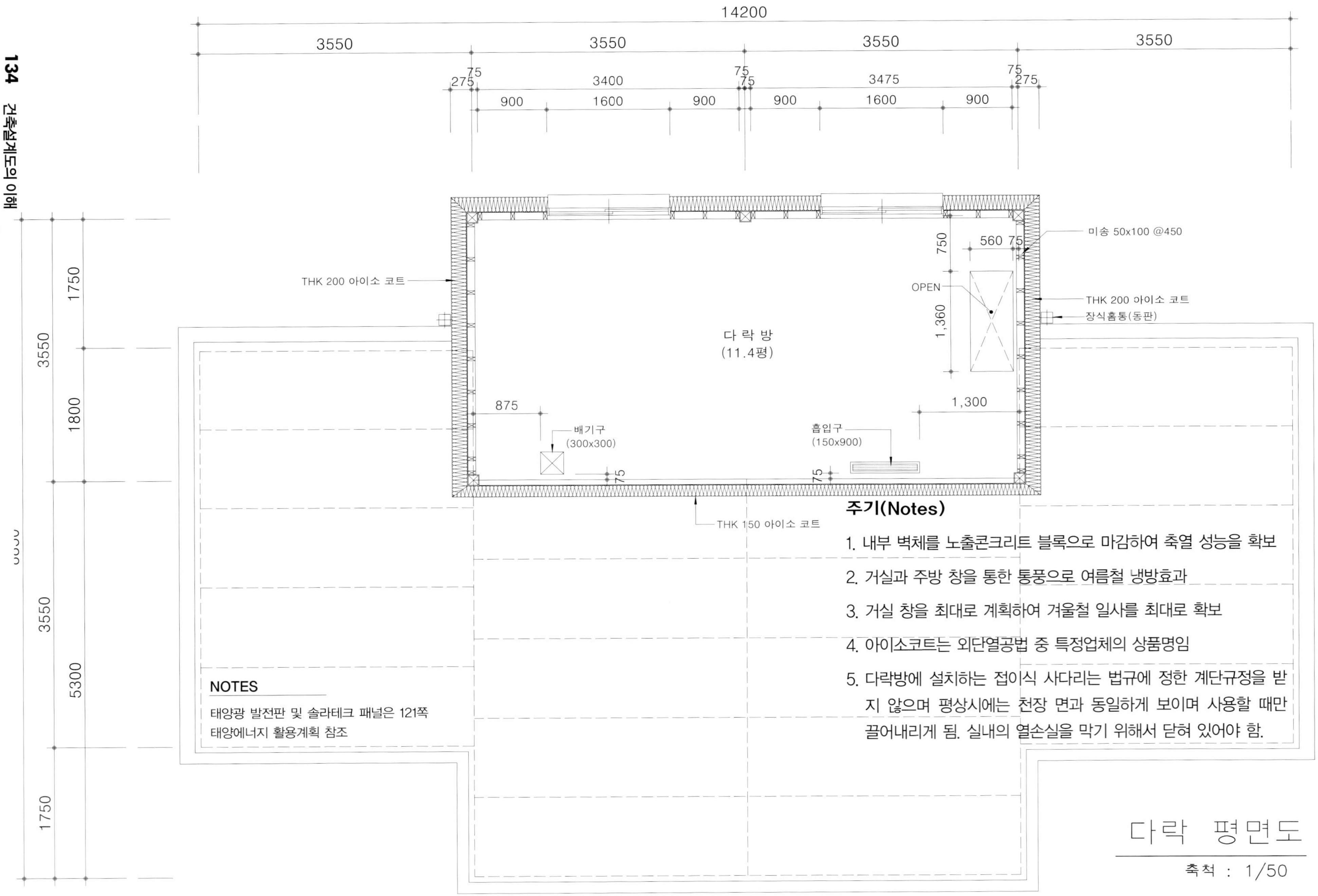
14200
3550
3550
3550
3550
275
75
3400
75
75
3475
75
275
900
1600
900
900
1600
900
1750
1800
5300
1750
THK 200 아이소 코트
미송 50x100 @450
560 75
750
OPEN
1,360
THK 200 아이소 코트
장식홈통(동판)
다 락 방
(11.4평)
875
1,300
배기구
(300x300)
흡입구
(150x900)
75
75
THK 150 아이소 코트
주기(Notes)
1. 내부 벽체를 노출콘크리트 블록으로 마감하여 축열 성능을 확보
2. 거실과 주방 창을 통한 통풍으로 여름철 냉방효과
3. 거실 창을 최대로 계획하여 겨울철 일사를 최대로 확보
4. 아이소코트는 외단열공법 중 특정업체의 상품명임
5. 다락방에 설치하는 접이식 사다리는 법규에 정한 계단규정을 받지 않으며 평상시에는 천장 면과 동일하게 보이며 사용할 때만 끌어내리게 됨. 실내의 열손실을 막기 위해서 닫혀 있어야 함.
NOTES
태양광 발전판 및 솔라테크 패널은 121쪽
태양에너지 활용계획 참조

다락 평면도

축척 : 1/50

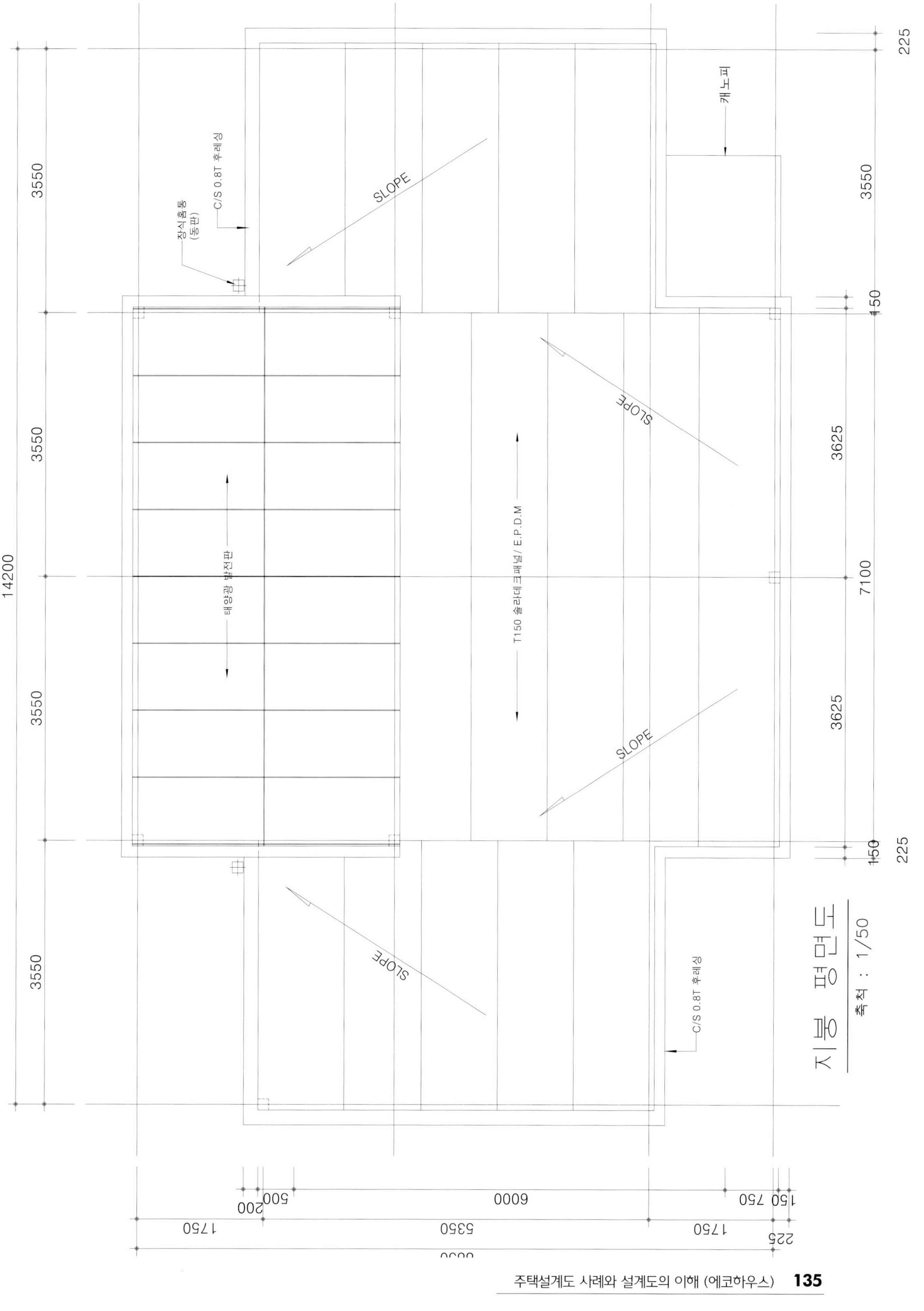
지붕 평면도
축척 : 1/50
태양광 발전판
T150 솔라데크패널/ E.P.D.M
SLOPE
C/S 0.8T 후레싱
장식홈통 (동판)
캐노피
14200
3550
3625
7100
225
150
6000
5350
1750
750
500
200

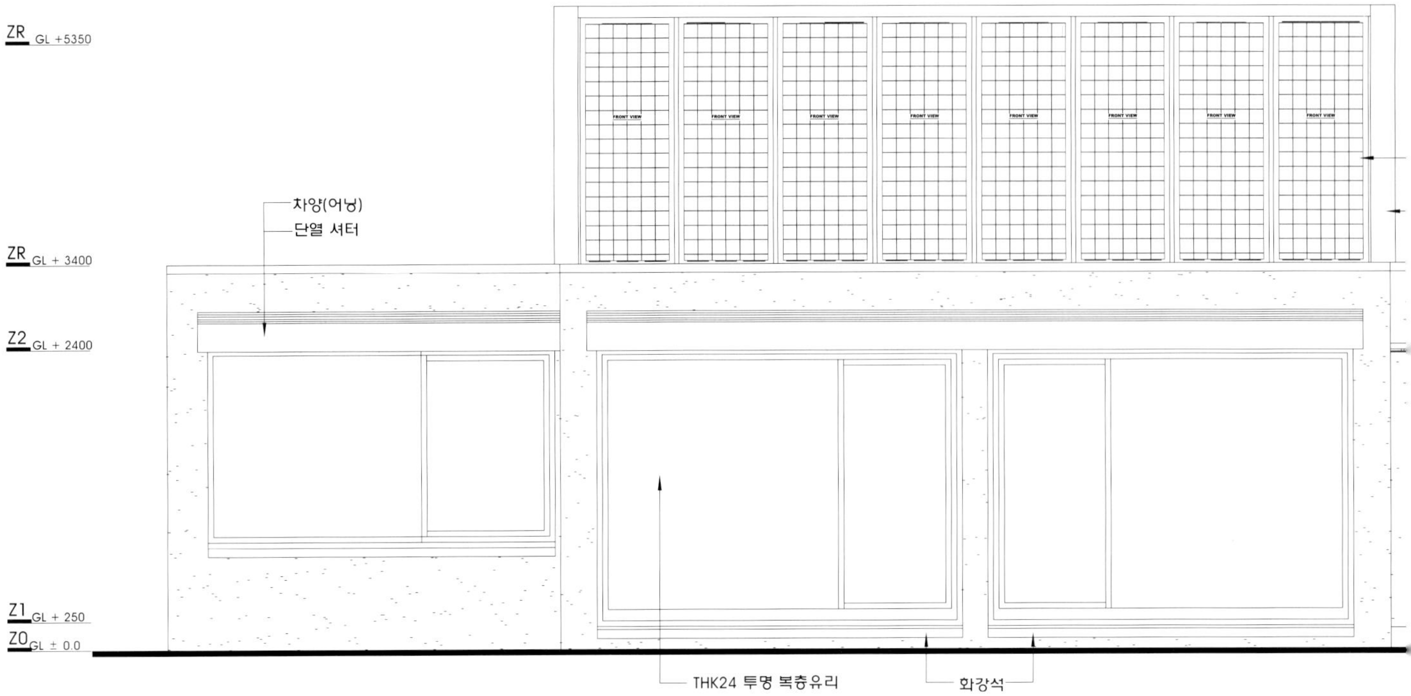

정면도

축척 : 1/100

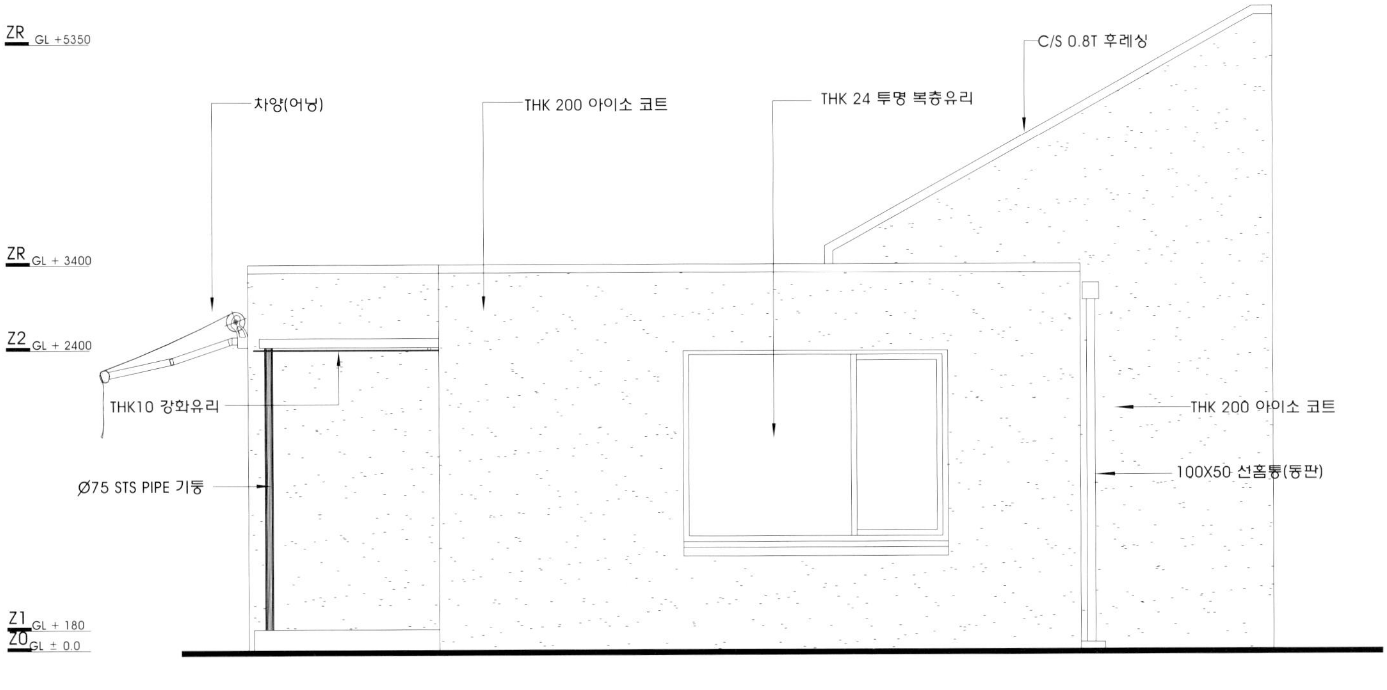

우측면도

축척 : 1/100

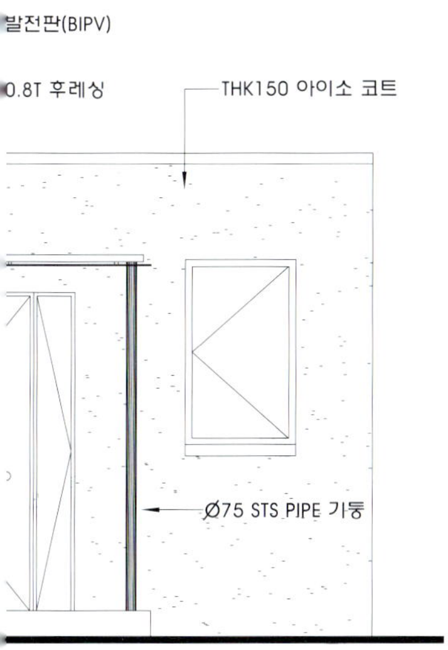
발전판(BIPV)
0.8T 후레싱
THK150 아이소 코트
Ø75 STS PIPE 기둥

배면도

축척 : 1/100

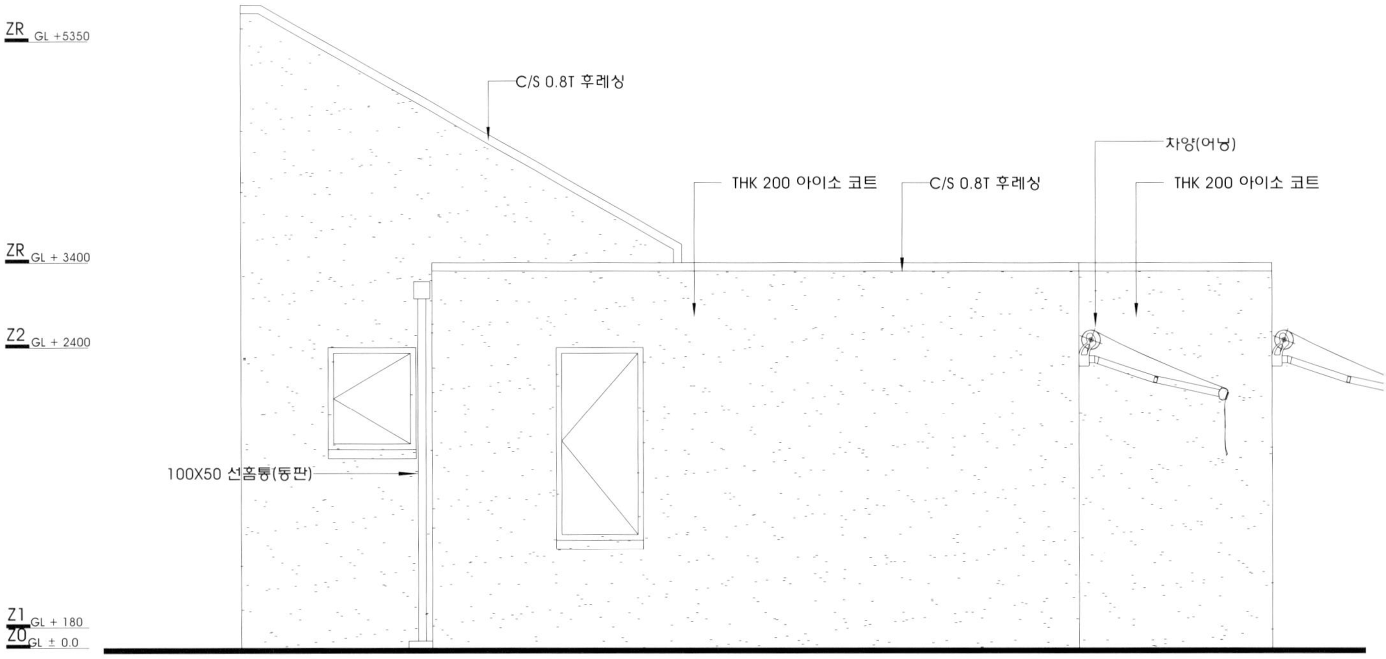

좌측면도

축척 : 1/100

주기(Notes)

설계사례 – 1, 76쪽 참조

1. 외장재에 표기된 아이소코트는 외단열공법 중 특정 회사의 상품이름임.
2. 외단열공법은 창의 하부와 같이 벽면보다 후퇴된 부분에 쌓인 먼지가 벽면을 오염시키는 단점이 있으며, 이를 방지하기 위해서 플래싱(flashing) 설치가 필요함.

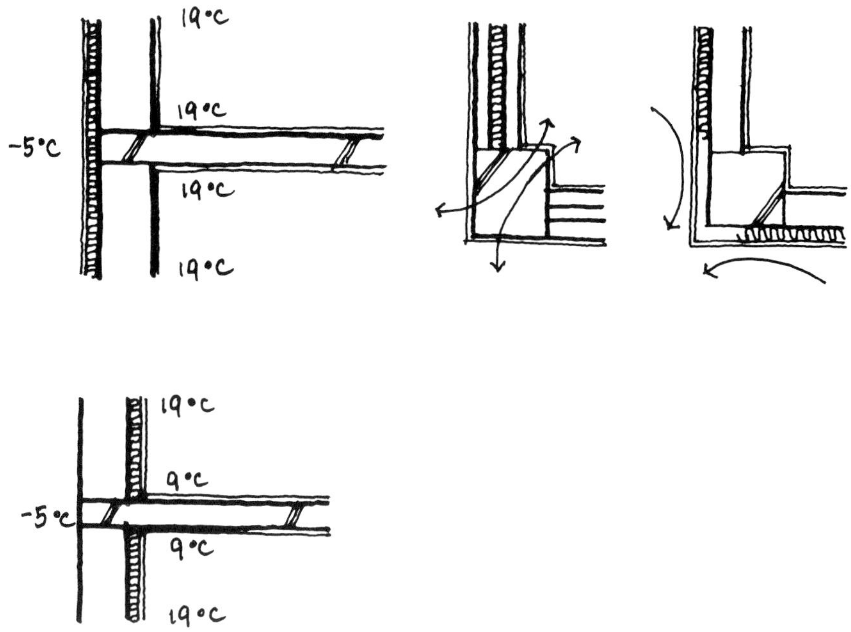

외단열공법의 효과

차양(awning)과 단열셔터

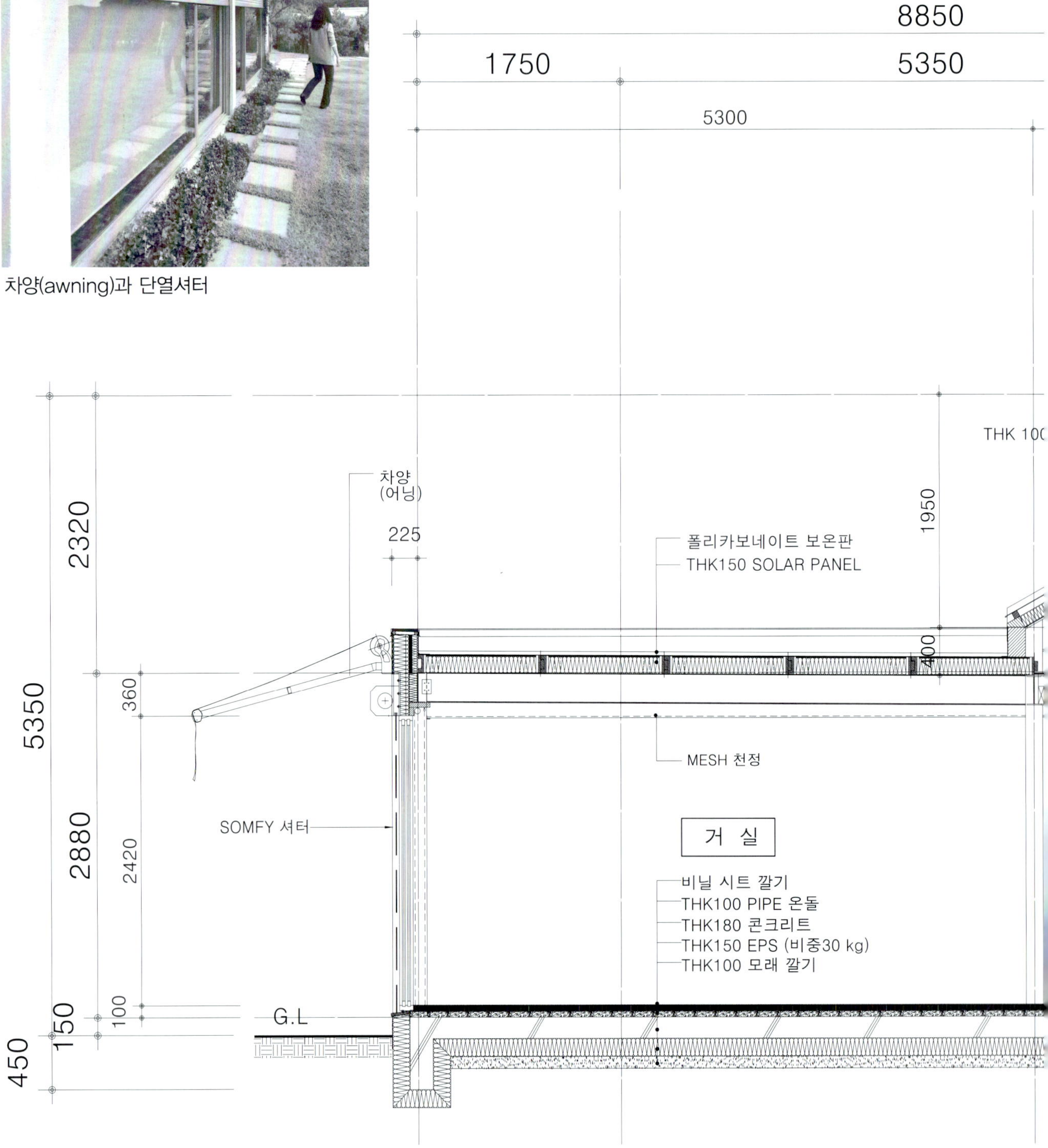

거실의 차양효과

주기(Notes)

1. 에너지 절약은 단열성능에 의해 좌우된다. 단면도에서와 같이 건축물 전체를 단열재로 감싸되, 단열재의 끊어짐이 없어야 효과적이다. 단열재와 단열재 틈이나 구조물 등으로 인한 관통개소는 열손실, 결로(結露)로 이어진다.
2. 남측의 대형 창을 통해 취득한 실내 열의 손실을 막기 위해서 겨울철에는 일몰 후에 단열셔터를 내려 열손실을 막는다.

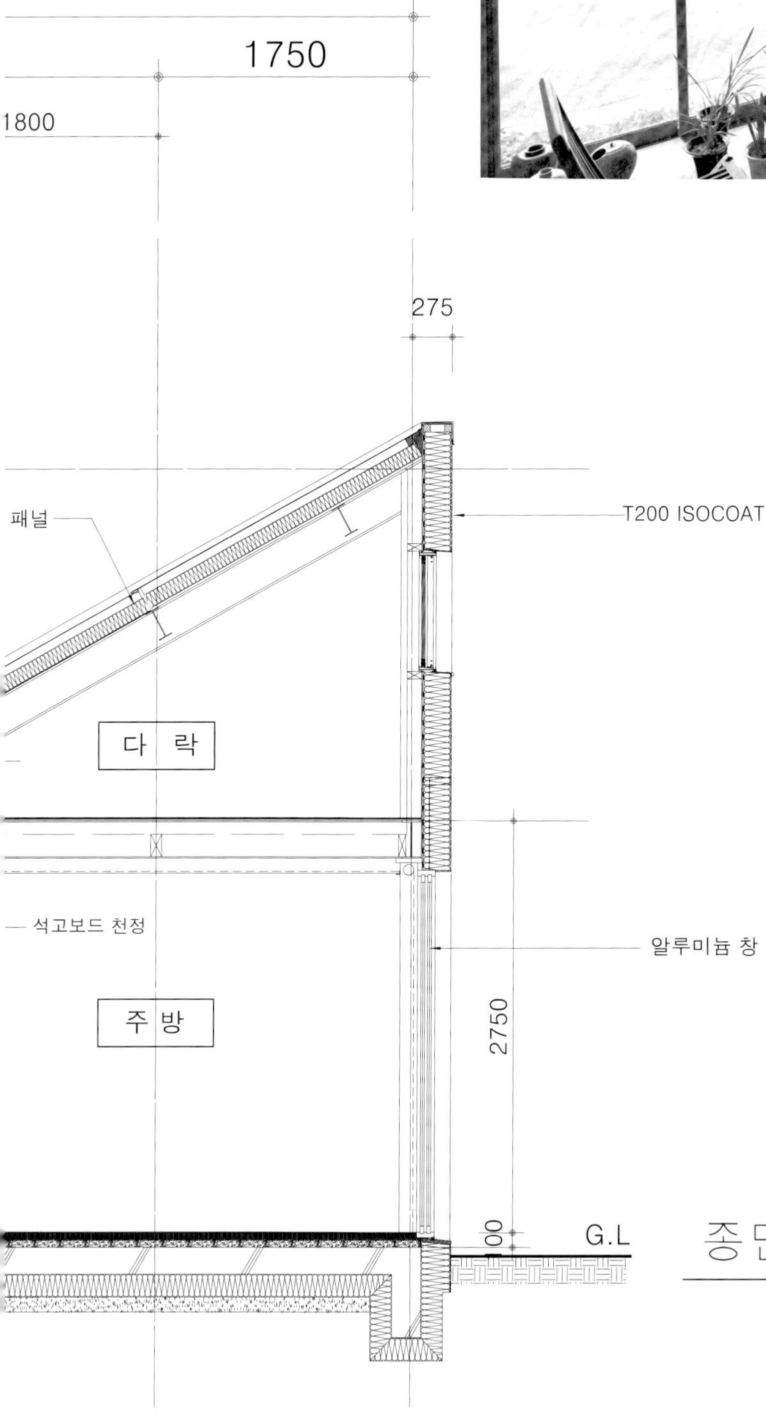

종단면도

축척 : 1/60

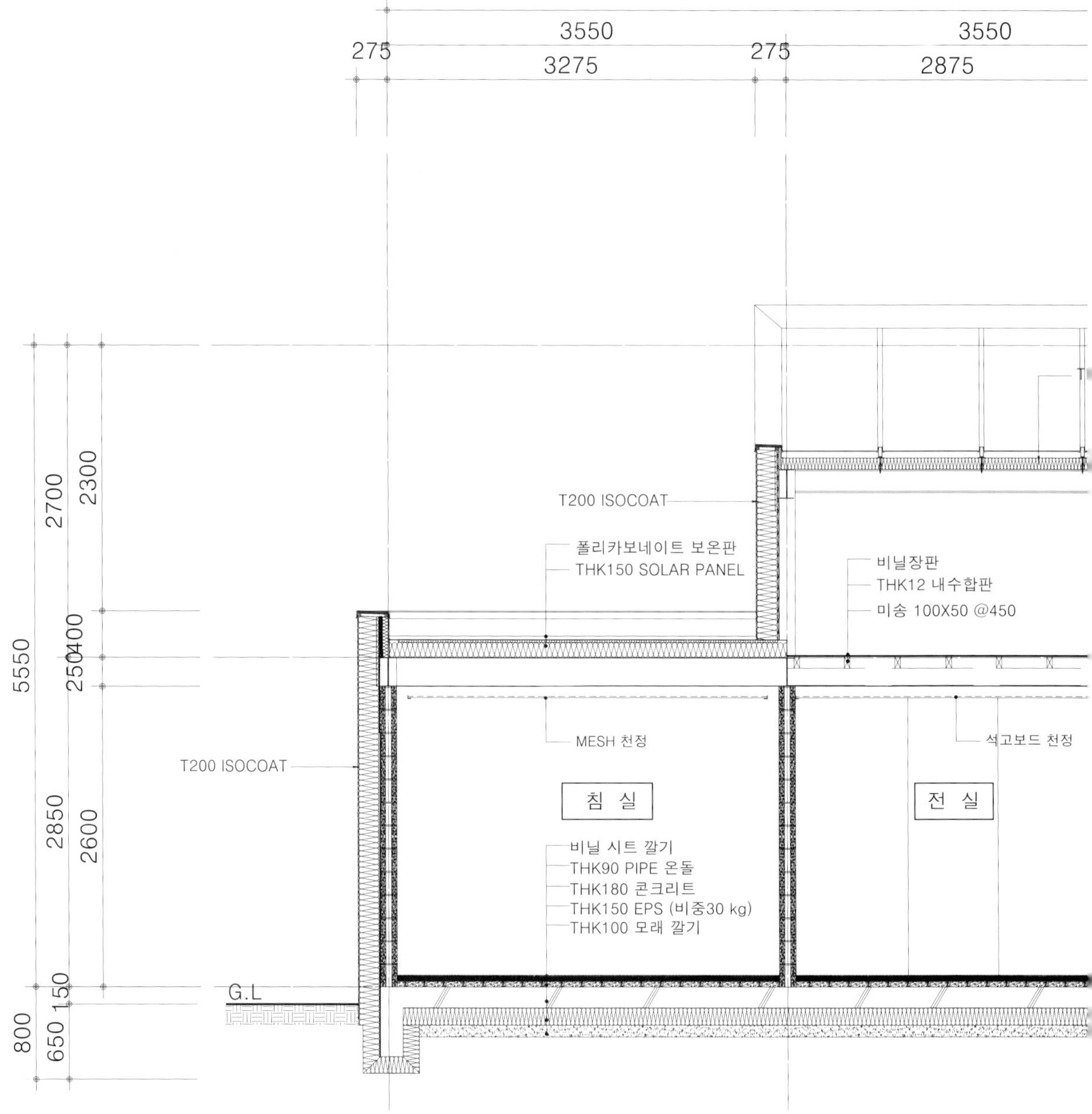
3550
3550
275
3275
275
2875
2700
2300
5550
250400
2850
2600
800
650 150
T200 ISOCOAT
폴리카보네이트 보온판
THK150 SOLAR PANEL
비닐장판
THK12 내수합판
미송 100X50 @450
MESH 천정
석고보드 천정
T200 ISOCOAT
침 실
전 실
비닐 시트 깔기
THK90 PIPE 온돌
THK180 콘크리트
THK150 EPS (비중30 kg)
THK100 모래 깔기
G.L

거실벽의 블록치장쌓기

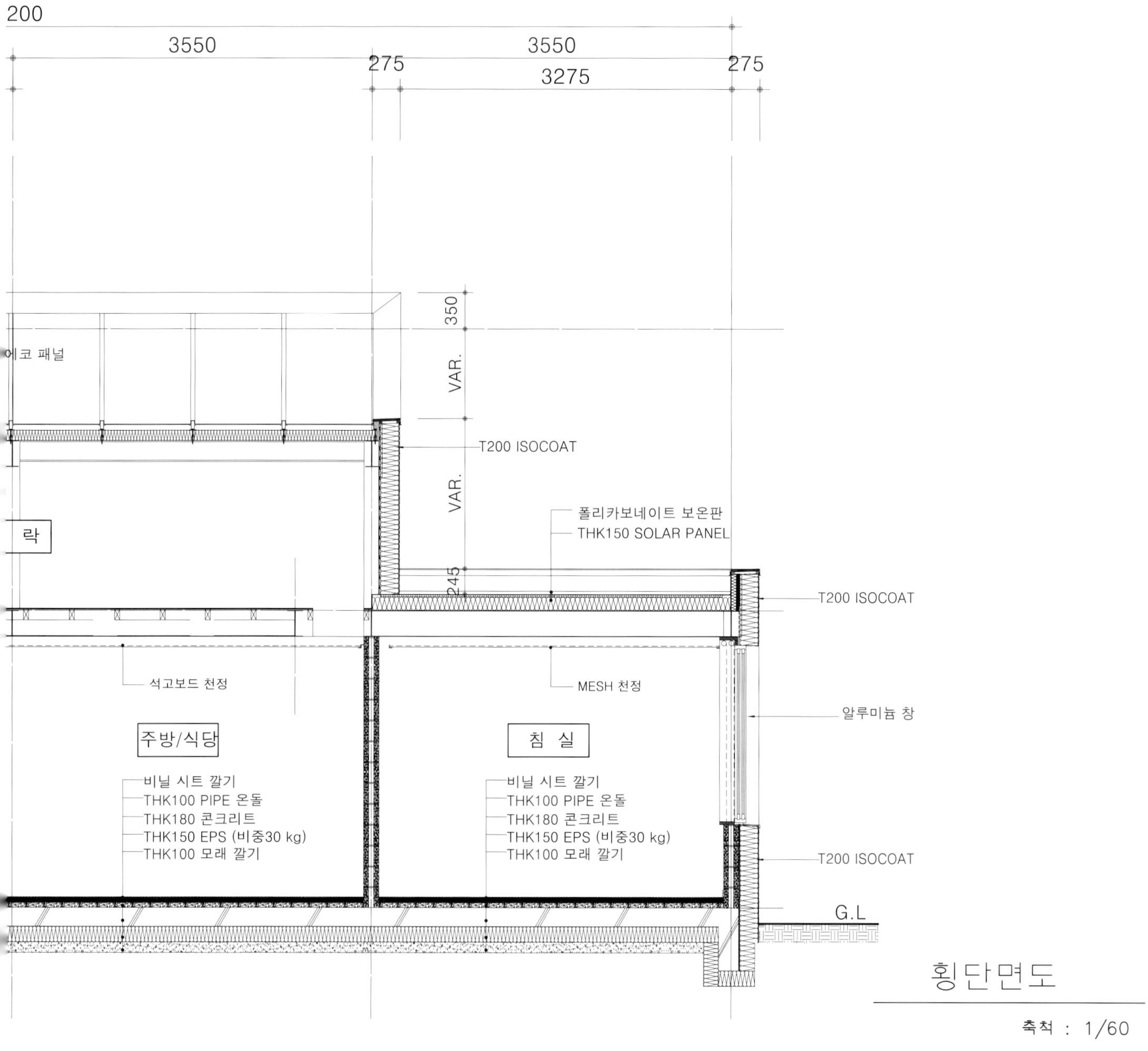

주기(Notes)

1. 철골보인 H형강의 하부 플랜지(flange)는 콘크리트 블록 13매 높이인 2,600㎜에 위치하고, 창대높이는 800㎜(블록 4매 높이)로 블록의 절단 없이 시공할 수 있다.
2. 절단된 블록은 건축폐기물로 지구환경을 회손하는 결과가 된다. 폐기물을 줄이는 일은 친환경건축 설계요소 중의 하나이며 경제적이기도 하다.
3. 콘크리트 블록은 담장에나 사용하는 싼 재료로 생각하는 경향이 있는데, 거실과 침실 등에 통줄눈 치장쌓기를 한 후에 수성페인트로 마감하면 훌륭한 마감재가 된다.

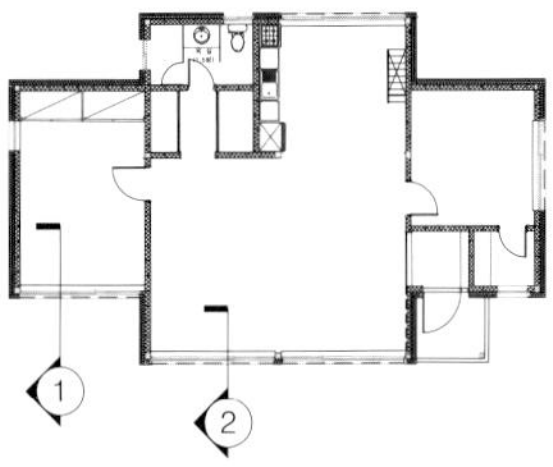

KEY MAP

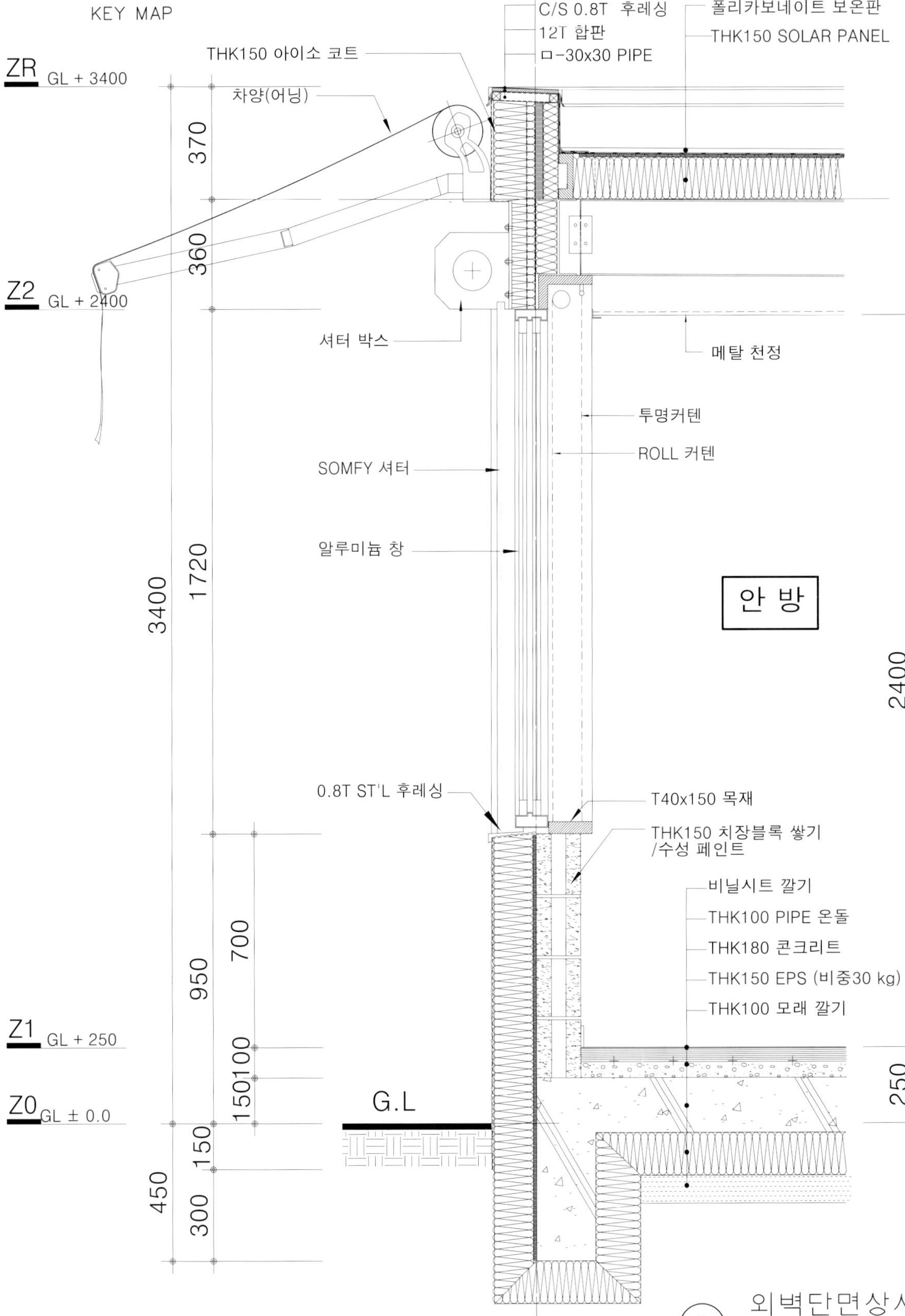

1 외벽단면상세도

축척 : 1/20

주기(Notes)

1. 평면도에 단면표시를 하고 해당 단면 도면번호를 기재하여 단면상세도를 확인할 수 있도록 하는 것이 일반적이다.
2. 도면의 좌측 상단과 같이 단면안내도(key plan)를 활용하면 단면도의 평면도에서의 위치를 확인할 수 있다.

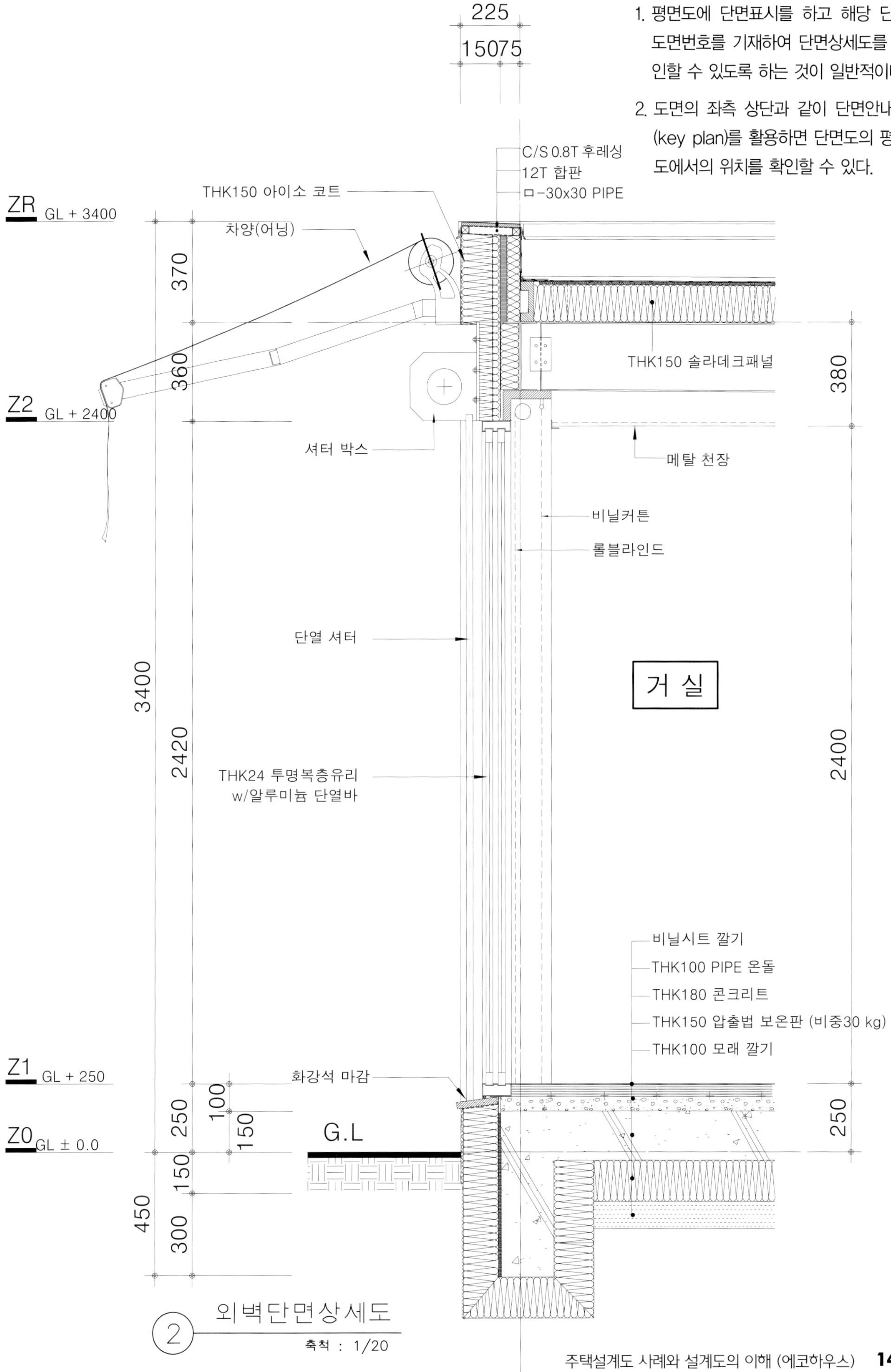

② 외벽단면상세도

축척 : 1/20

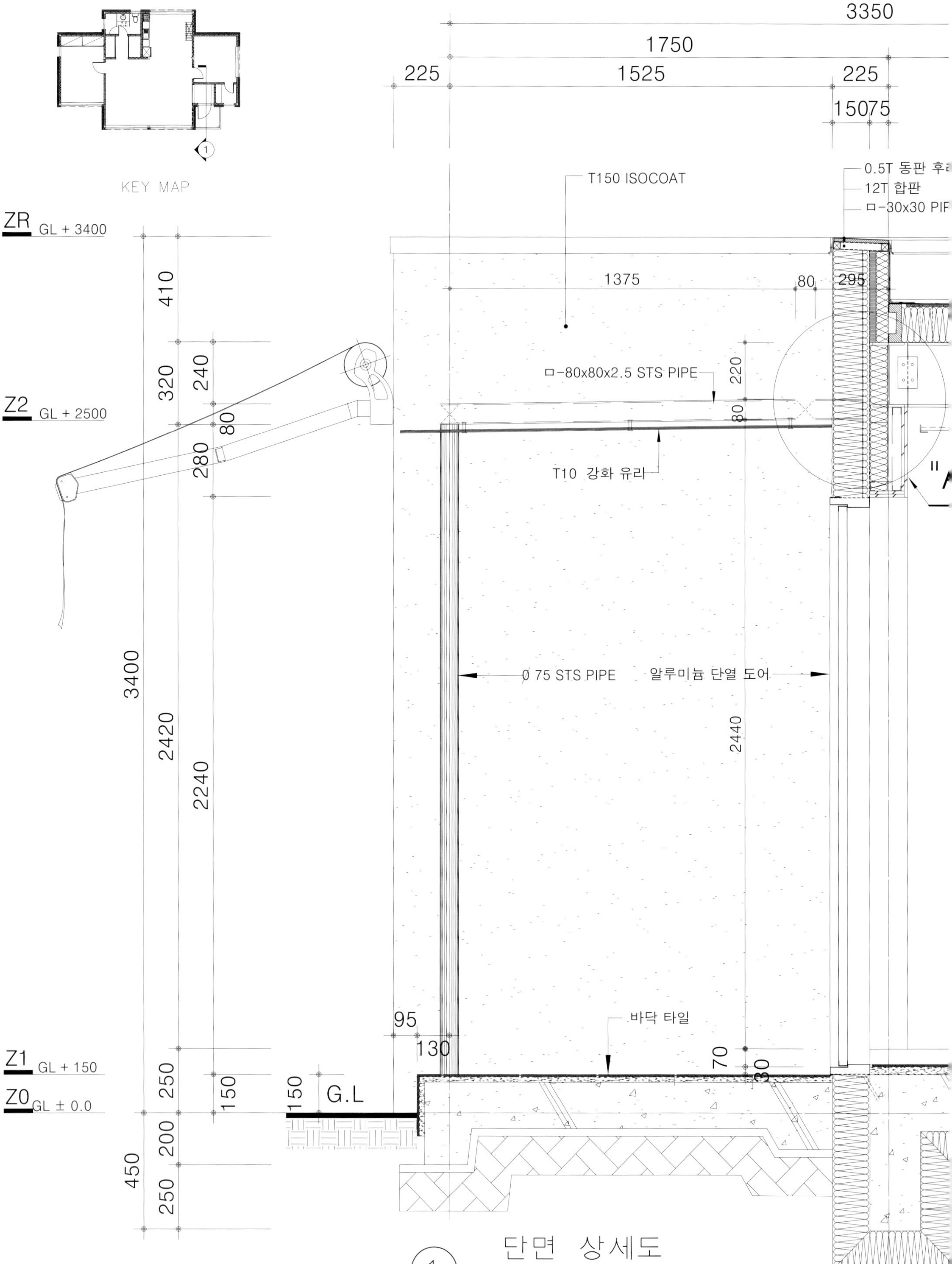

1 단면 상세도
축척 : 1/20

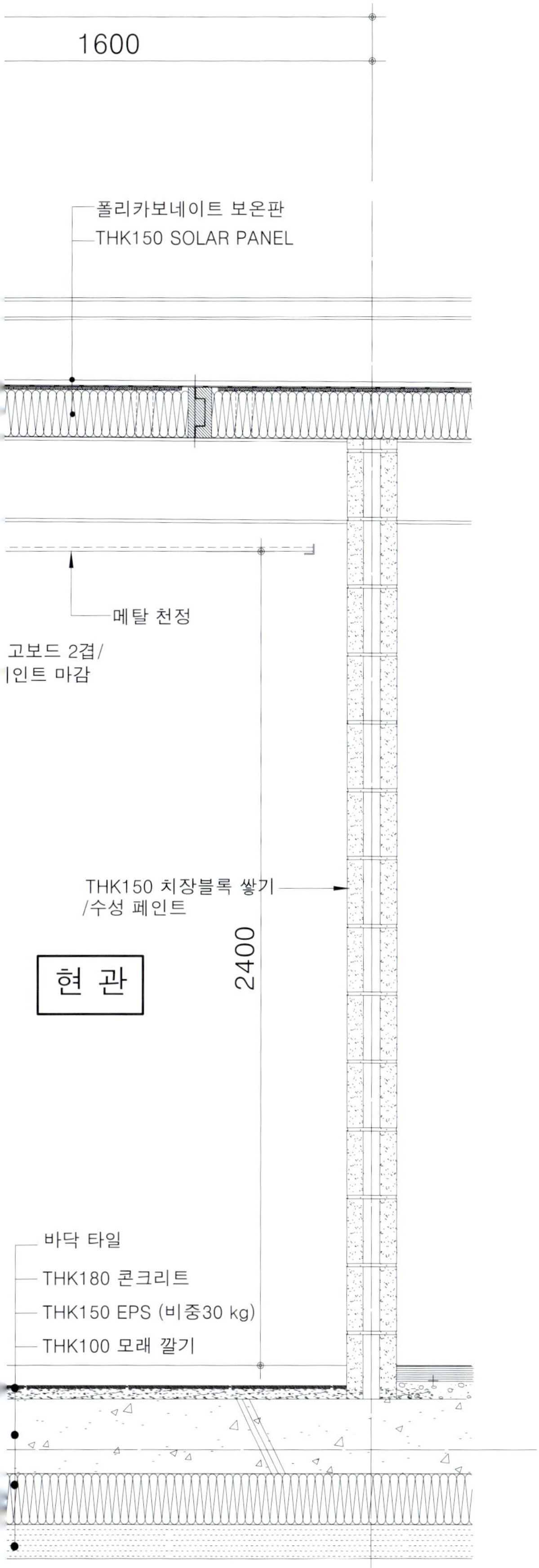

주기(Notes)

현관 캐노피(canopy)는 외단열재 밖에 설치하여 열교(thermal bridge)를 완전차단.

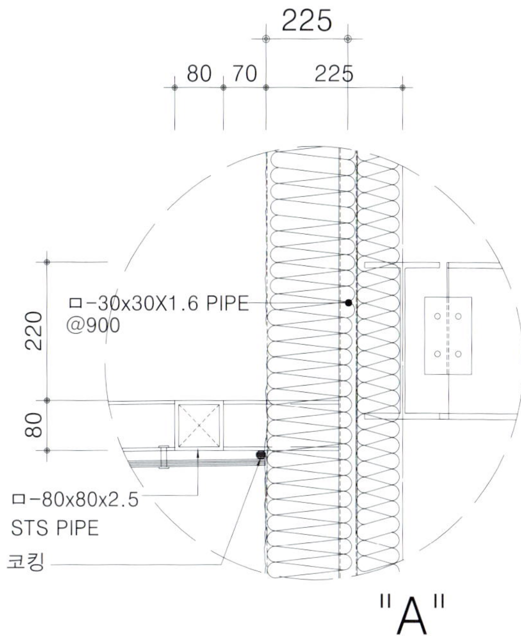

CANOPY

주기(Notes)

1. 다락의 경사지붕에 설치한 태양광 발전판(BIPV)은 일정한 규격으로 제작되며 제품 모듈에 맞게 설치해야 한다. 동지 때의 태양의 입사각도에 직각으로 판을 설치하는 것이 가장 발전효율이 높으며 경사가 완만할수록 효율이 다소 떨어진다. 최근에는 벽면에도 발전판을 설치하는 예가 늘어나고 있다.
2. 태양광 발전과정에서 열이 발생하며, 이 열은 발전효율을 떨어트린다. 발생된 열을 배기하기 위한 후면 공간이 필요하며, 이 프로젝트에서는 열을 에코패널로 흡수하여 겨울철 난방에 활용하고 있다.

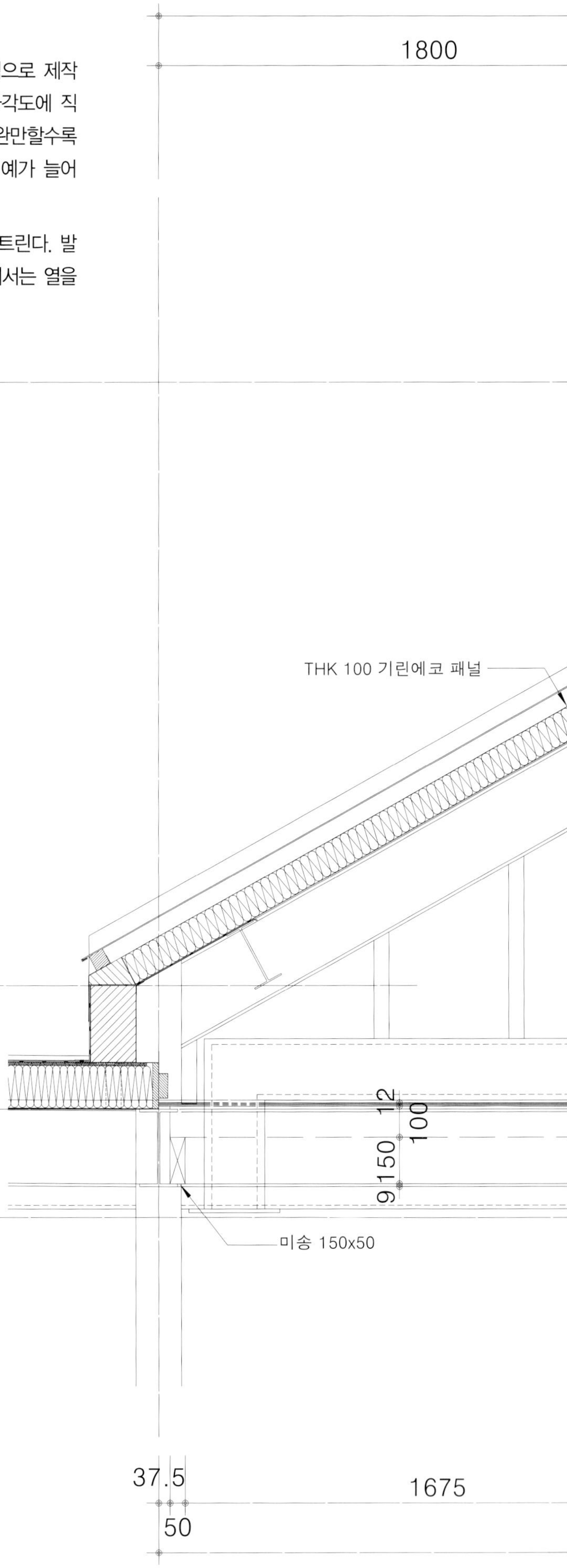

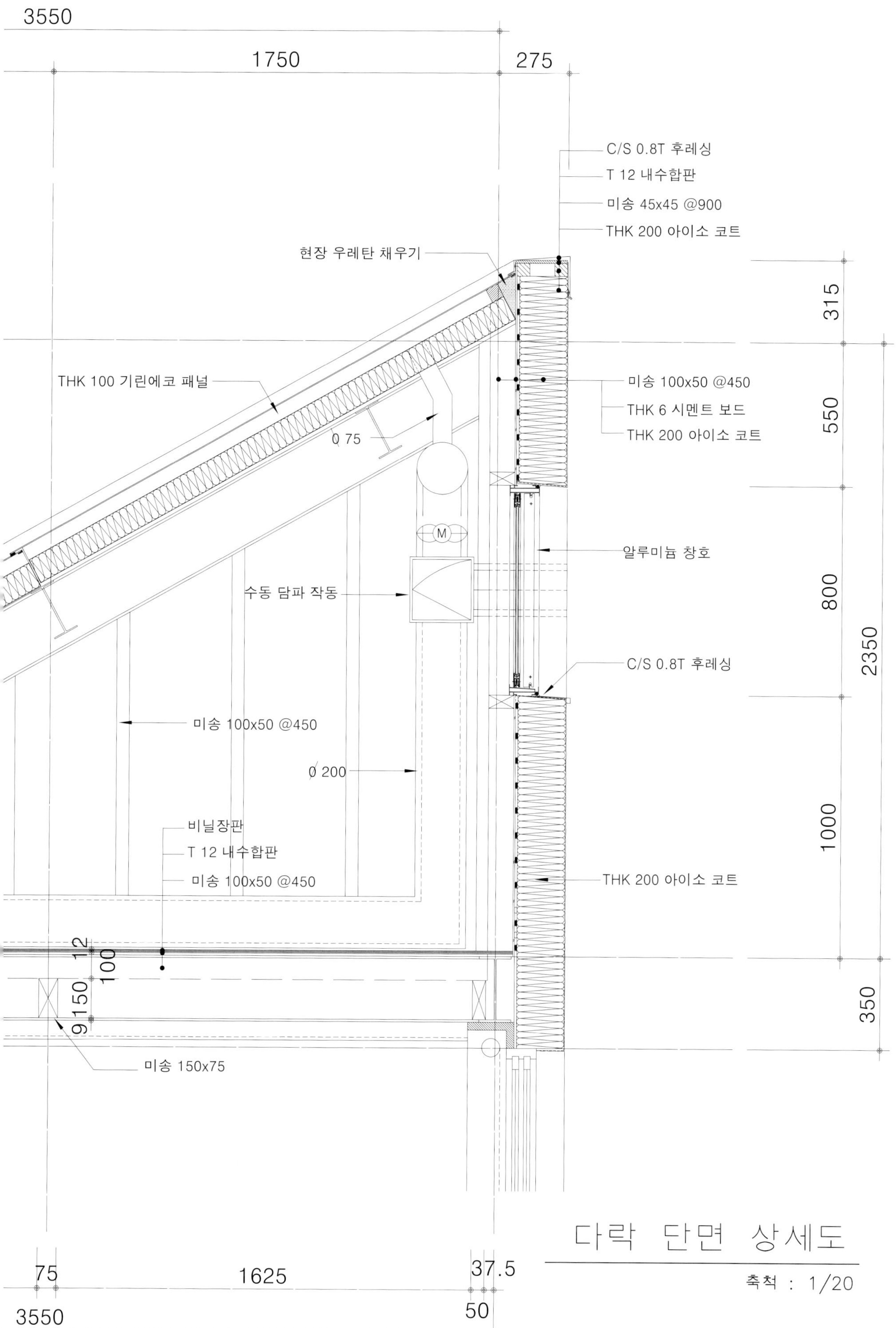

다락 단면 상세도

축척 : 1/20

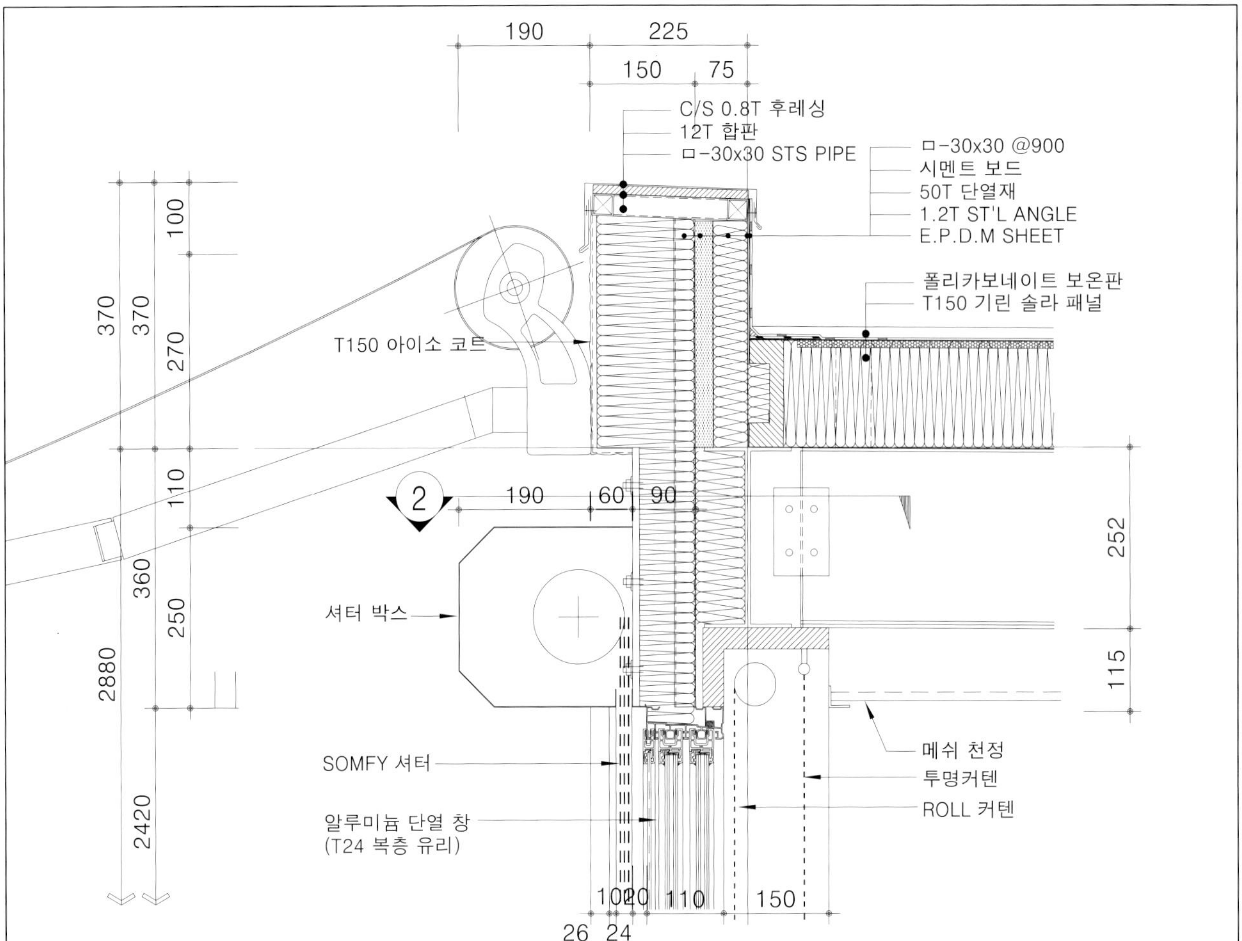

1 부분단면상세도

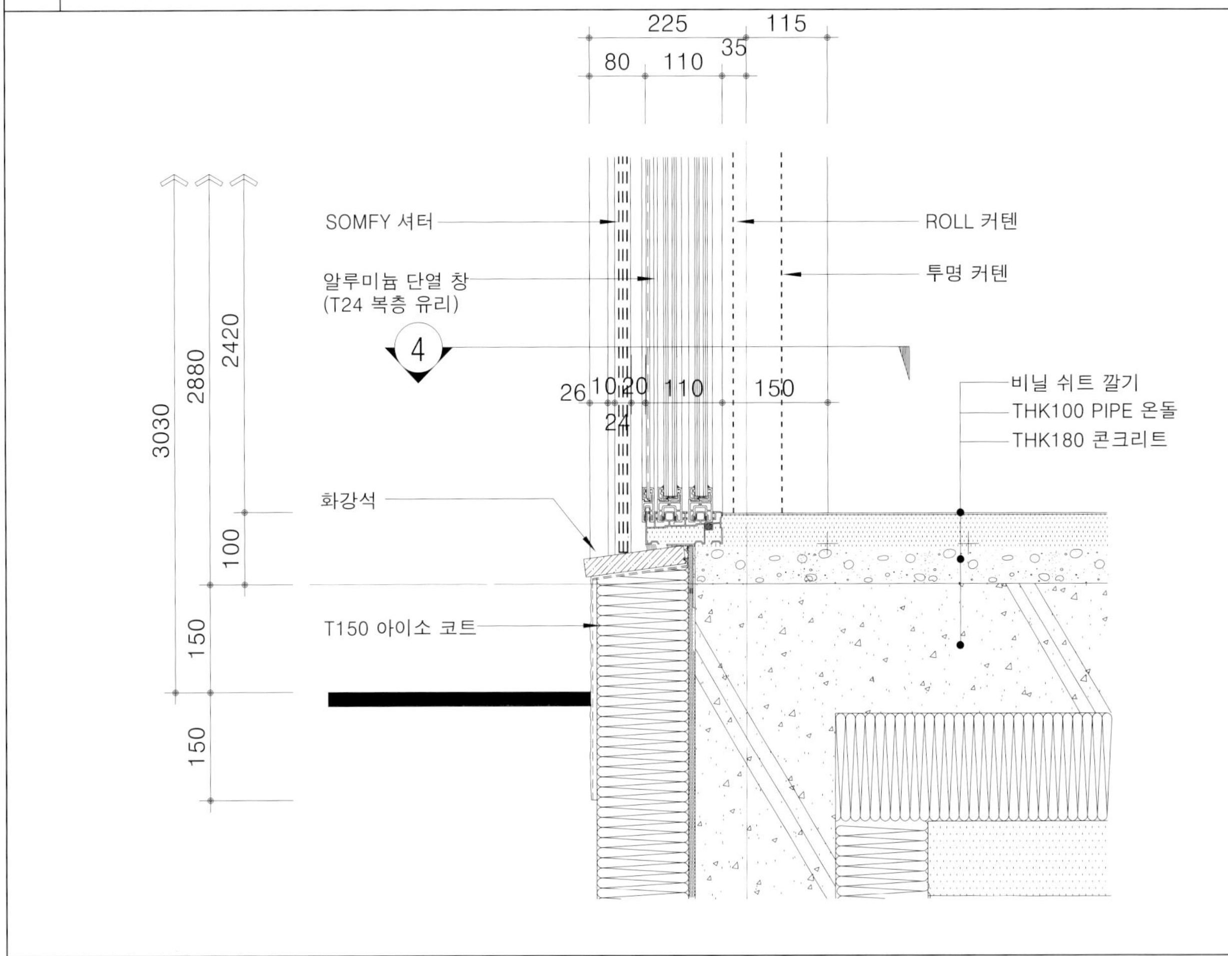

3 부분단면상세도

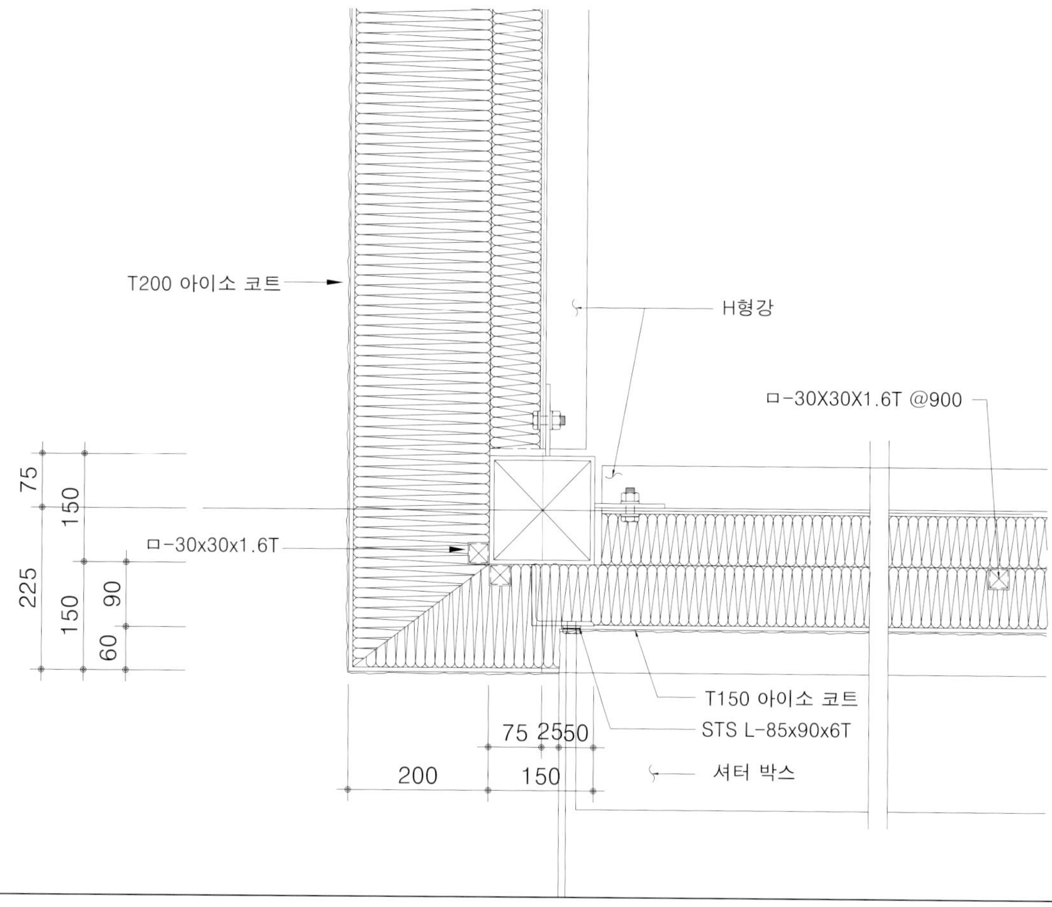

2 부분평면상세도

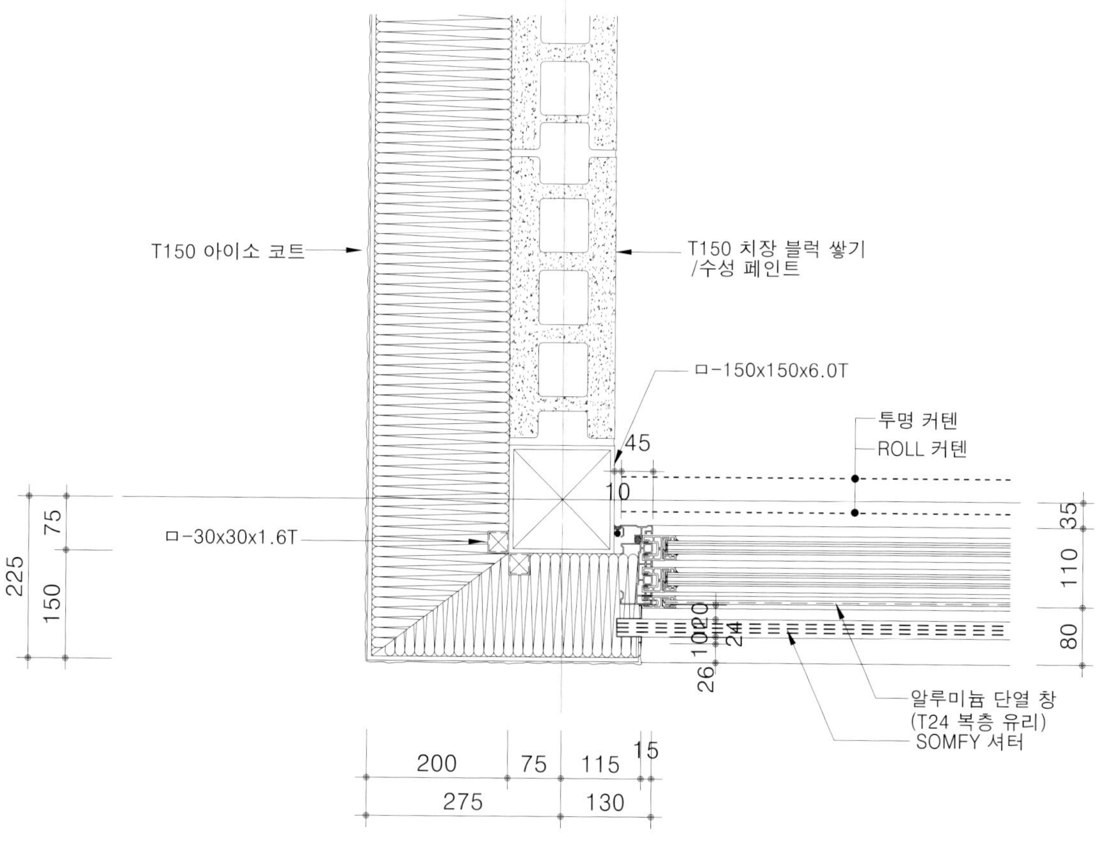

4 부분단면상세도

송풍기

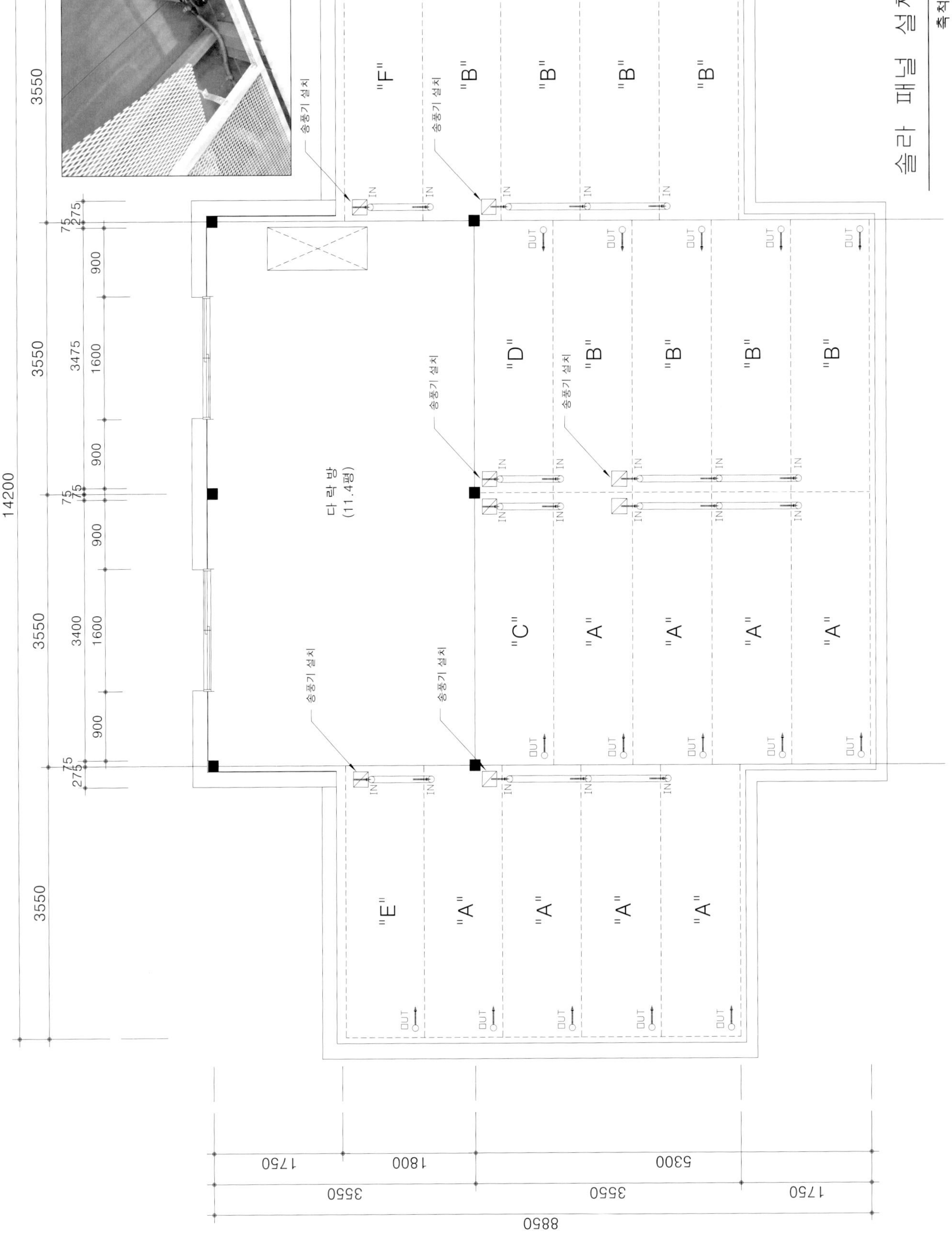
솔라 패널 설치도
축척 : 1/50
다락 방
(11.4평)
송풍기 설치
"A"
"B"
"C"
"D"
"E"
"F"
IN
OUT
14200
3550
3475
3400
1600
900
275
75
8850
5300
1800
1750

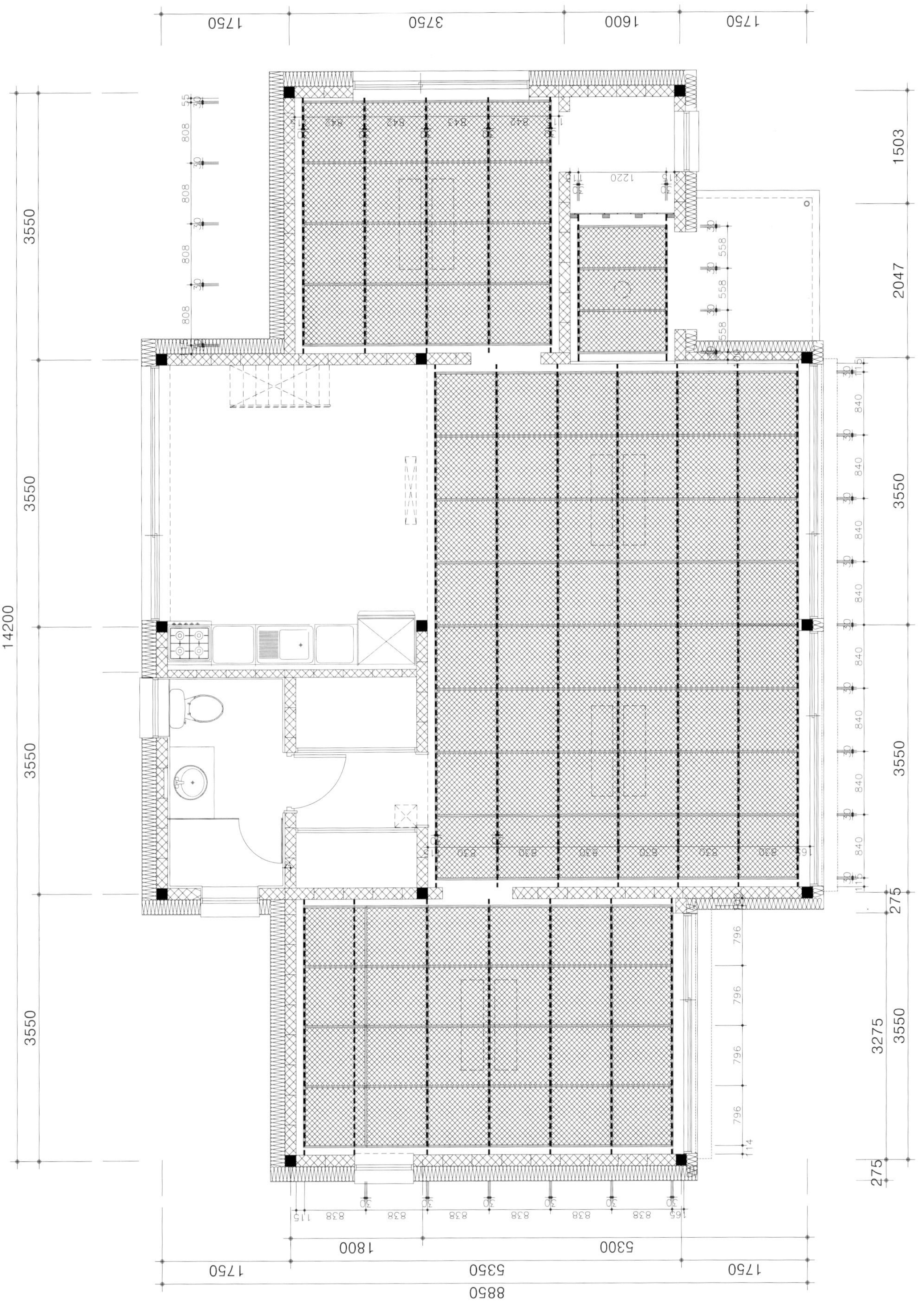

메쉬천정설치도

축척 : 1/50

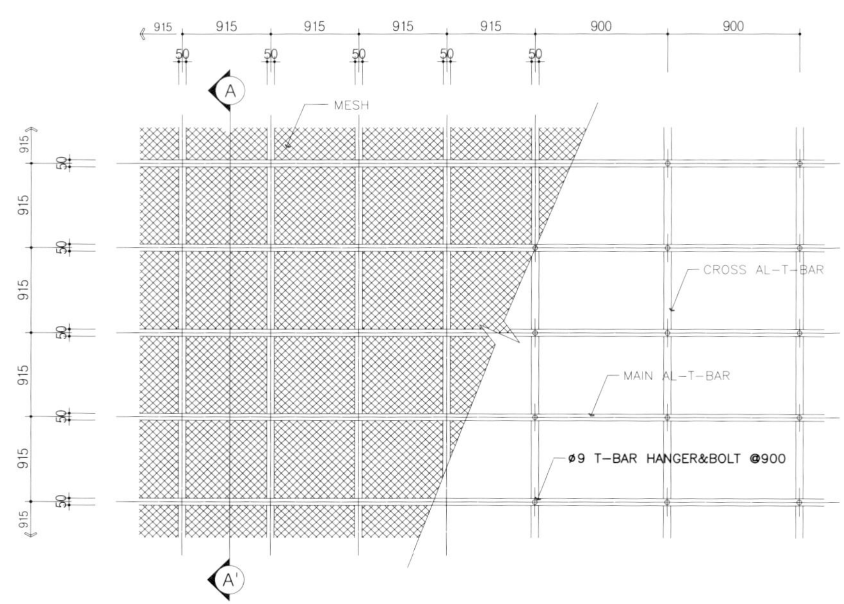

1 MESH 설치 평면도
SCALE = 1/40

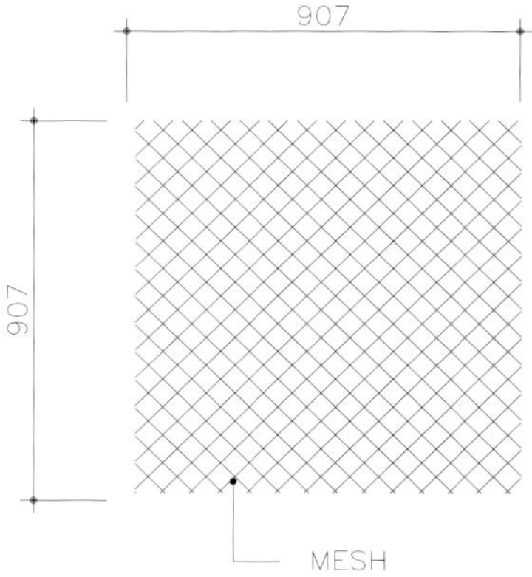

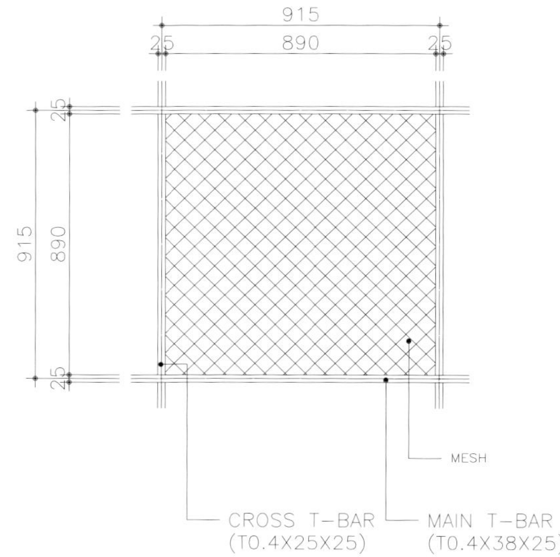

주기(Notes)

1. 난방을 필요로 하는 계절에는 솔라 패널(또는 솔라 데크로 표기)면에서 취득한 열은 송풍기(사진 참조)를 통하여 실내로 송풍, 난방을 한다. 컴퓨터에 설정한 실내온도 이상이 되면 자동으로 패널에서 취득한 열이 외부로 배기되며 여름철에는 실내로 송풍이 안 된다.
2. 도면에서와 같이 송풍기는 20개이며 석고보드 등으로 천장을 하고 송풍기 위치에 구멍을 낼 수도 있지만 디자인 의도와 송풍기 보수를 위해 탈착이 가능한 메쉬천장을 적용함.

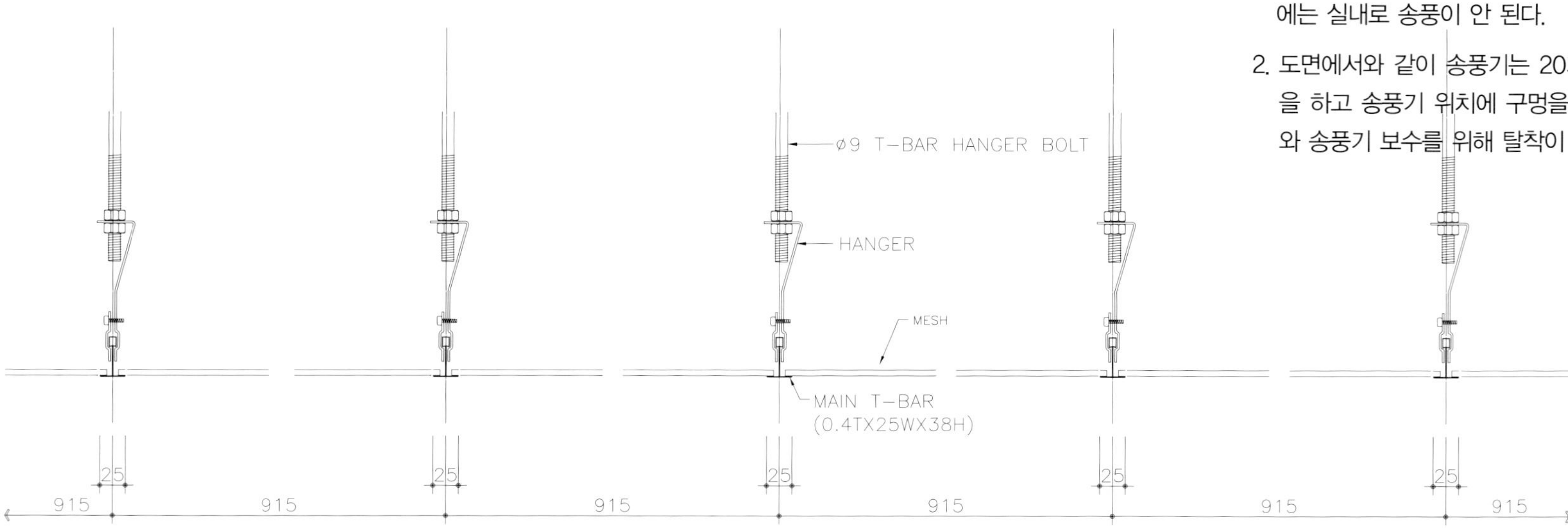

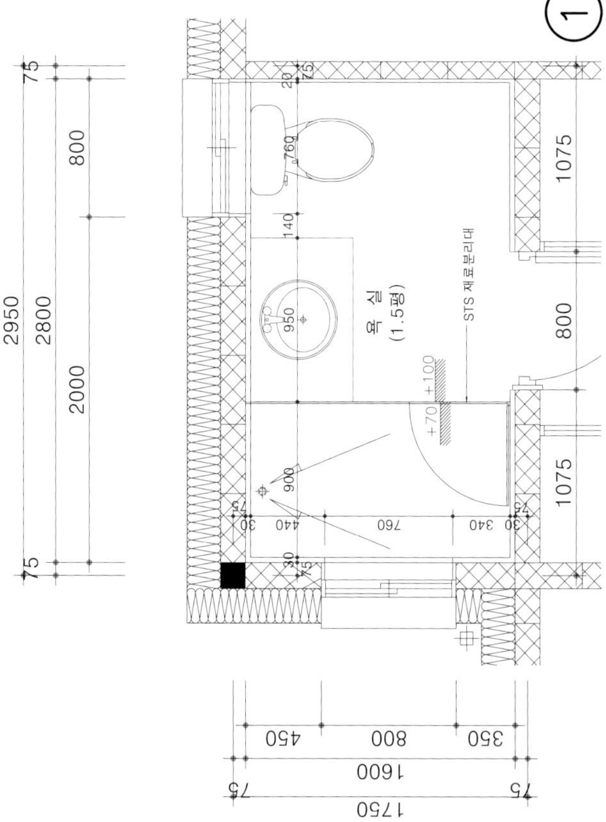

① 평 면 도
축척 : 1/30

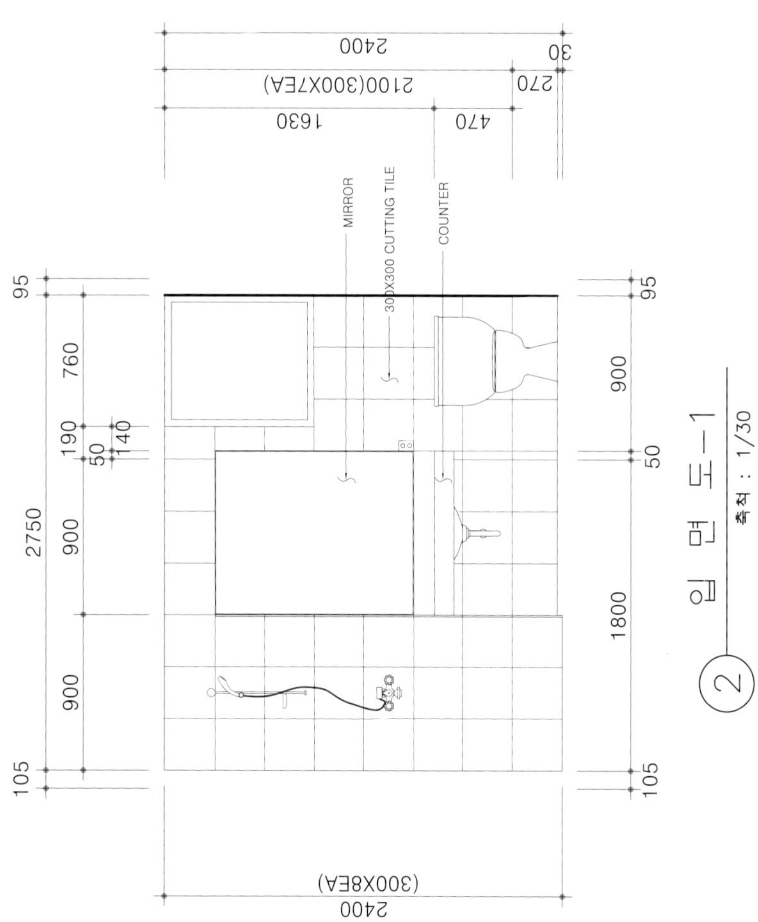

② 입 면 도 - 1
축척 : 1/30

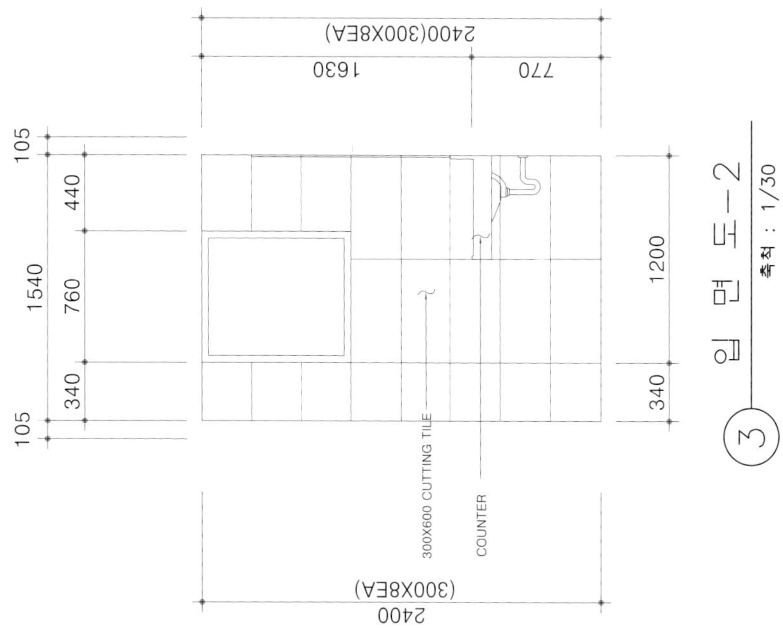

③ 입 면 도 - 2
축척 : 1/30

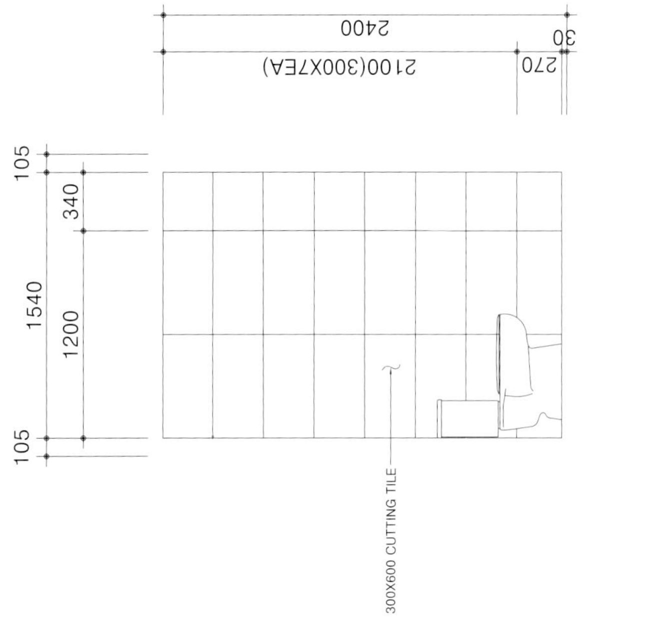

② 입 면 도 - 4
축척 : 1/30

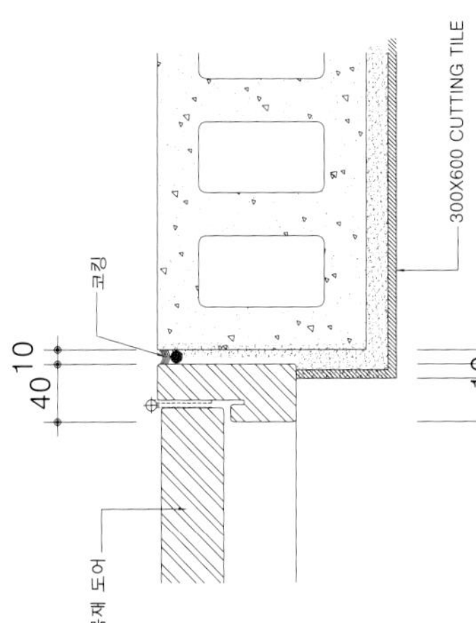

"A" 상세도

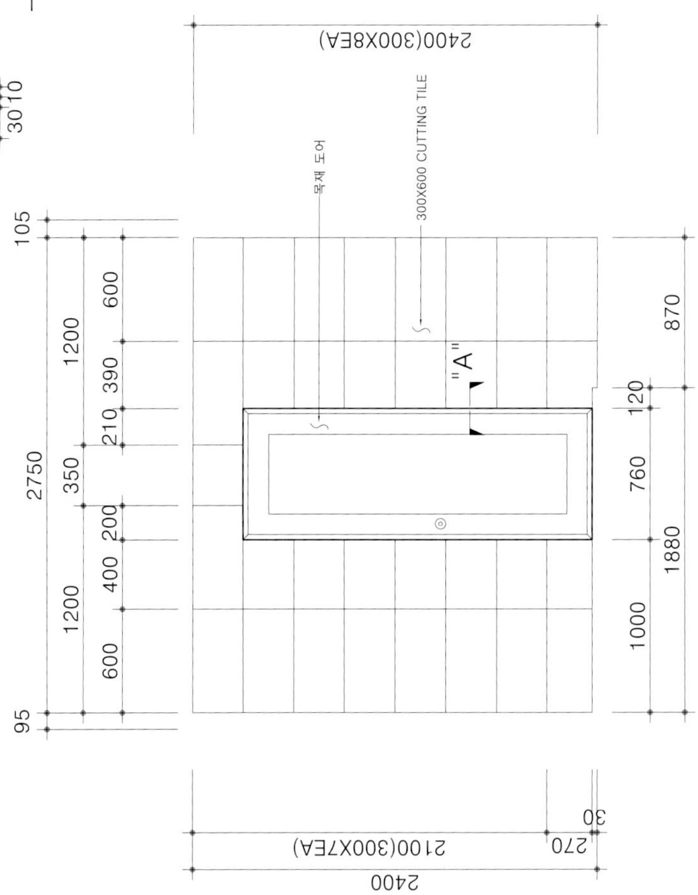

① 입 면 도 - 3
축척 : 1/30

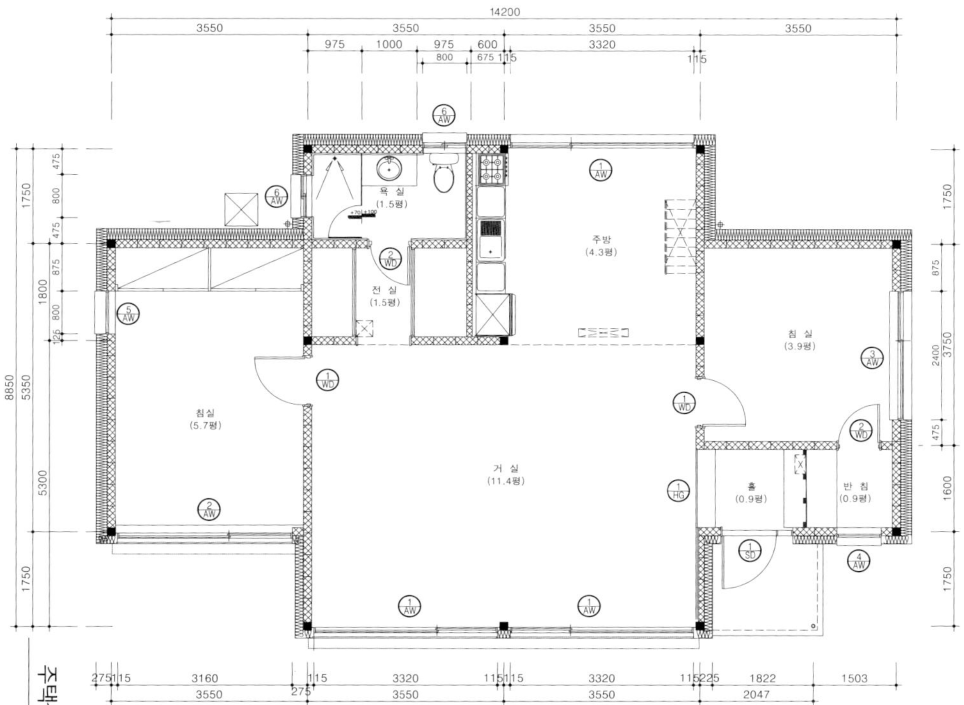

창호평면도－1
축척 : 1/50

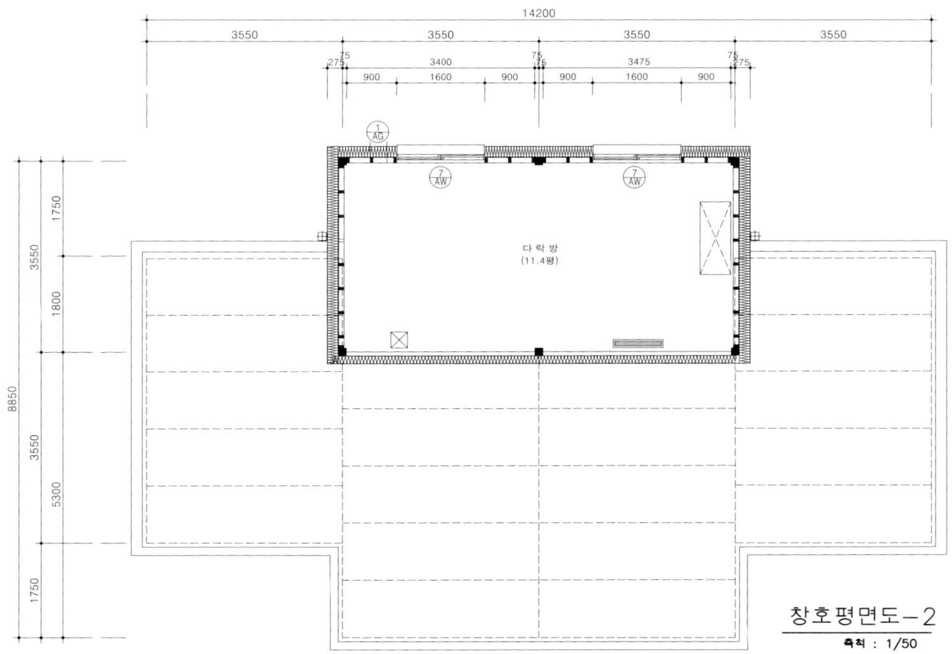

창호평면도－2
축척 : 1/50

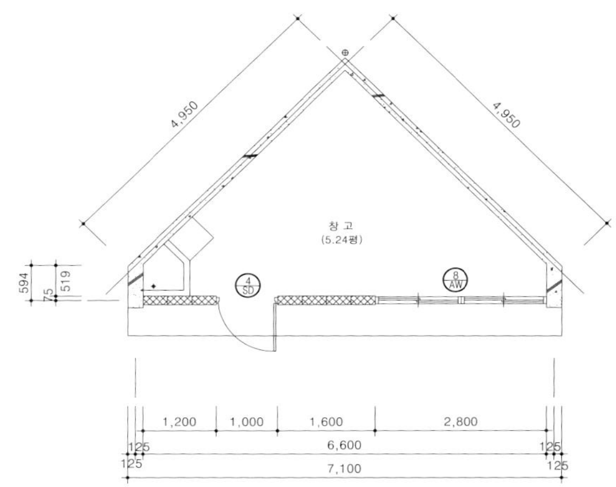

창호평면도－3
축척 : 1/50

주기(Notes)

소규모 건축물의 설계도에서 창호평면도를 꼭 작성해야 하는 것은 아니다.
각층 평면도의 창 위치에 창호부호를 표기하는 것도 방법이다.

MARK	1 AW	2 AW
SHAPE	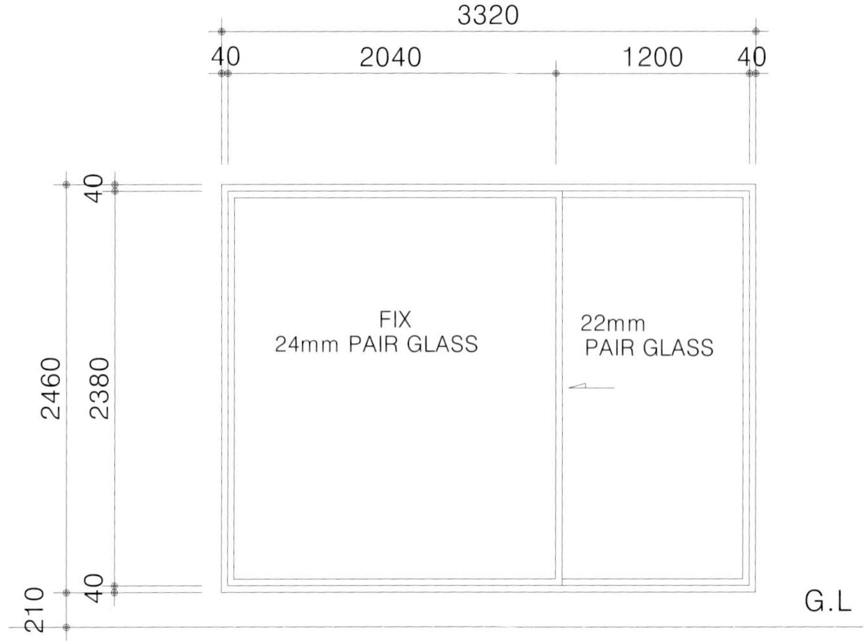	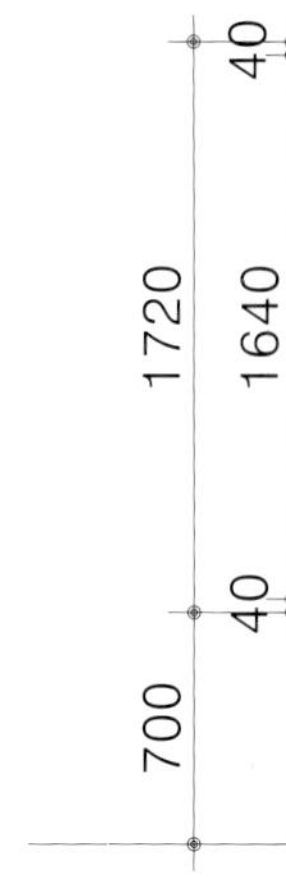
용 도	거실,식당 SLIDING DOOR	안방
수 량	3조	1조
프레임	AL. 110X45	AL. 110X
부자재	하드웨어 일체	하드웨어

	4 AW	5 AW
SHAPE	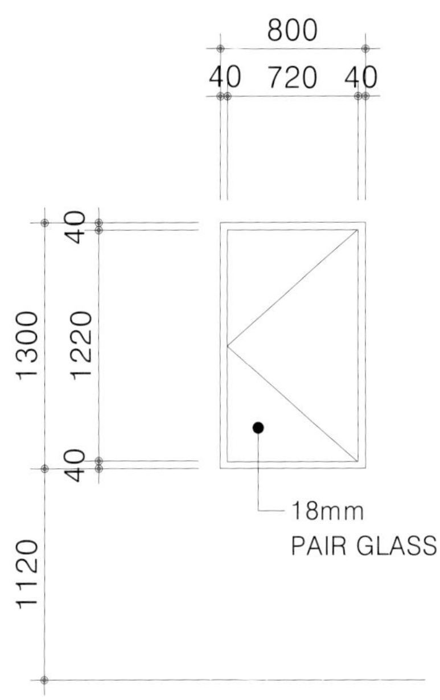	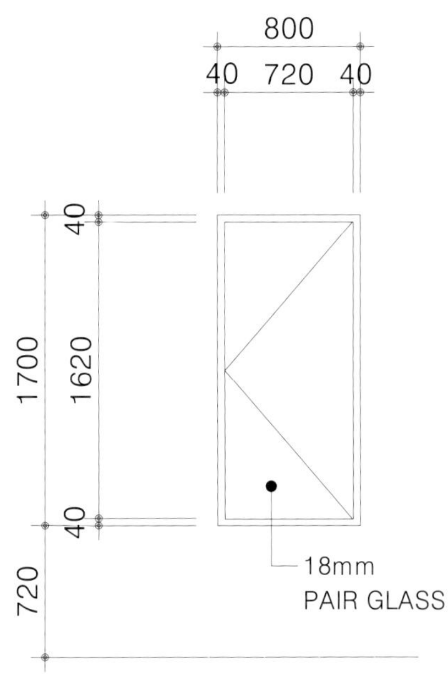
용 도	침실	안방
수 량	1조	1조
프레임	AL. 70X45	AL. 70X45
부자재	하드웨어 일체	하드웨어 일체

	3/AW
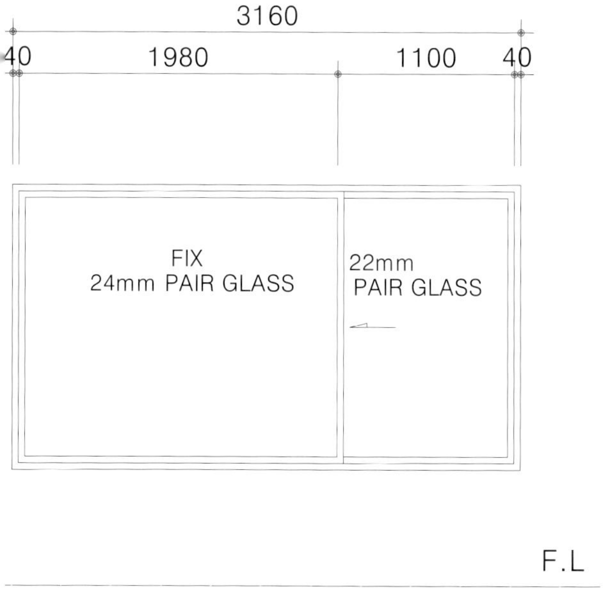	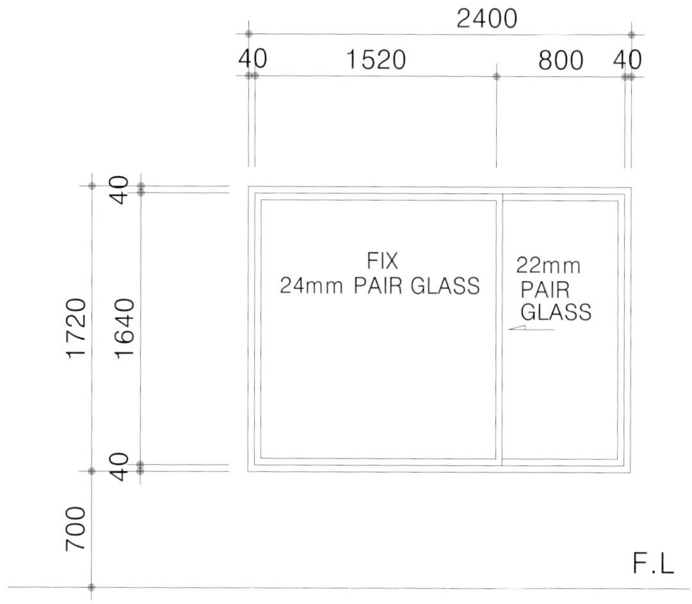
	침실
	1조
	AL. 110X45
	하드웨어 일체

	7/AW	1/AG
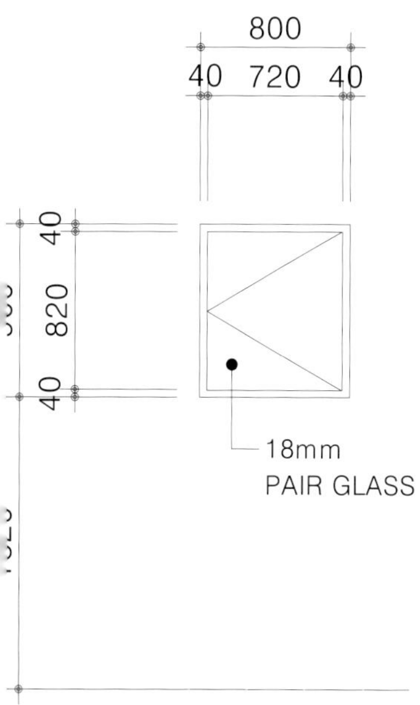	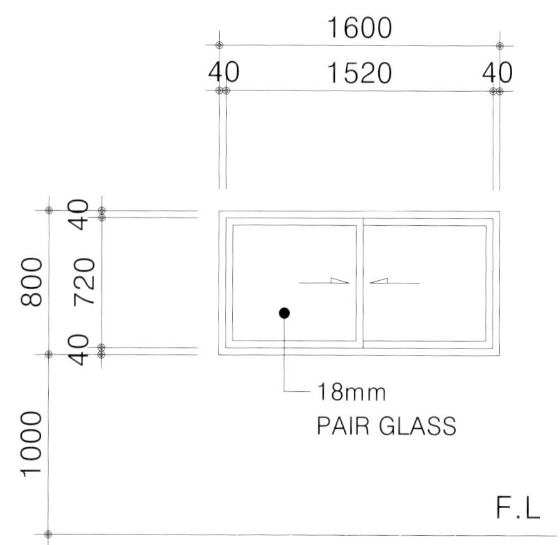	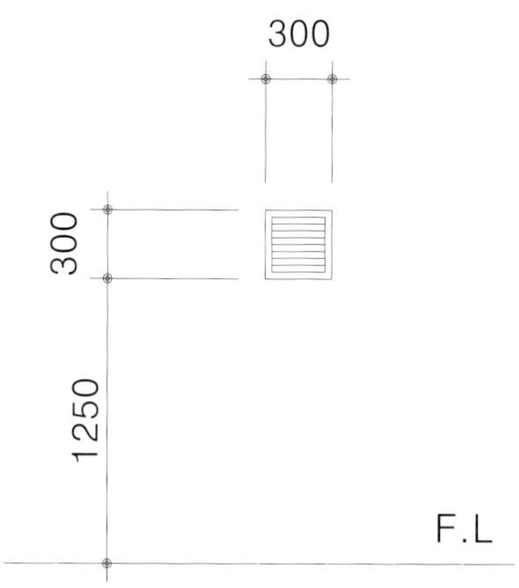
	다락방	다락방
	2조	1조
70X45	AL. 70X45	AL. FRAME
웨어 일체	하드웨어 일체	하드웨어 일체

MARK	8/AW	1/SD
SHAPE	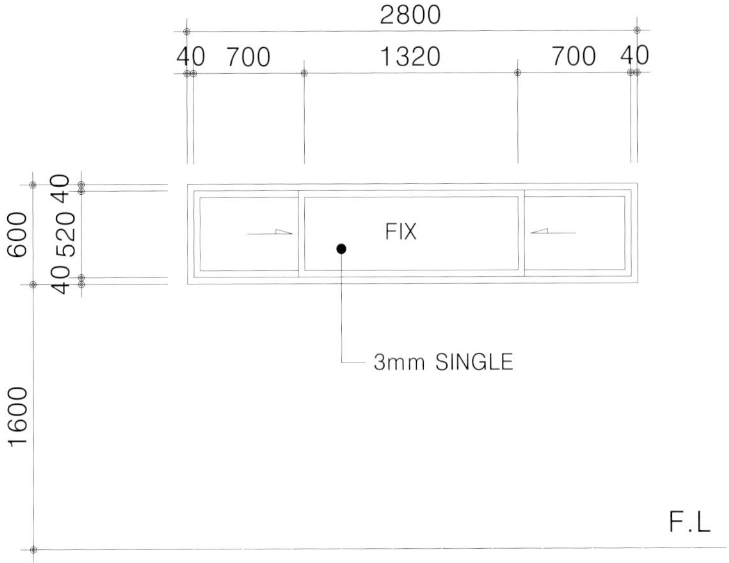	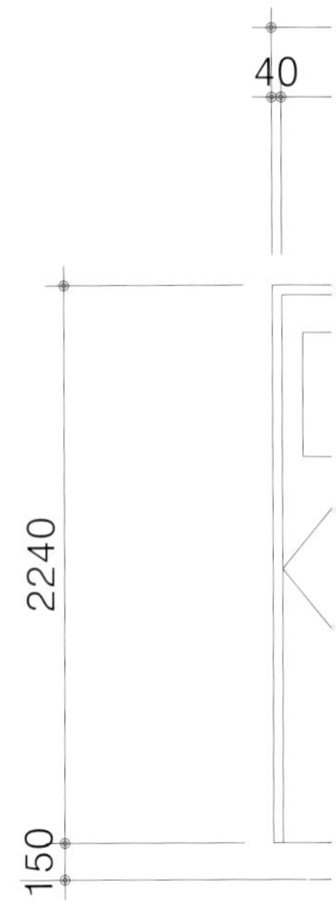
용 도	창고	현관도어
수 량	1조	1조
프레임	AL. FRAME	AL. FRAME, 단열
부자재	하드웨어 일체	하드웨어 일체

	1/HG	4/SD
SHAPE	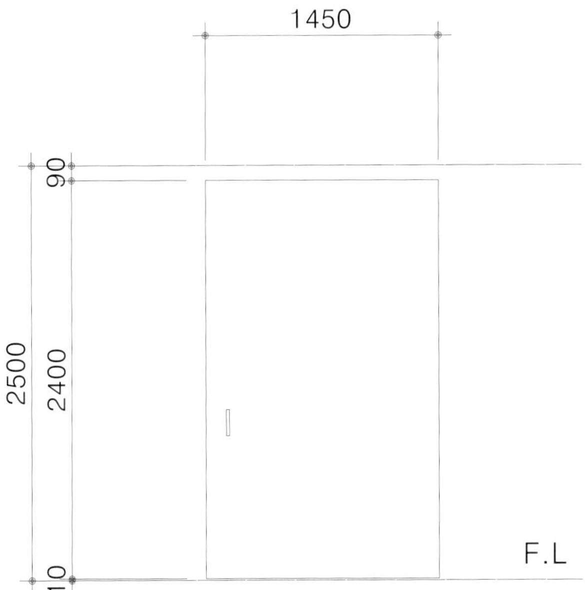	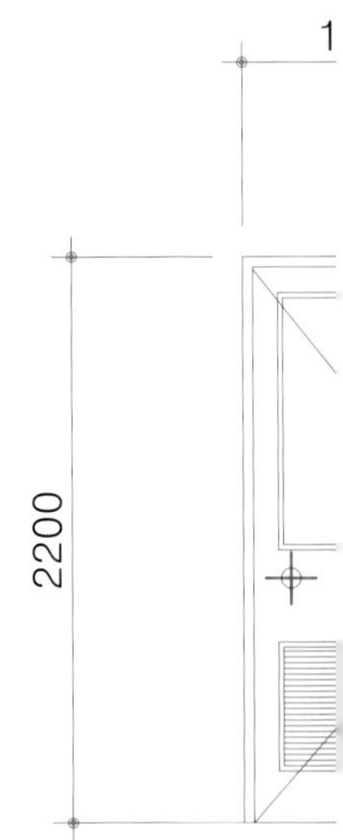
용 도	현관-거실	창고
수 량	1조	1조
프레임	무늬목 FLUSH DOOR	AL. FRAME
부자재	마루마감과 10mm 이격	하드웨어 일체

	1/WD	2/WD
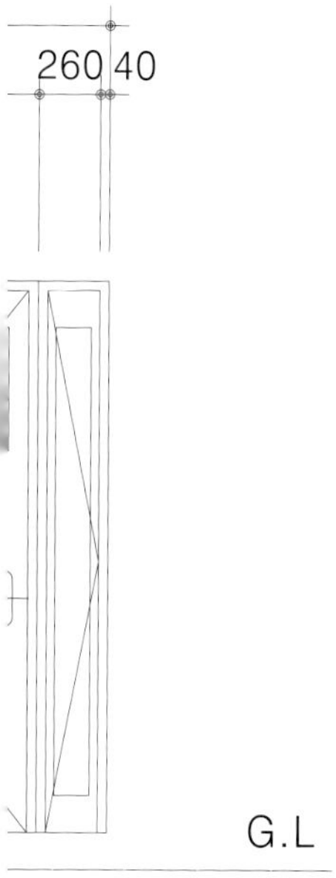	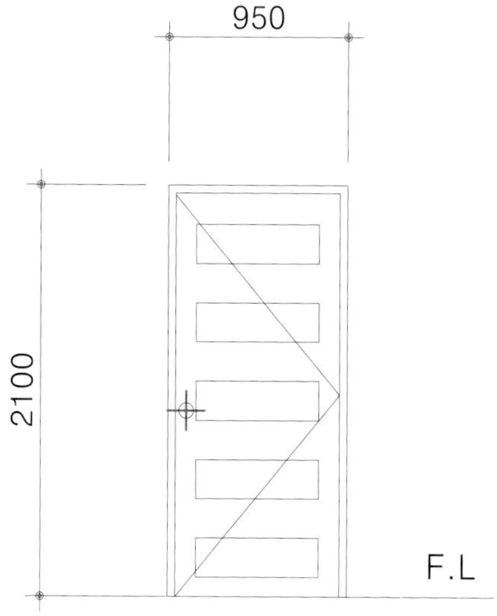	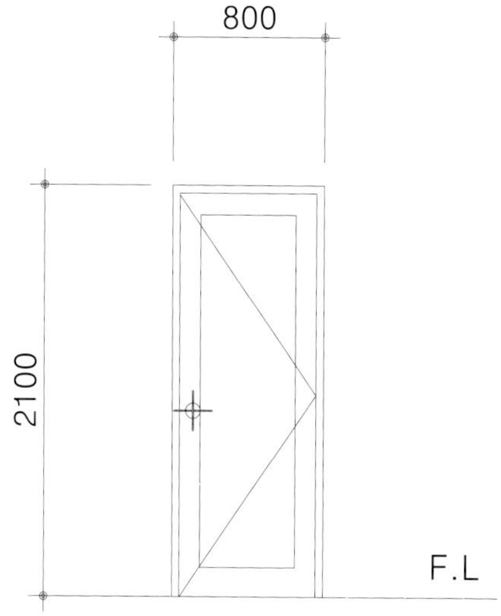
	안방/침실	침실/욕실
	2조	2조
	목재 도어	목재 도어
	하드웨어 일체	하드웨어 일체

3mm SINGLE

F.L

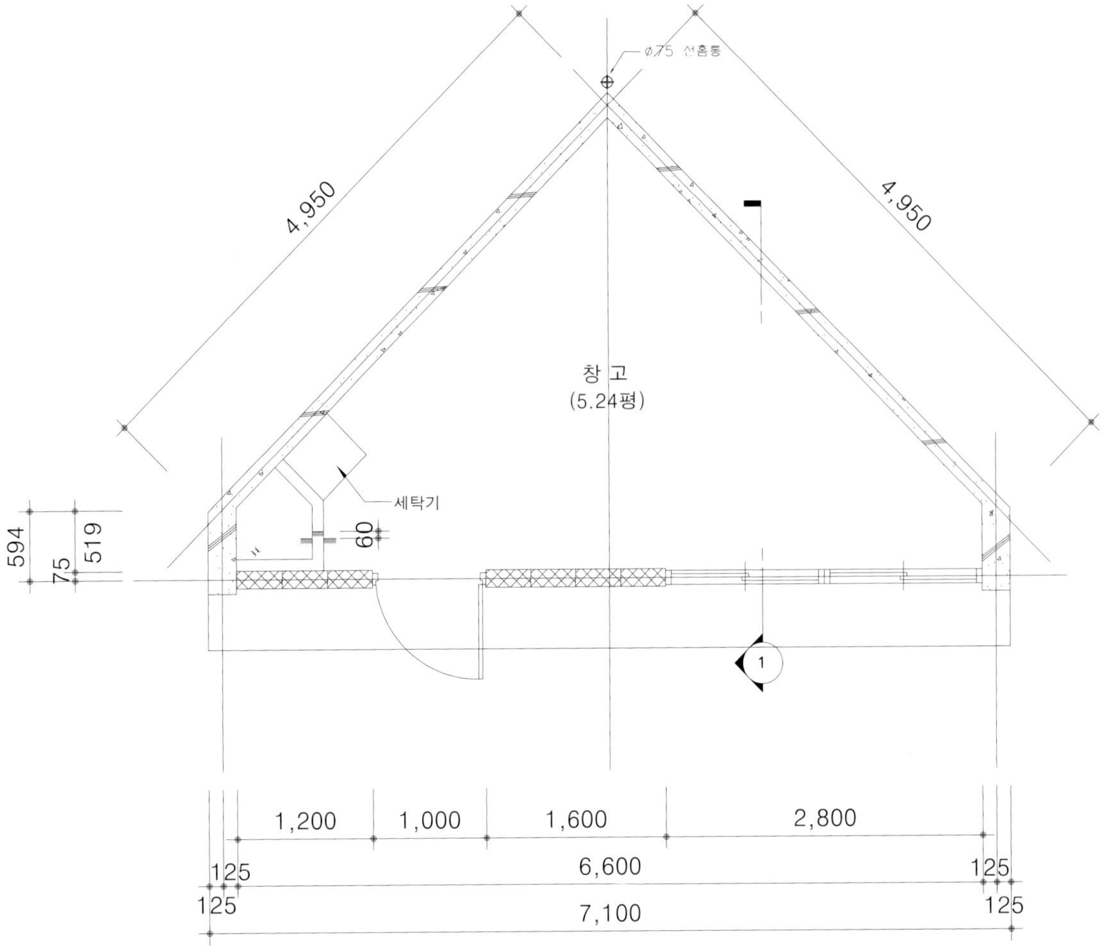

평면도

축척 : 1/50

주기(Notes)

평면상의 블록 벽 길이(7,200), 천장높이(2,200)를 블록의 모듈에 맞게 설계하여 자재 손실이 없도록 계획

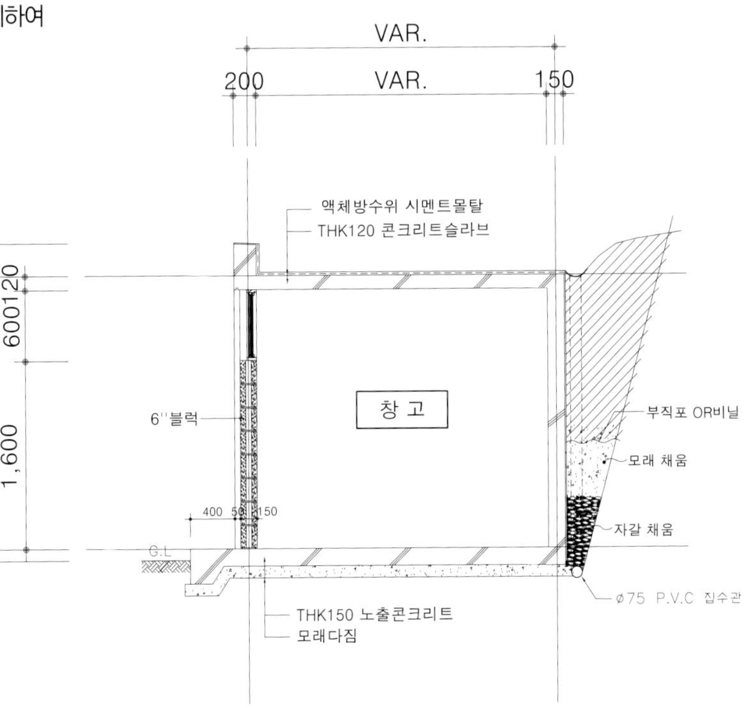

단면도

축척 : 1/50

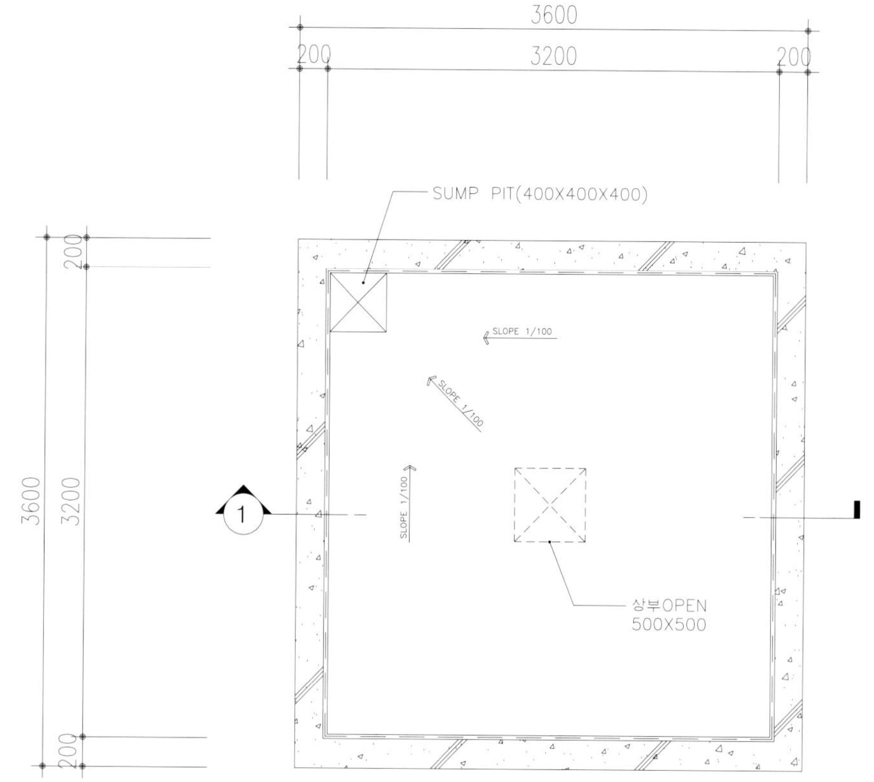

평면도

축척 : 1/40

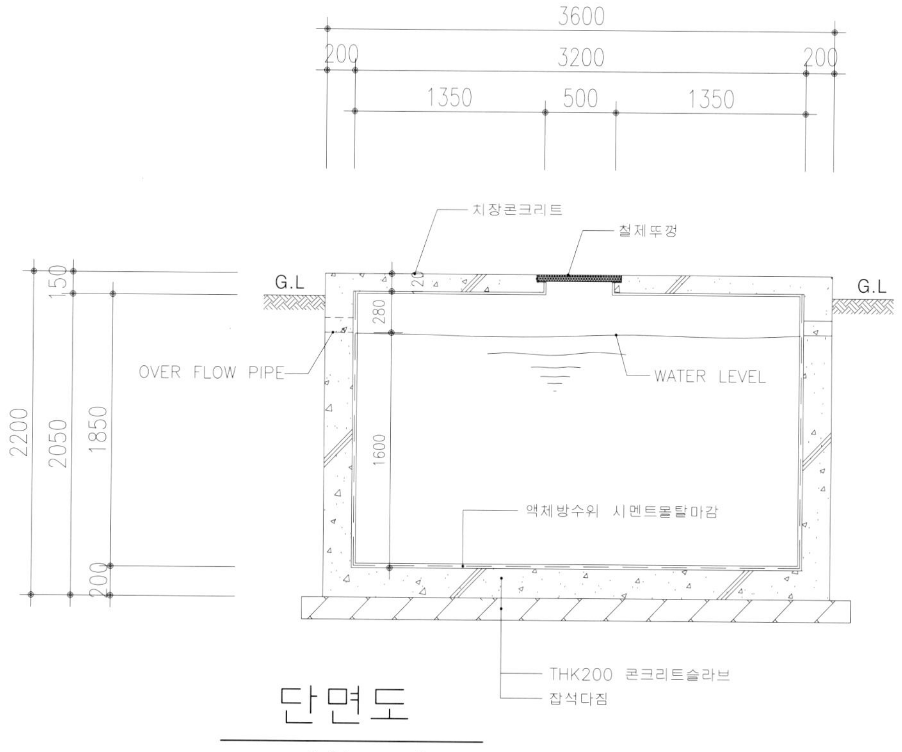

단면도

축척 : 1/40

설계도 사례-2

에코하우스(ECO HOUSE)/철골조

(구조)

설계도 사례-1에서도 구조의 중요성을 강조했지만 설계도를 이해하기 위해서는 구조시스템을 먼저 이해해야 한다. 소규모의 아주 간단한 철골 주택이지만 철골이 어떻게 구성되었는지를 먼저 파악해야 설계도를 이해할 수 있다. 설계작업 과정도 구조를 먼저 명확하게 이해하면서 건축의 마감을 설계하는 순서로 진행되어야 한다.

이 프로젝트에서는 벽을 6″(150㎜)블록을 사용한다는 결정과 구조부재의 크기를 동시에 결정한 점이 특징이라 할 수 있다. 전체적인 철골구조의 개념을 이해(철골구조 평면도 및 개념도 참조)하는 것이 필요하다. 기초와 철골부재의 정착도 정확하게 계획되어야 한다. 블록은 지붕의 하중을 감당하는 구조 벽이 아닌 장막벽(curtain wall) 역할을 할 뿐이다. 블록벽을 철거해도 지붕이 내려앉지 않는 구조이다.

노후화 된 주택이나 근린생활시설을 리모델링하면서 구조에 대한 이해 없이 공사를 추진하다가 건물이 붕괴되고 사상자를 내는 사고가 빈번한 것도 구조의 중요성을 간과한 탓이다.

설계과정에서도 구조는 건축마감 설계에 앞서 결정되며 공사도 골조공사가 먼저 이루어진다. 디자인 프로세스(process)에서도 구조분석(skeleton analysis)이 스킨디자인에 앞서 진행되는 것과 같이 매스와 구조 자체의 아름다움을 찾아내는 작업이 중요하다. 구조의 실수는 돌이킬 수 없는 사고로 이어지는 일이기 때문에 철저한 구조시스템 검토와 오차를 허용하지 않는 정확성이 요구된다. 합리적이면서도 아름다운 구조에 관심을 가져야 하는 이유이다.

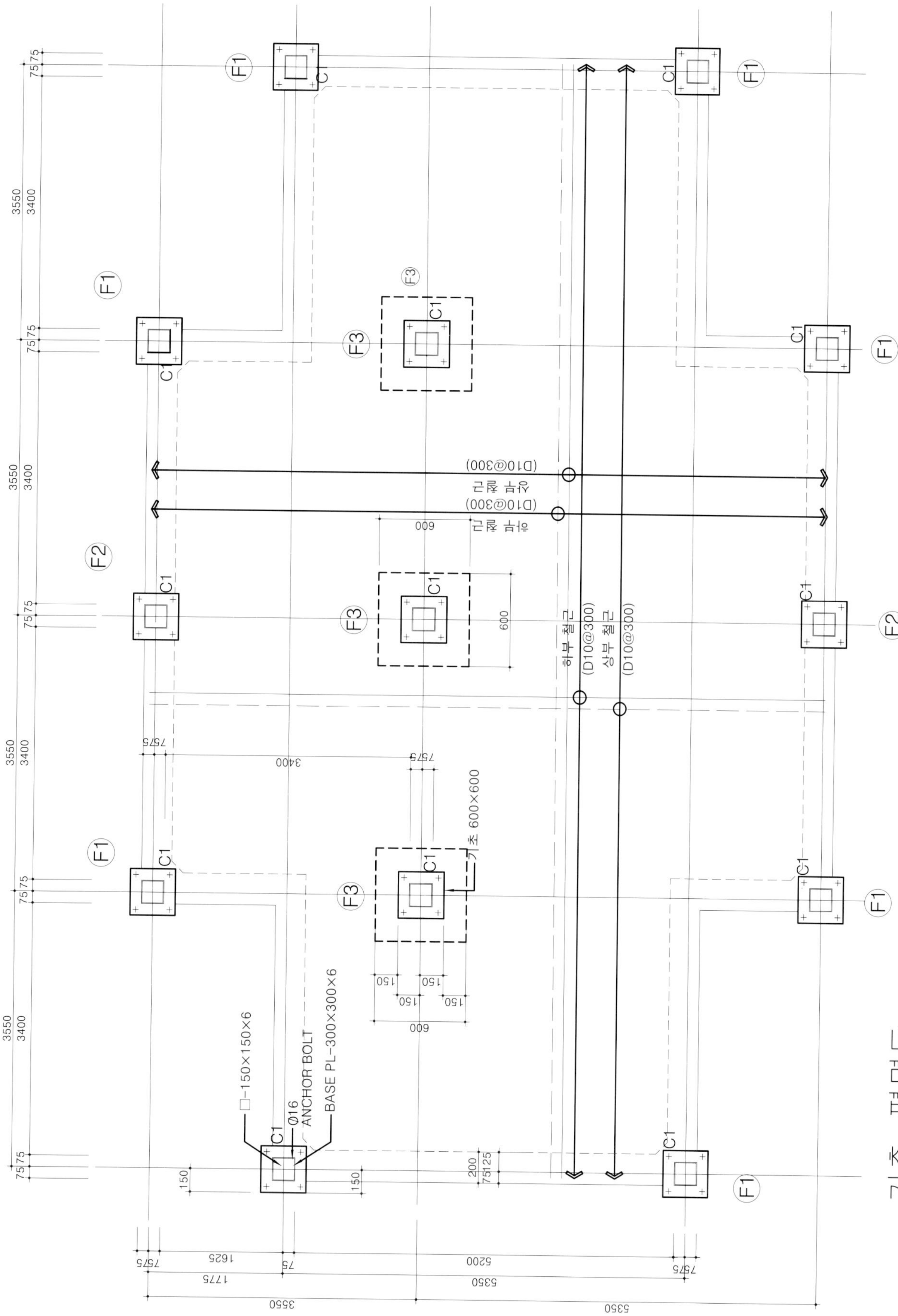

기초 평면도
축척 : 1/50 (기초1/25)

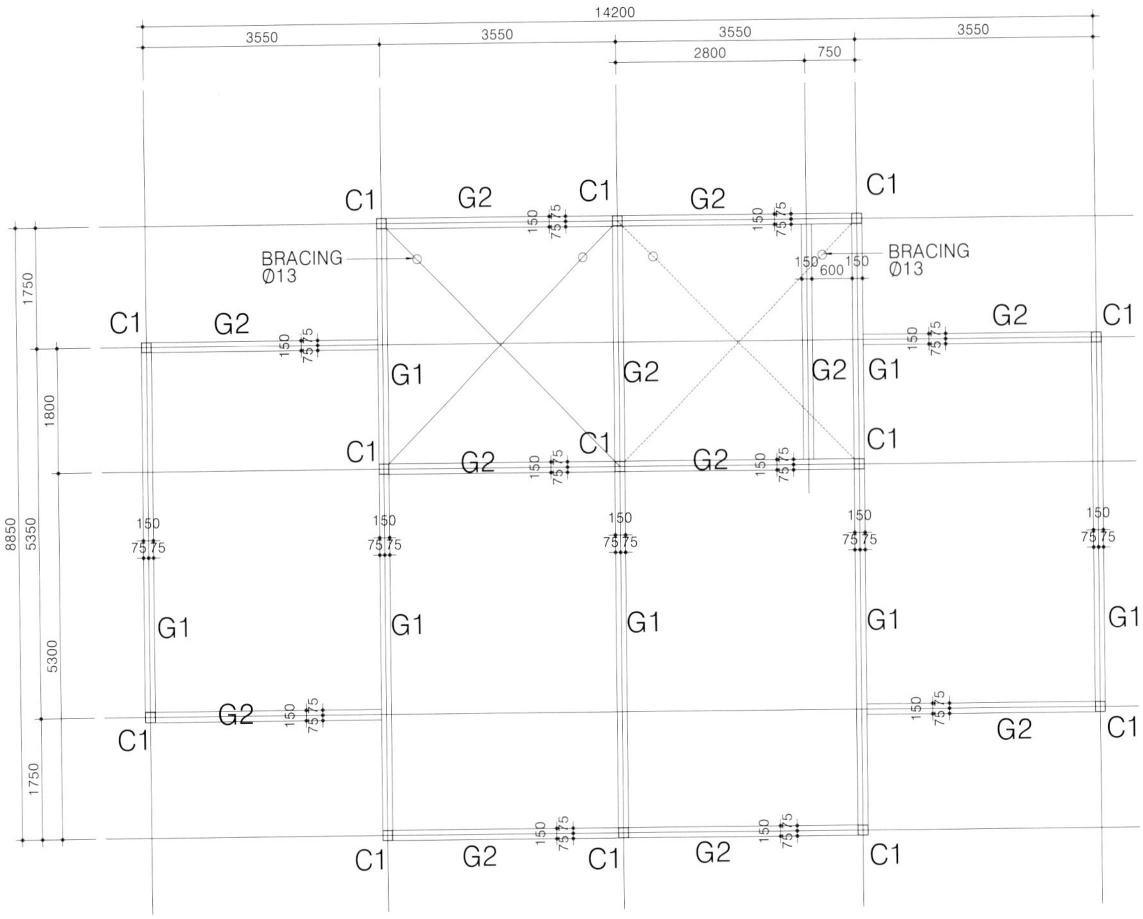

지붕 철골구조 평면도(1층)

축척 : 1/100

주기(Notes)

철골조에서 기둥과 보가 어떻게 구성되었는지를 파악하는 일이 중요하다. 철골 개념도에서와 같이 철골이 구성되어 있으며 철골 기둥(C1)은 −150×150×6을, 보는 H−250 150 4.5 9(G1, G2)와 H−250×150×4.5×9(G3)를 사용했다. 기초와 기둥, 기둥과 보, 보와 보의 연결방법은 접합상세에 표현되어 있다.

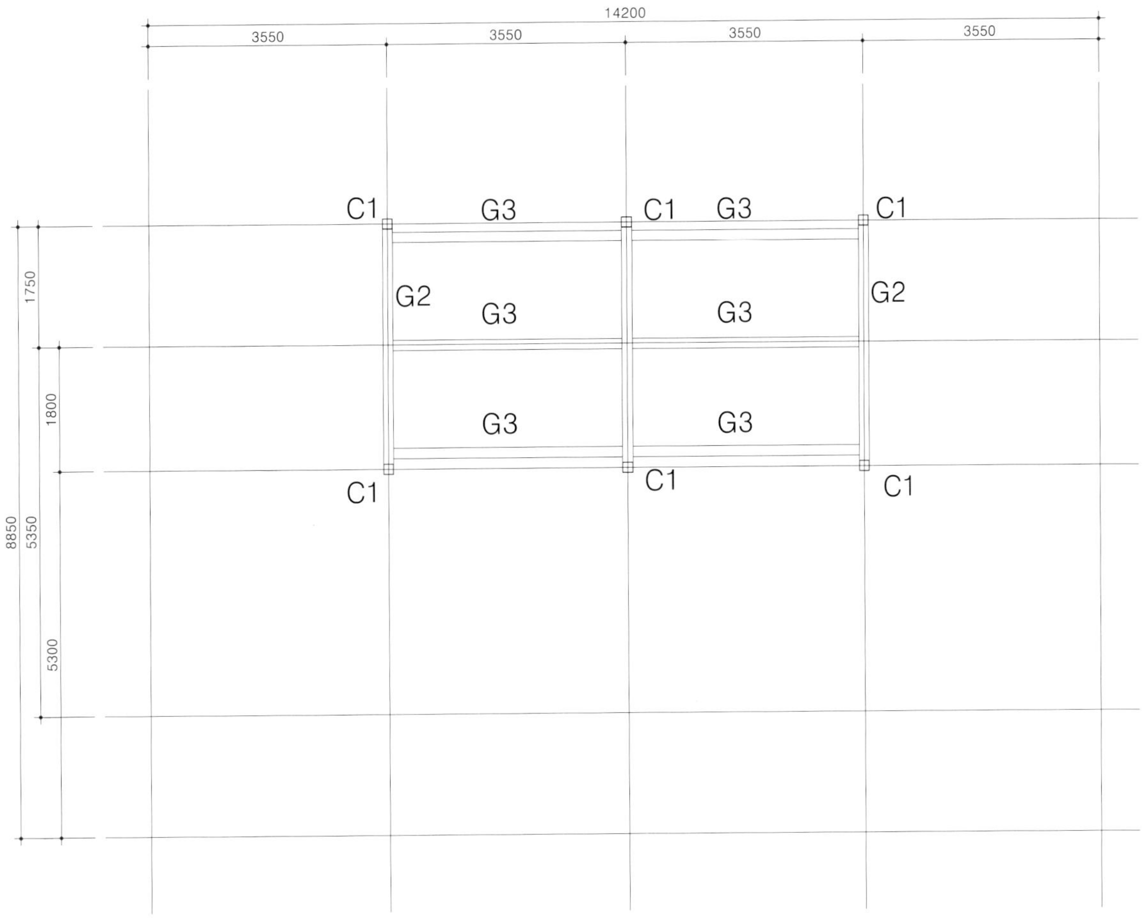

지붕 철골구조 평면도(중층)

축척 : 1/100

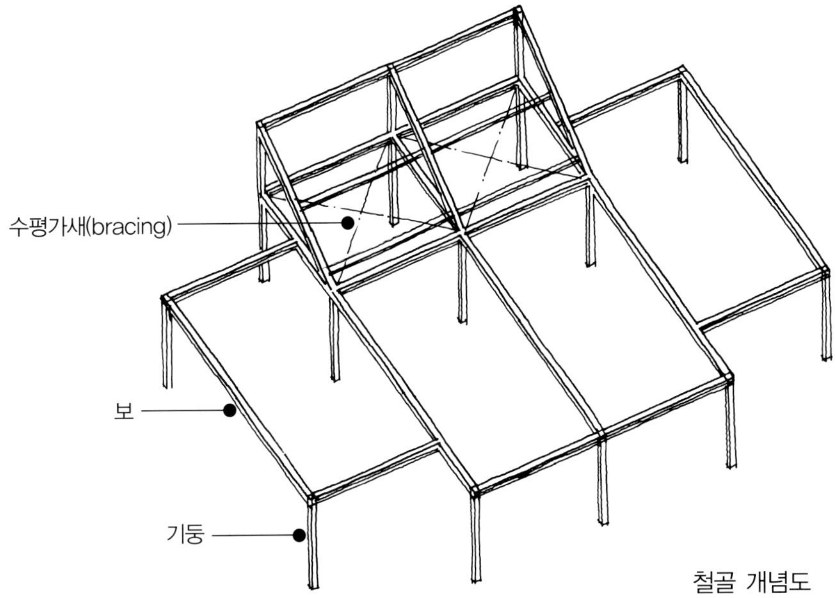

철골 개념도

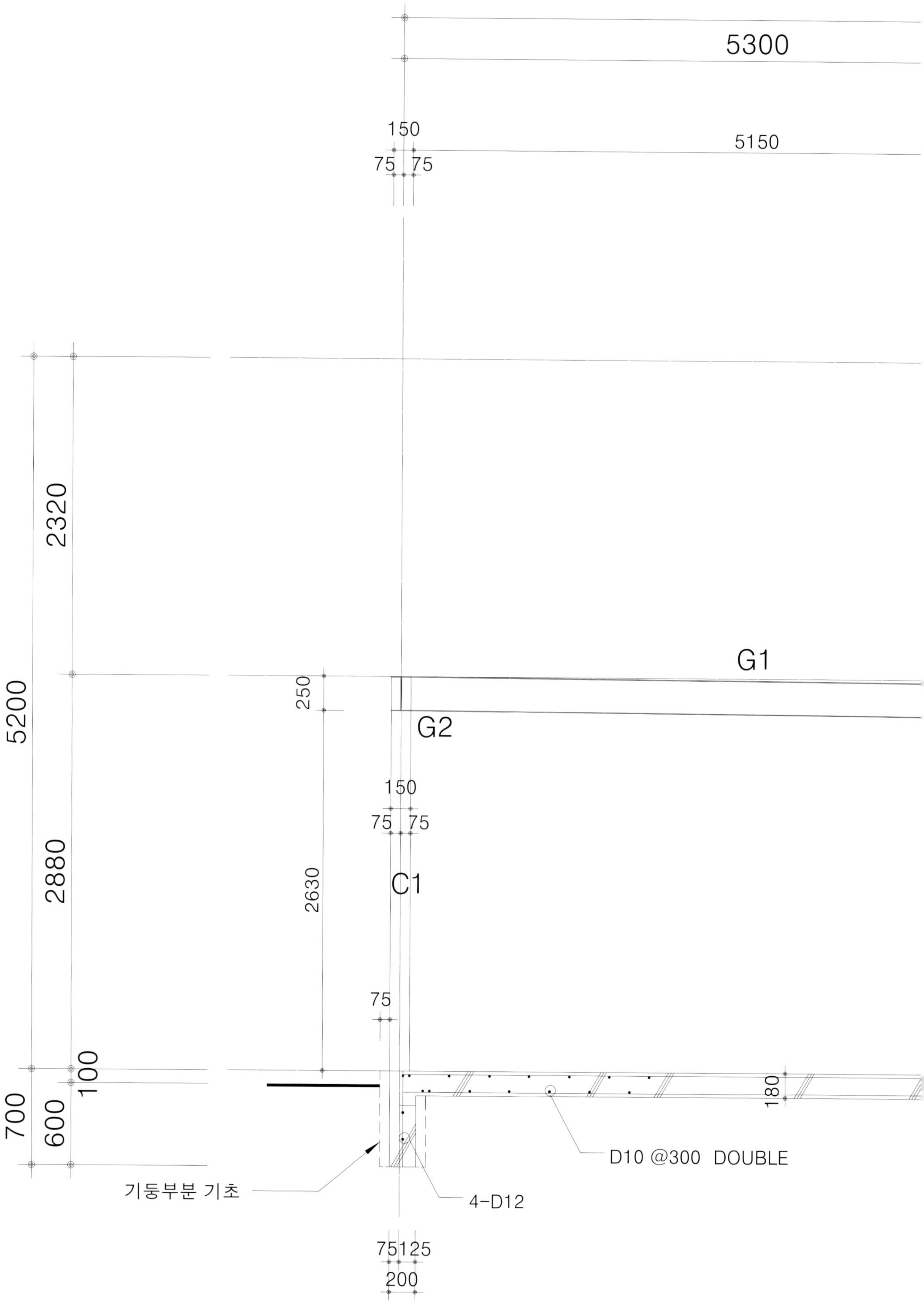
5300
150
5150
75
75
2320
5200
G1
250
G2
150
75
75
2880
2630
C1
75
100
700
600
180
D10 @300 DOUBLE
기둥부분 기초
4-D12
75125
200

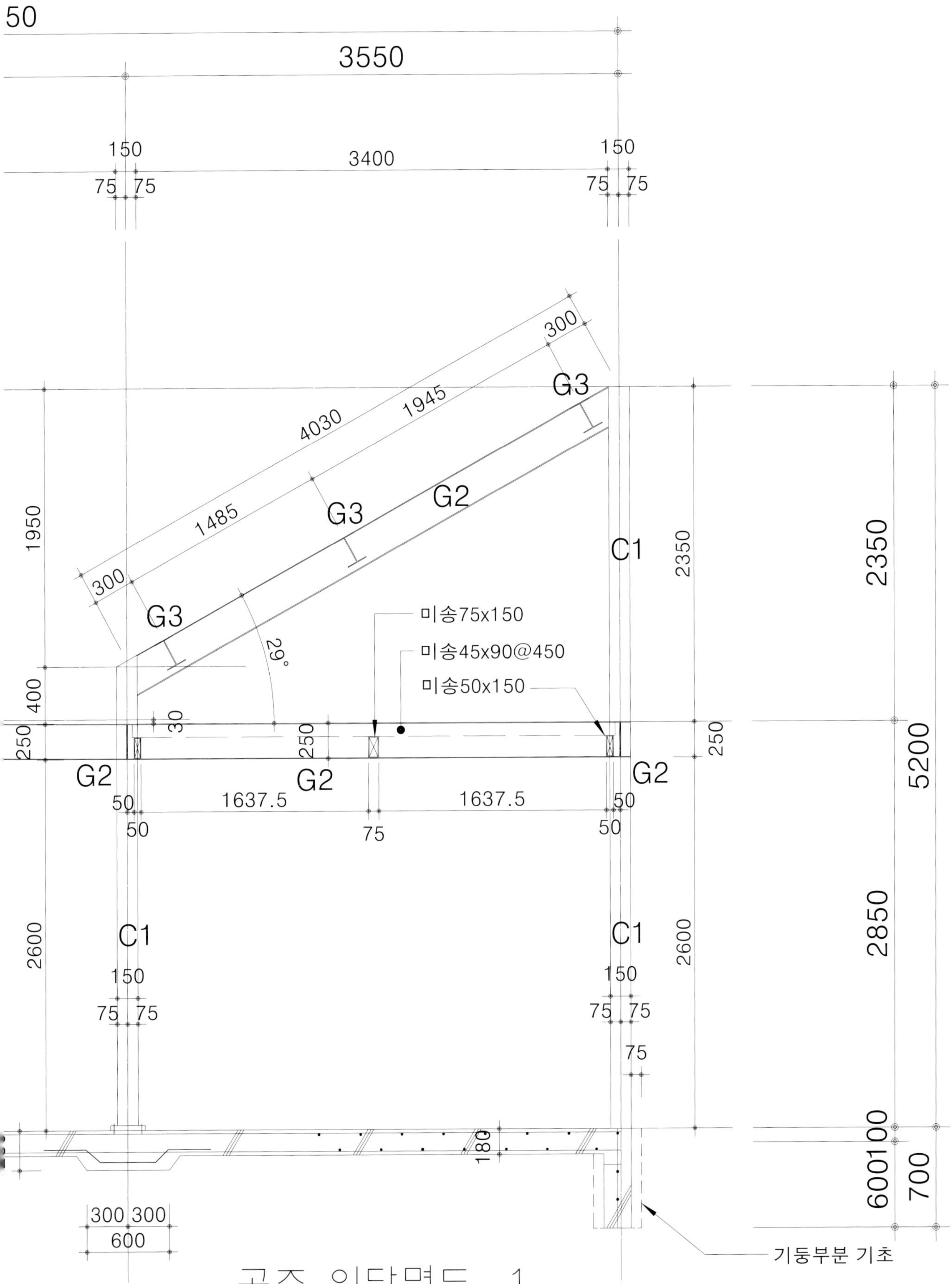

골조 입단면도-1

축척 : 1/100

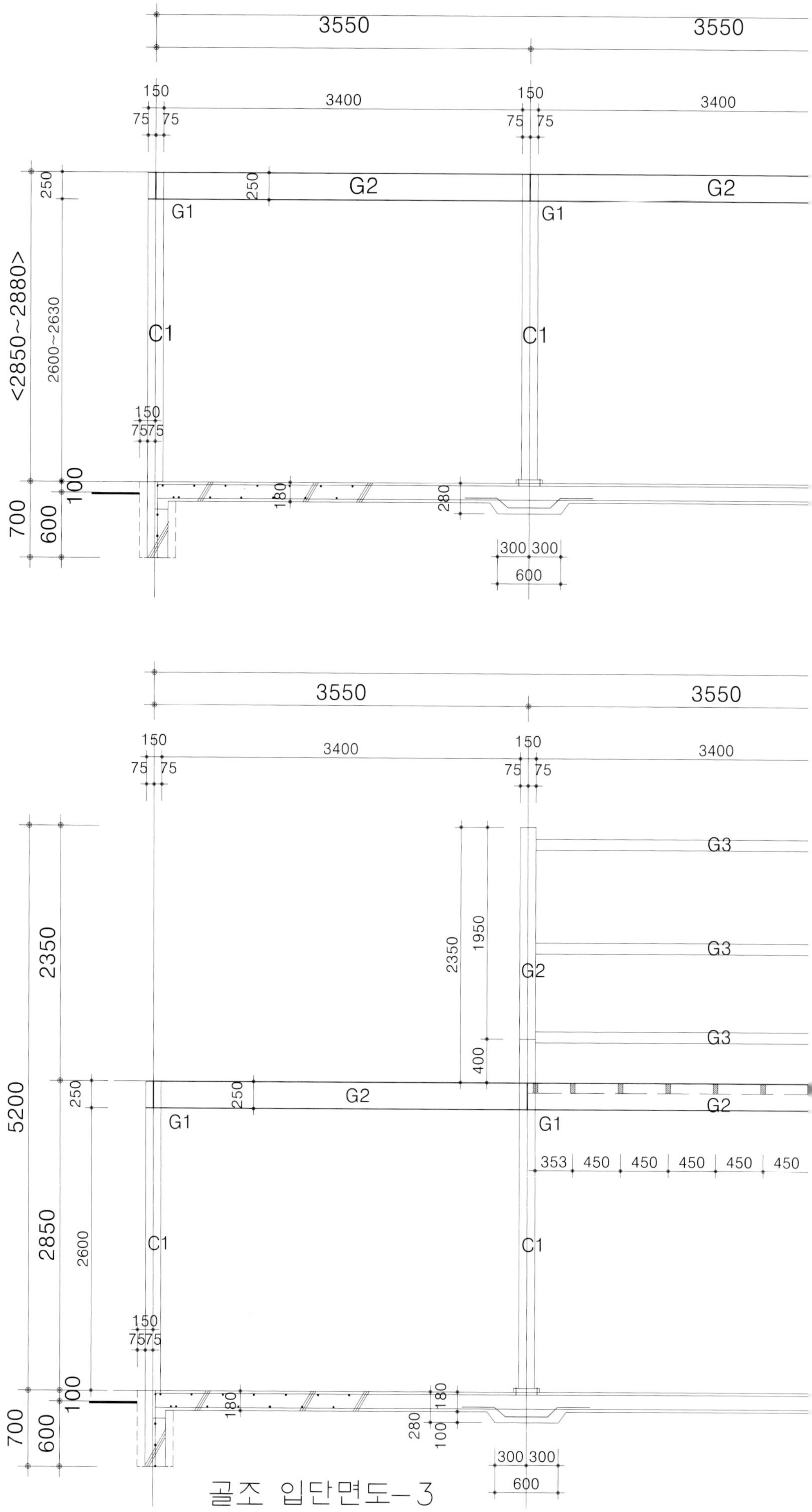

골조 입단면도-3

축척 : 1/100

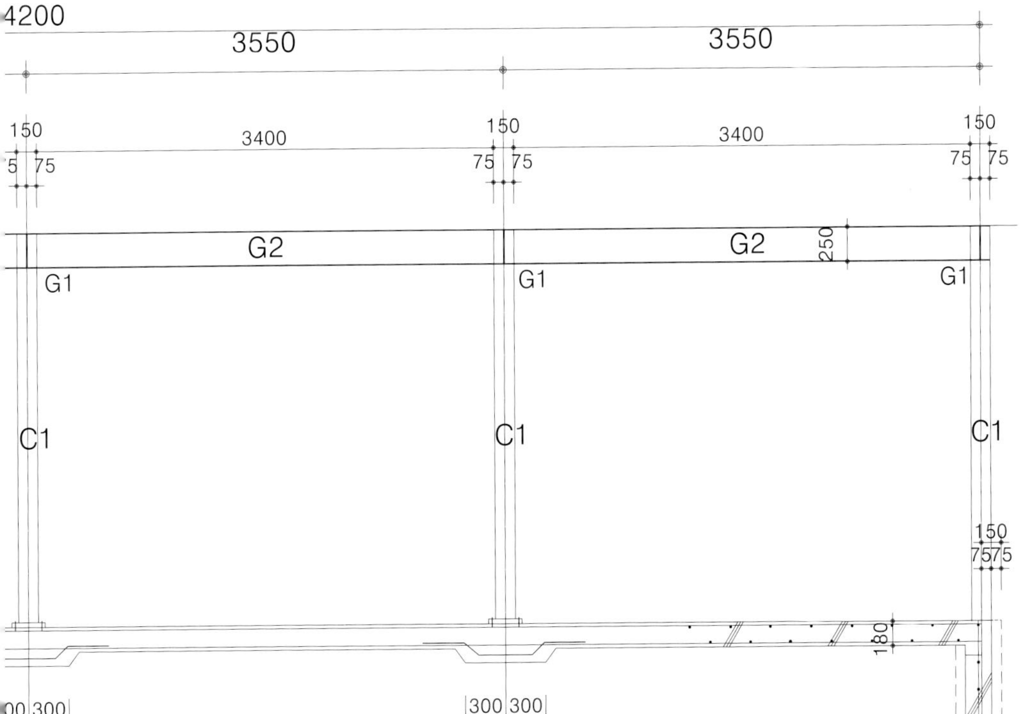

골조 입단면도-2

축척 : 1/100

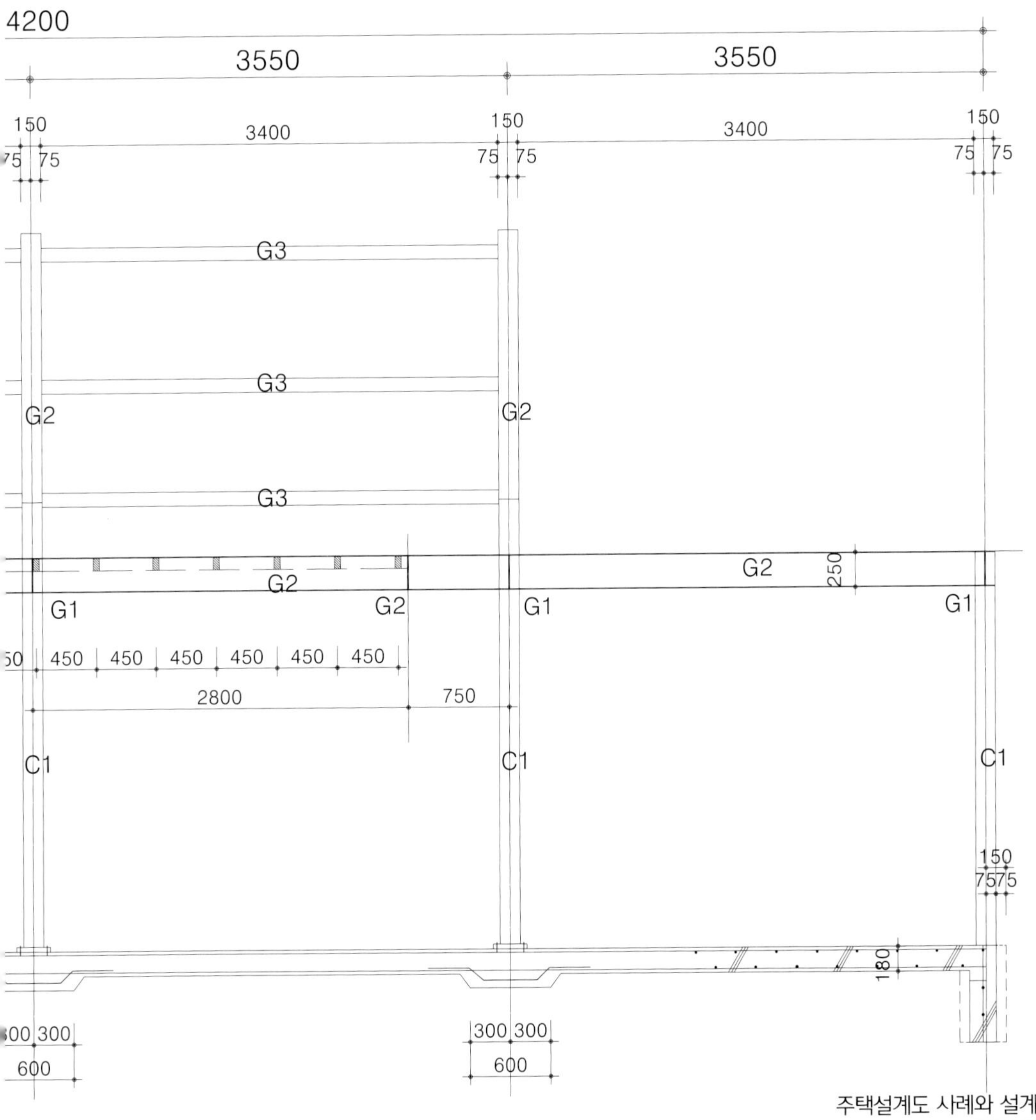

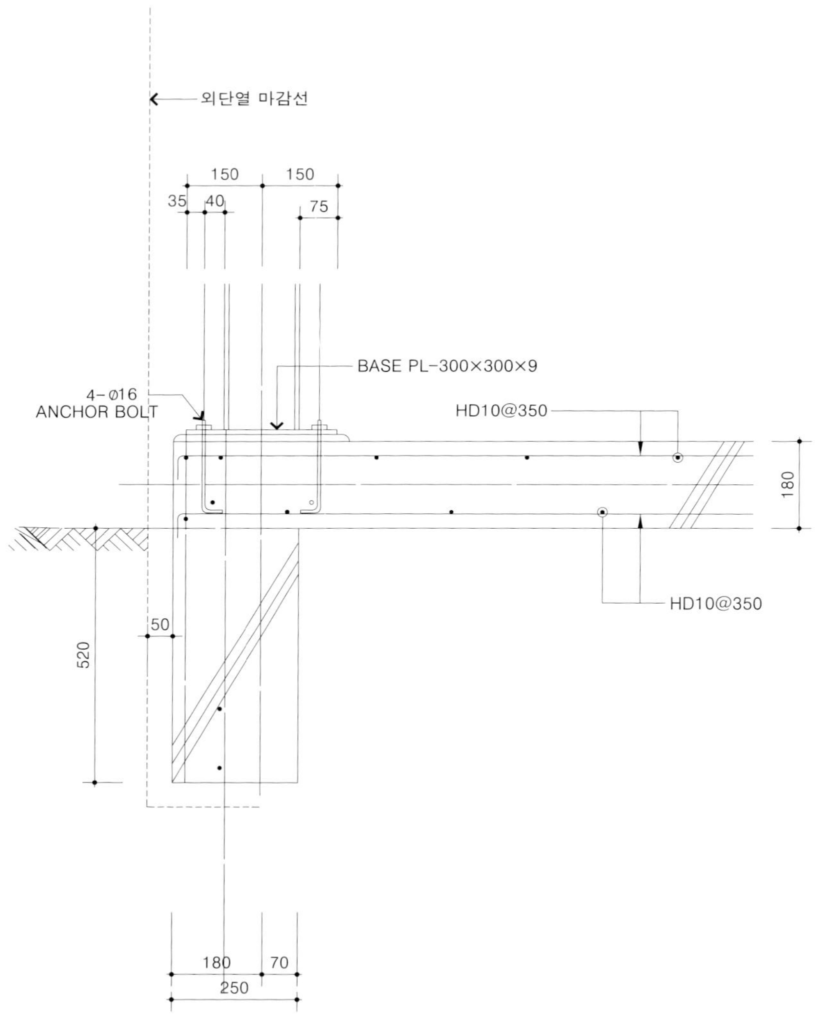

1 Ⓕ1, Ⓕ2 기초상세도 축척:1/10

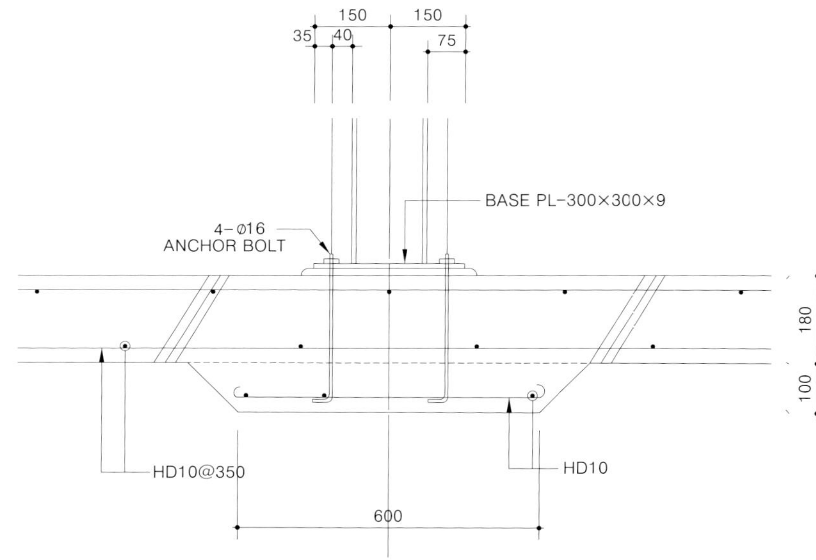

2 Ⓕ3 기초상세 축척:1/10

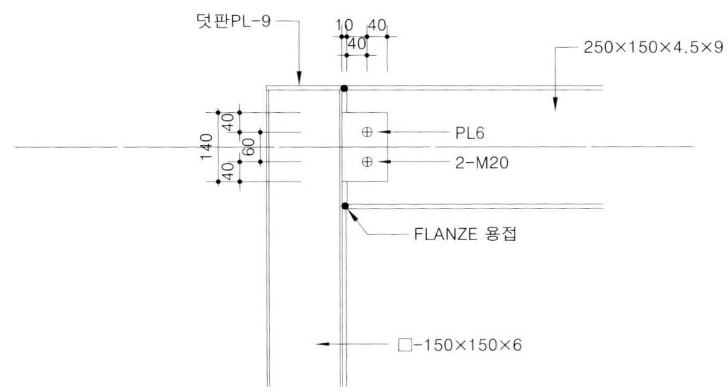

1 외주부 기둥과 수평보의 접합상세 축척:1/10

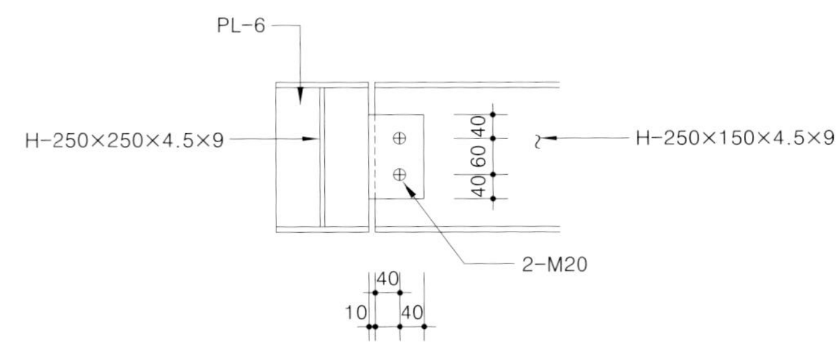

2 보와 보의 접합상세 축척:1/10

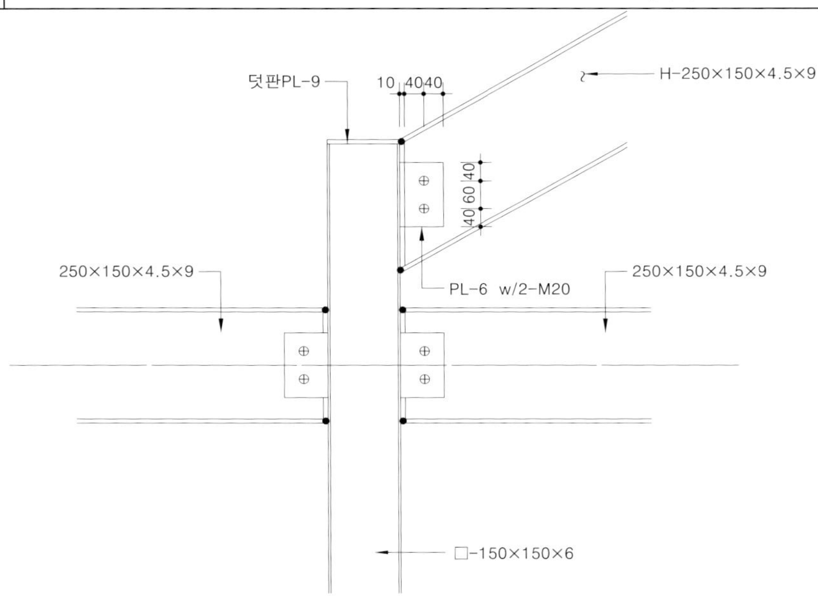

3 중앙부 기둥과 보의 접합상세 축척:1/10

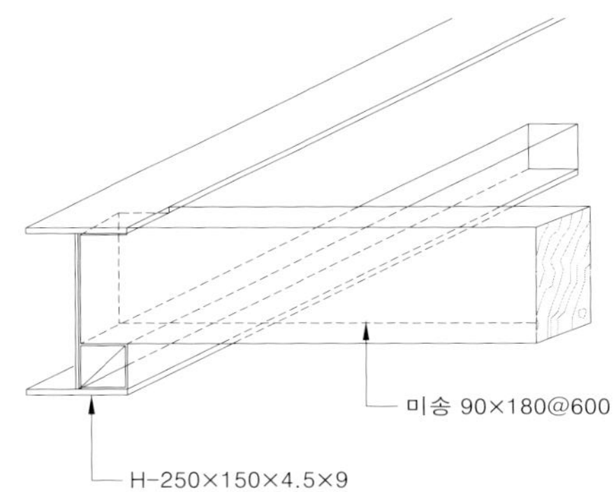

4 부분상세 축척:1/10

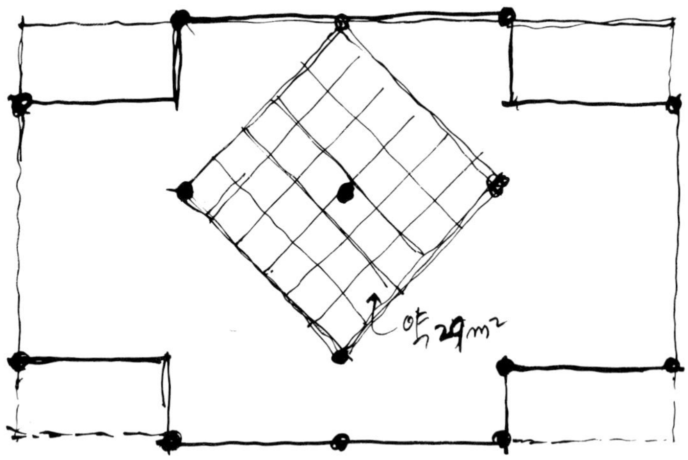

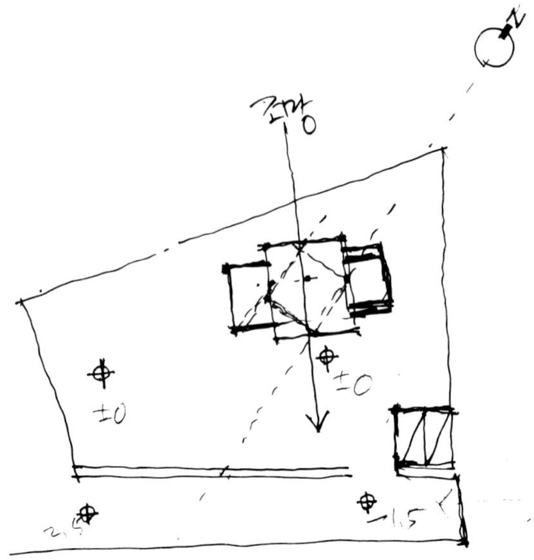

조망
±0
LEVEL 확인

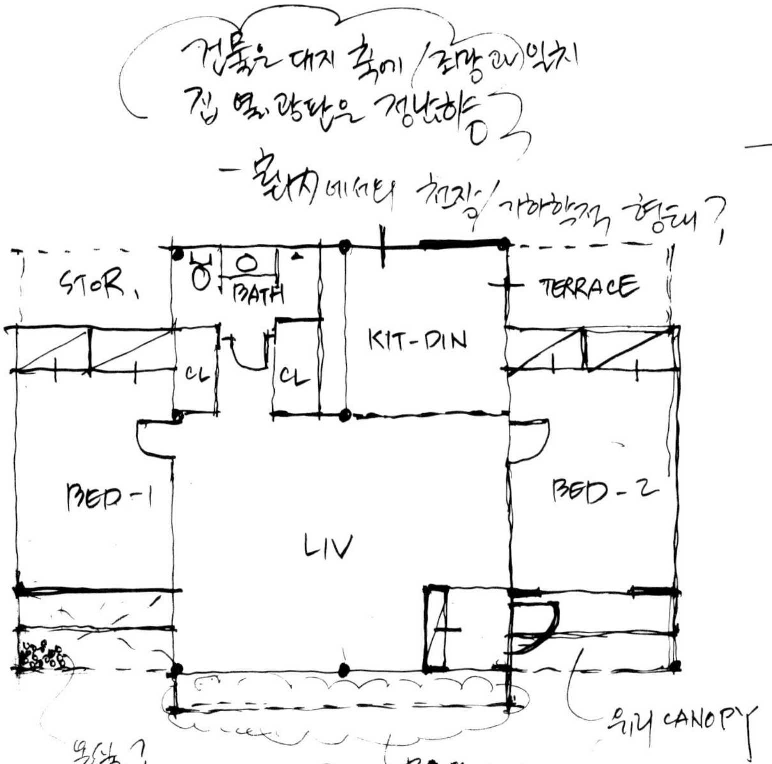

STOR.
BATH
KIT-DIN
TERRACE
CL
CL
BED-1
BED-2
LIV
CANOPY

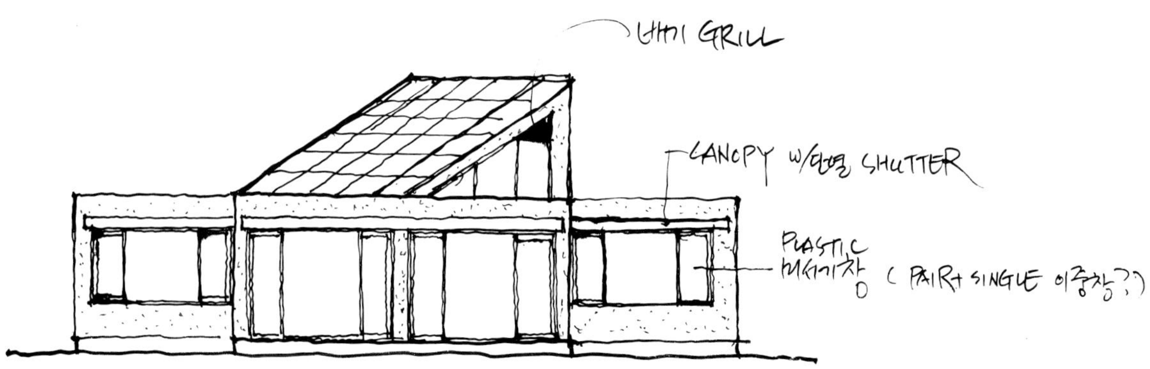

GRILL
SHUTTER
PLASTIC

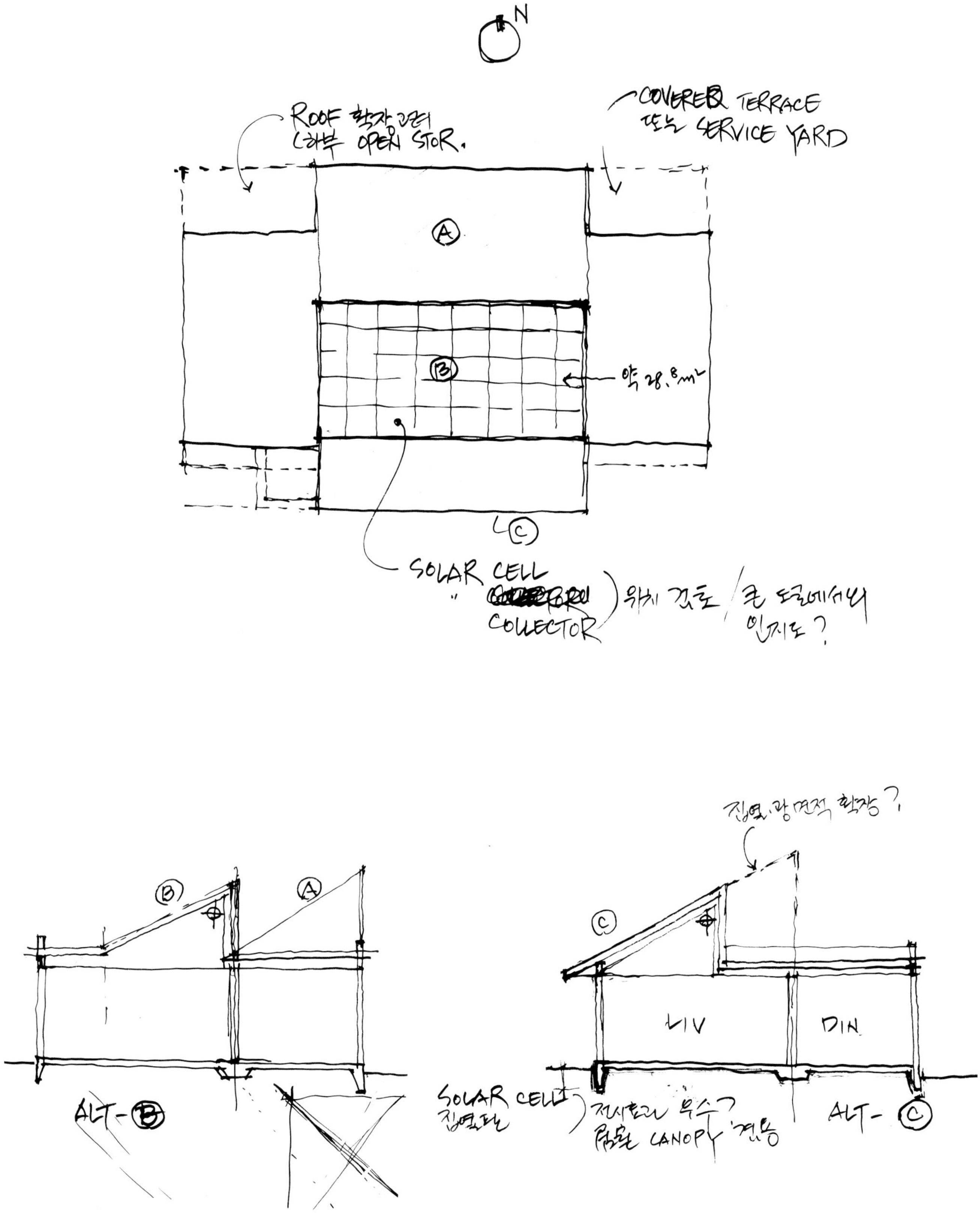
N
ROOF
OPEN STOR.
COVERED TERRACE
SERVICE YARD
A
B
C
SOLAR CELL
COLLECTOR
ALT-B
LIV
DIN
SOLAR CELL
CANOPY
ALT-C

계획과정의 스케치

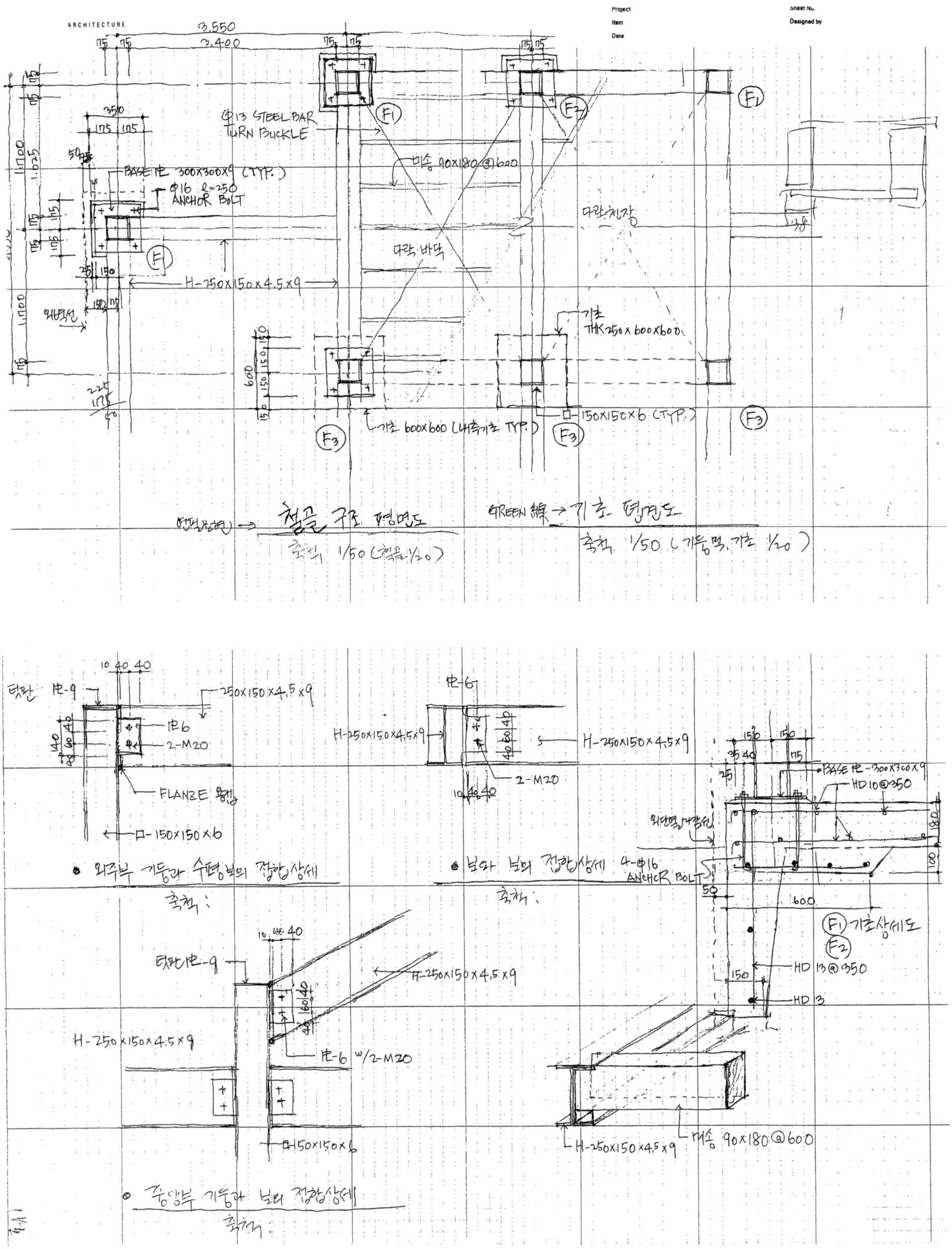
ARCHITECTURE
Project
Item
Date
Sheet No.
Designed by
3,550
3,400
BASE PL 300X300X9 (TYP.)
ANCHOR BOLT
H-250X150X4.5X9
기초
150X150X6 (TYP.)
기초 600X600
철골 구조 평면도
축척 1/50
GREEN 線 → 기초 평면도
축척 1/50
FLANGE 용접
ㅁ-150X150X6
외주부 기둥과 수평보의 접합상세
축척 :
2-M20
보와 보의 접합상세
축척 :
4-Φ16
ANCHOR BOLT
HD10@350
HD 13@350
HD 3
기초상세도
H-250X150X4.5X9
ㅁ150X150X6
멍에 90X180@600
중앙부 기둥과 보의 접합상세
축척

구조상세계획 스케치

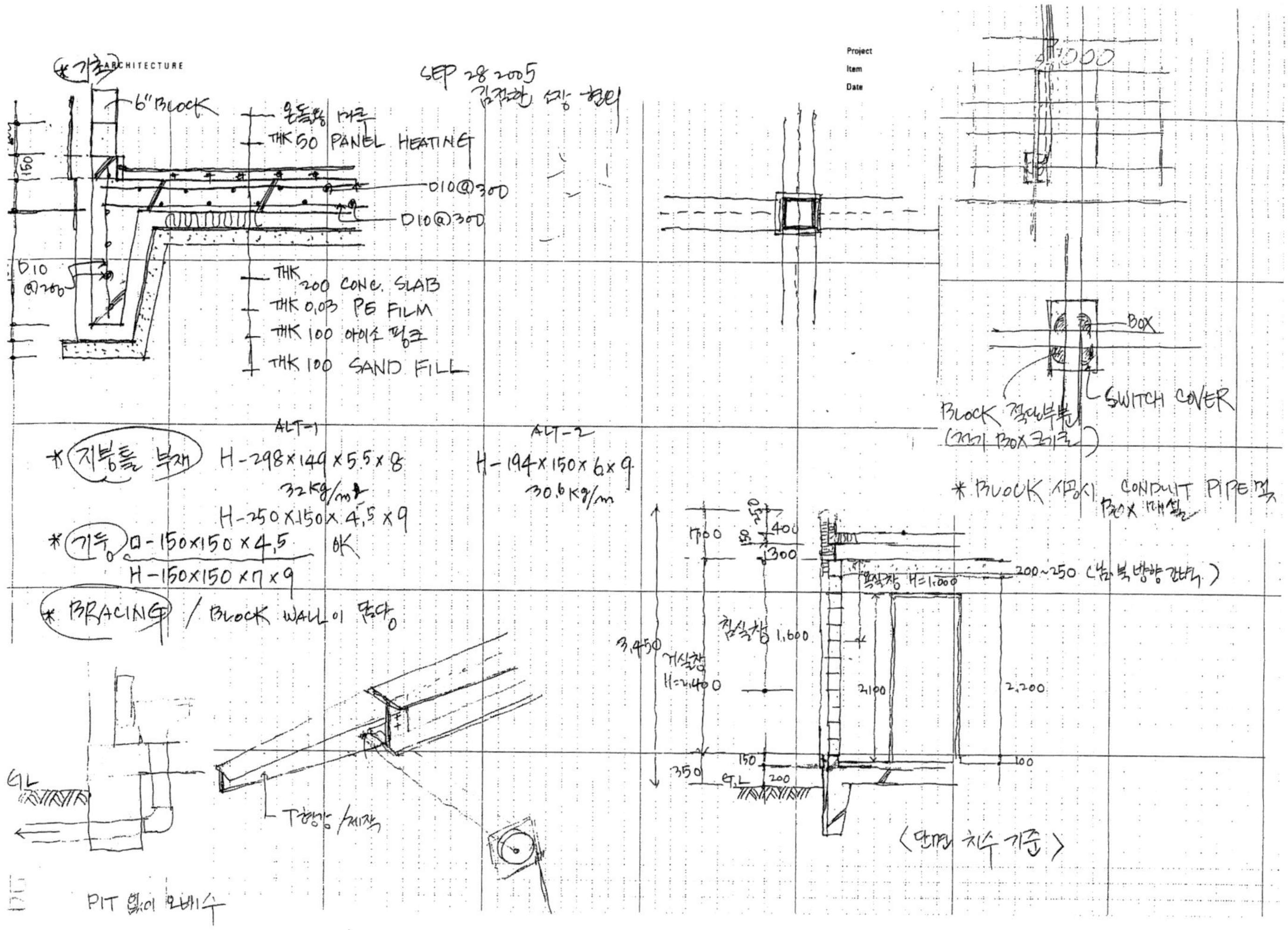

ARCHITECTURE
SEP 28 2005
6" BLOCK
THK 50 PANEL HEATING
D10@300
THK 200 CONC. SLAB
THK 0.03 PE FILM
THK 100 SAND FILL
SWITCH COVER
H-298×149×5.5×8
H-194×150×6×9
H-250×150×4.5×9
H-150×150×7×9
BRACING / BLOCK WALL

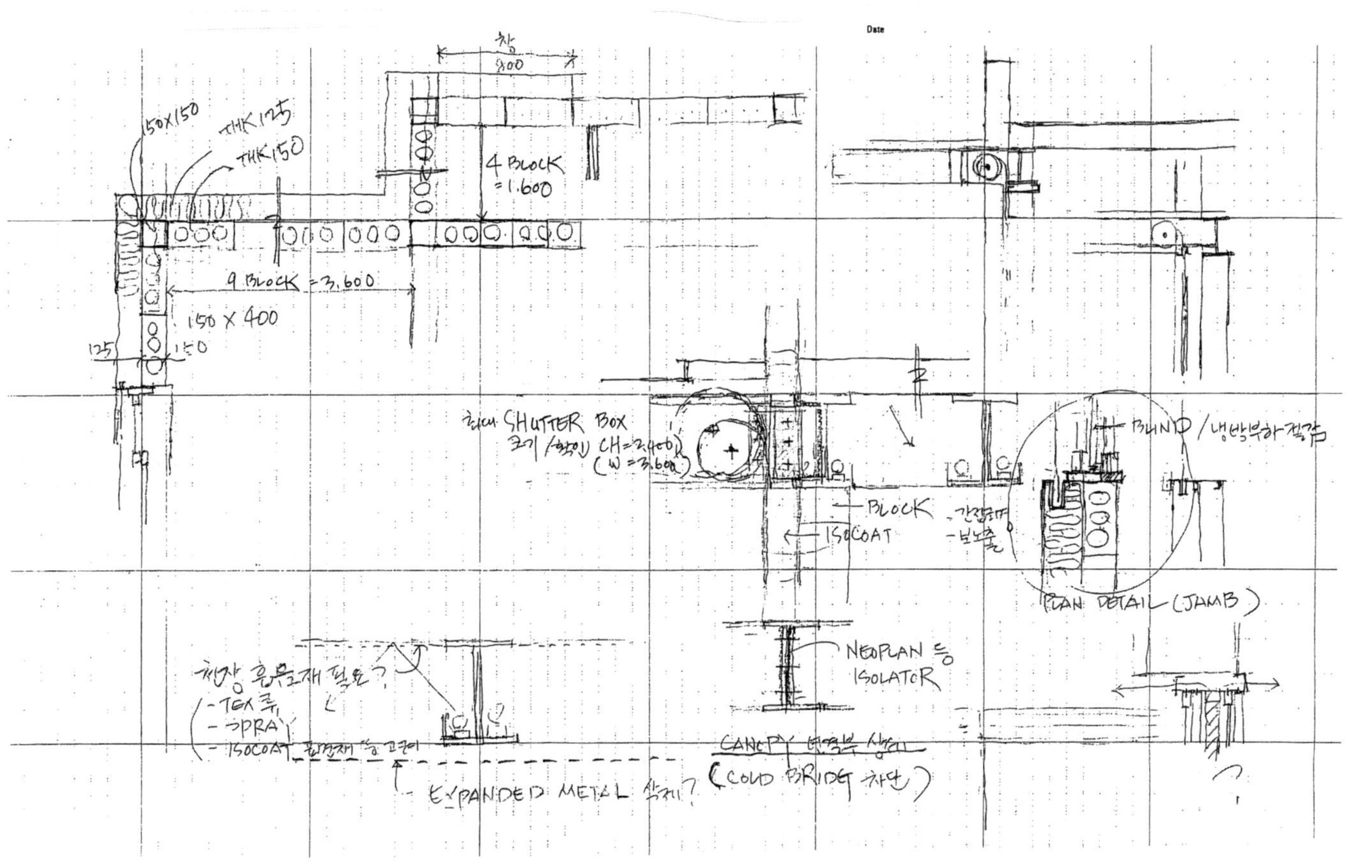

9 BLOCK =3,600
150 X 400
SHUTTER BOX
BLOCK
ISOCOAT
NEOPLAN
ISOLATOR
PLAN DETAIL (JAMB)
EXPANDED METAL

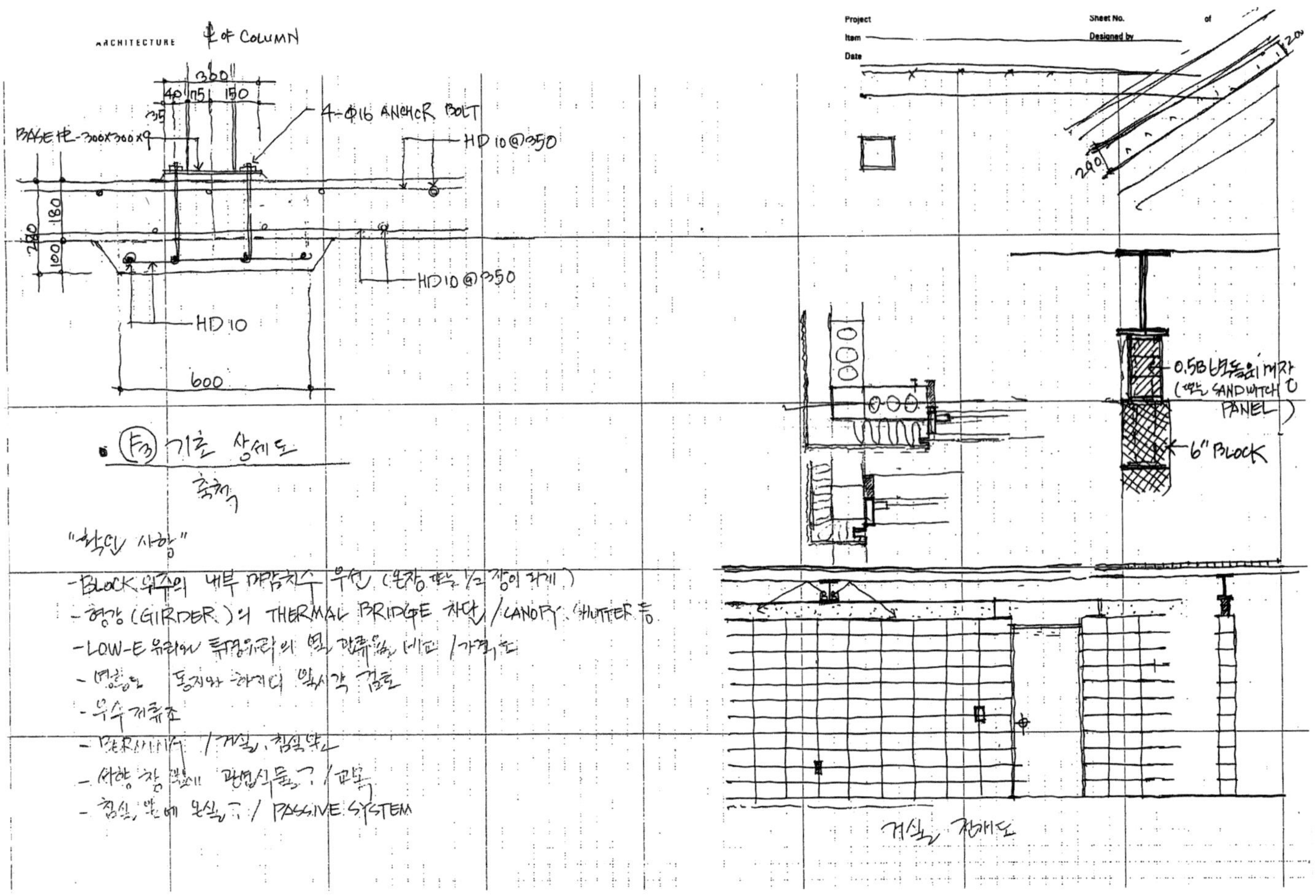

주기(Notes)

설계도(건축과 구조)를 작성하기에 앞서 표현해야 할 내용을 먼저 계획하는 것이 중요하다. 계획설계와 중간설계단계에서만 계획이 필요한 것이 아니고 기술적인 문제를 해결하기 위한 계획도 중요하다. CAD 시스템을 이용하여 그리는 것은 계획이 끝난 시점에 착수해야 하는 일이다. 설계과정에서 검토하고 계획하는 과정은 그리는 것보다 더 중요한 일이며 스케치가 더 바람직하다. 설계과정에서 만들어진 스케치들을 참고로 첨부했다.

설계도 사례-2

에코하우스(ECO HOUSE)/철골조

(기계, 전기설비)

기계 도면목록표

도 면 번 호	도 면 명	축 척
M – 01	도 면 목 록 표 및 범 례	NONE
M – 02	장 비 일 람 표	NONE
M – 03	옥 외 위 생 배 관 평 면 도	1/200
M – 04	1 층 난 방 배 관 평 면 도	1/50
M – 05	1 층 위 생 배 관 평 면 도	1/50
M – 06	창 고 위 생 배 관 평 면 도	1/50
M – 07	일 반 상 세 도	NONE

범 례

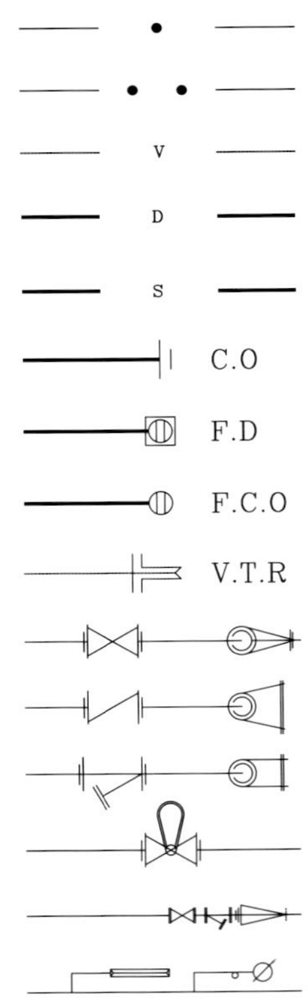

급 수 관 : PB 관 (급수전용)
급 탕 관 : PB 관 (급탕전용)
통 기 관 : (PVC VG2) (DRF)
배 수 관 : (PVC VG2) (DRF)
오 수 관 : (PVC VG2) (DRF)
소 제 구
바 닥 배 수 구
바 닥 소 제 구
지 붕 통 기 관
게 이 트 밸 브
첵 - 크 밸 브
스 트 레 이 너
버 터 플 라 이 , 볼 밸 브
자동공기변(AUTO AIR VENT)
온 도 계 , 압 력 계

* 보일러에서 온수분배기까지 동관
* 온수분배기 이후 배관 X-L관

장비일람표

보일러

기호	수량	형식	용량 (Kcal/HR)	사용압력 (Kg/CM²)	기름소모량 (LIT/HR)	전원 (ø/V/HZ)	설치위치	비고
B − 1	1	기름보일러	20,000	1	2.8	1/220/60	1 층	전자동 장치 및 팽창탱크, 순환펌프 내장 등 기타 표준 부속품 일체구비

펌프

기호	수량	명칭	형식	유량 (LPM)	양정 (M)	단수	모타 (HP)	관경		전원 (ø/V/HZ)	공급	설치위치	비고
								흡입	토출				
P − 1	1	급수펌프	부스터가압	20	25	−	1	ø25	ø25	1/220/60	주택	옥외	방진장치구비 및 표준부속품일체구비
P − 2	1	우수펌프	자흡자동식	10	25	−	1	ø25	ø25	1/220/60	조경	옥외	방진장치구비 및 표준부속품일체구비

송풍기

기호	수량	명칭	형식	풍량 (CMM)	정압 (mmAq)	모타 (HP)	형번	휀경	전원 (ø/V/HZ)	공급	설치위치	비고
EF− 1	2	베기휀	내습형	1.8	−	17W	−	ø150	1/220/60	화장실	화장실	방진장치구비 및 표준부속품일체구비

탱크

기호	수량	명칭	용량 (LIT)	규격 (MM)	가열량 (Kcal/hr)	재질	보온	철판				도장			공급	설치위치	비고
								동판	경판	밑,옆판	상판	내부	외부	마감			
T − 1	1	경유탱크	300	500x750x1,000h	−	철판	−	−	−	4.5t	4.5t	−	광명단2회+지정색페인트2회		보일러	옥외	표준부속품일체구비

위생기구일람표

기호	수량			형식	모델	접속관경			비고
	1st		계			급수	급탕	배수	
PL− 1	1		1	양변기(L.T)	VC−1410	ø15	−	ø100	이와동등품이상,로우탱크,휴지걸이(재털이부착형),관붙이앵글벨브,기타표준부속품일체구비
PL− 2	1		1	세면기(원형)	VL−1040	ø15	ø15	ø32	이와동등품이상,싱글레버4"세면기혼합수전,관붙이앵글벨브,화장경(건축공사),화장대,기타표준부속품일체구비
PL− 3	1		1	샤워기	R342A	ø15	ø15	−	이와동등품이상,표준부속품일체구비
PL− 4	1		1	주방칭크	−	ø15	ø15	ø50	이와동등품이상,건축공사,수전(R220A),표준부속품일체구비

(위생기구는 절수형 사용)

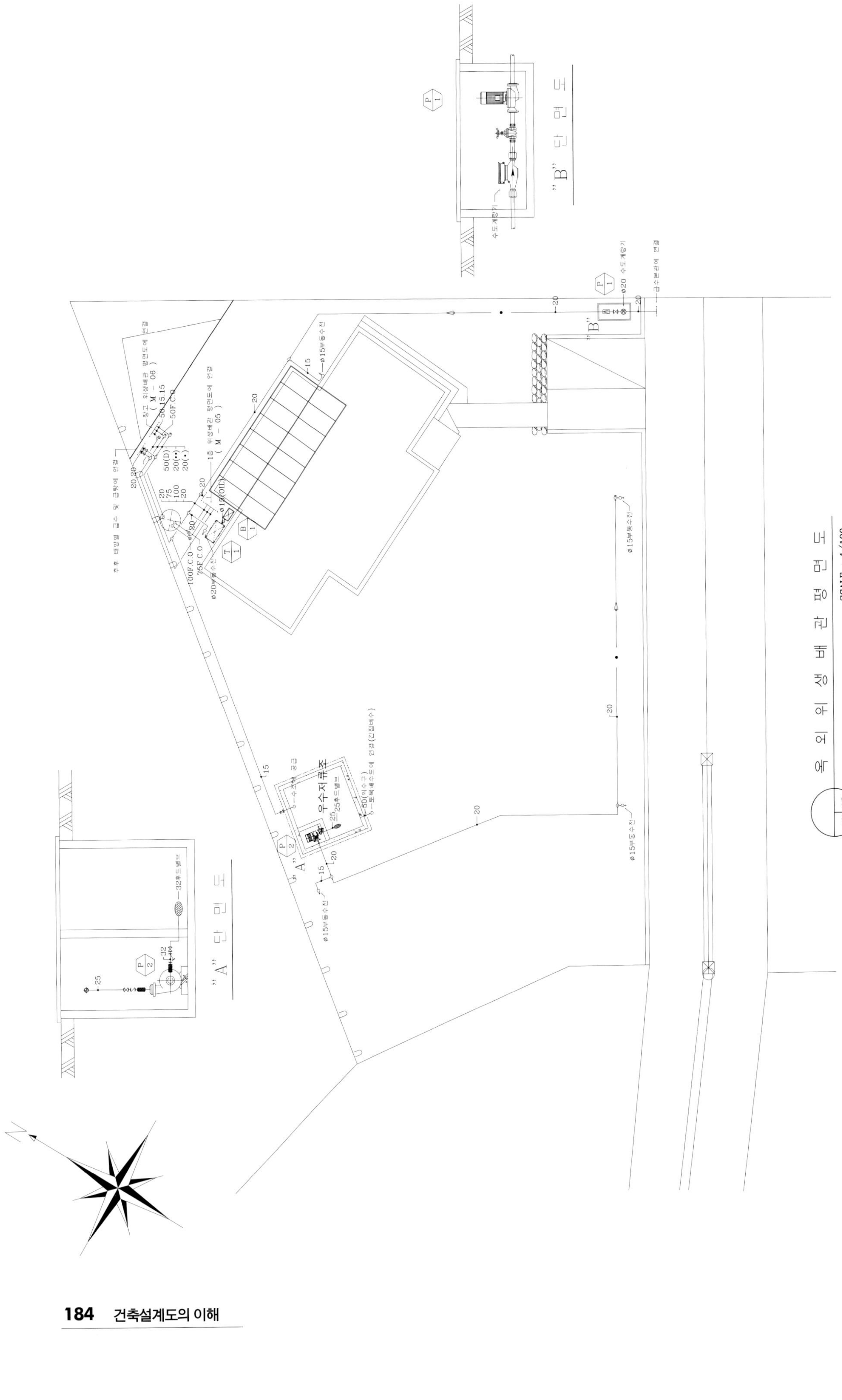
옥 외 위 생 배 관 평 면 도
SCALE : 1/100
M 03
"A" 단 면 도
"B" 단 면 도
우수저류조

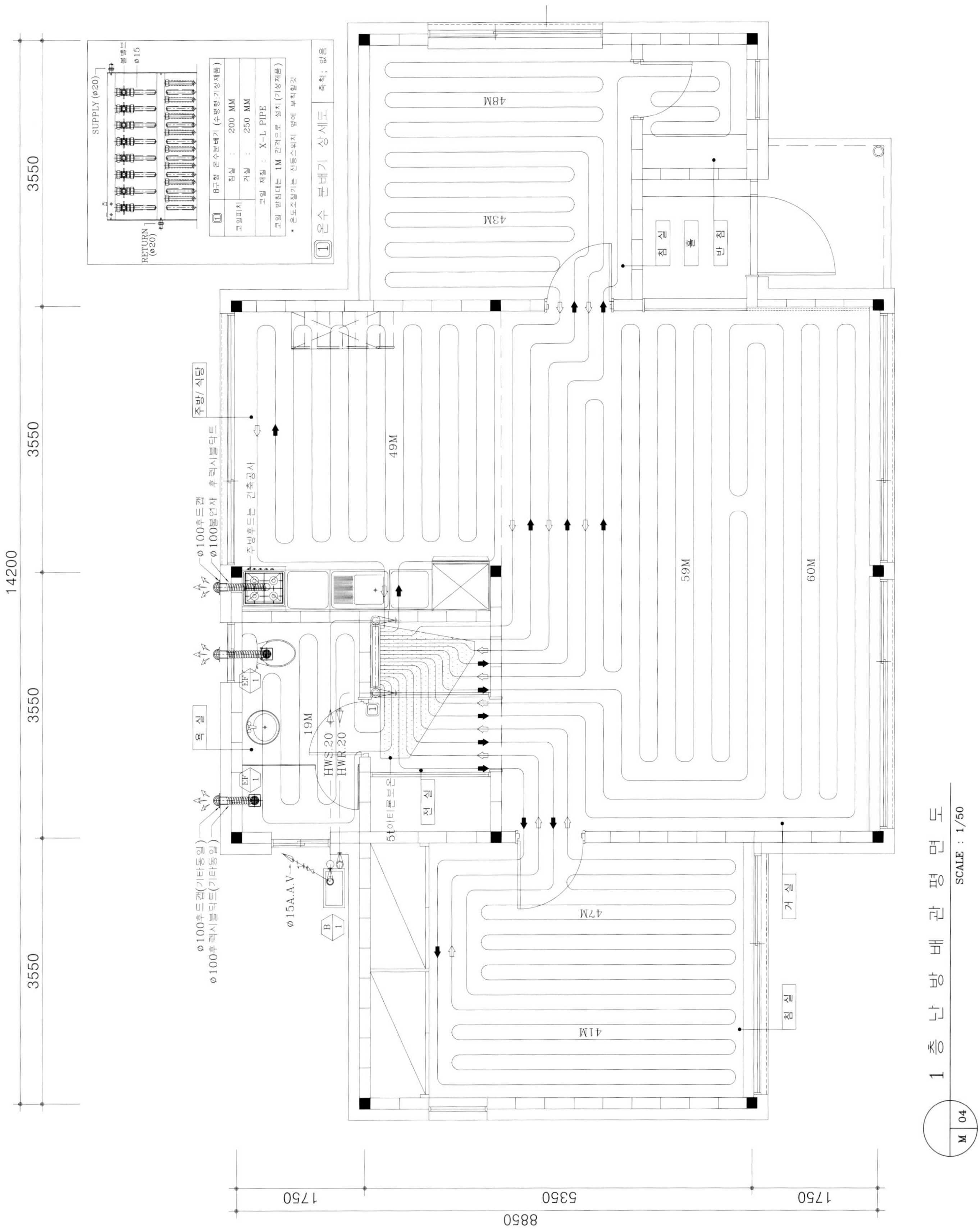
1 층 난 방 배 관 평 면 도
SCALE : 1/50
M 04
온수 분배기 상세도
SUPPLY (ø20)
RETURN (ø20)
X-L PIPE
주방/식당
욕 실
전 실
거 실
침 실
홀
49M
48M
43M
59M
60M
47M
41M
19M
HWS 20
HWR 20
ø15A.A.V
3550
14200
1750
5350
8850

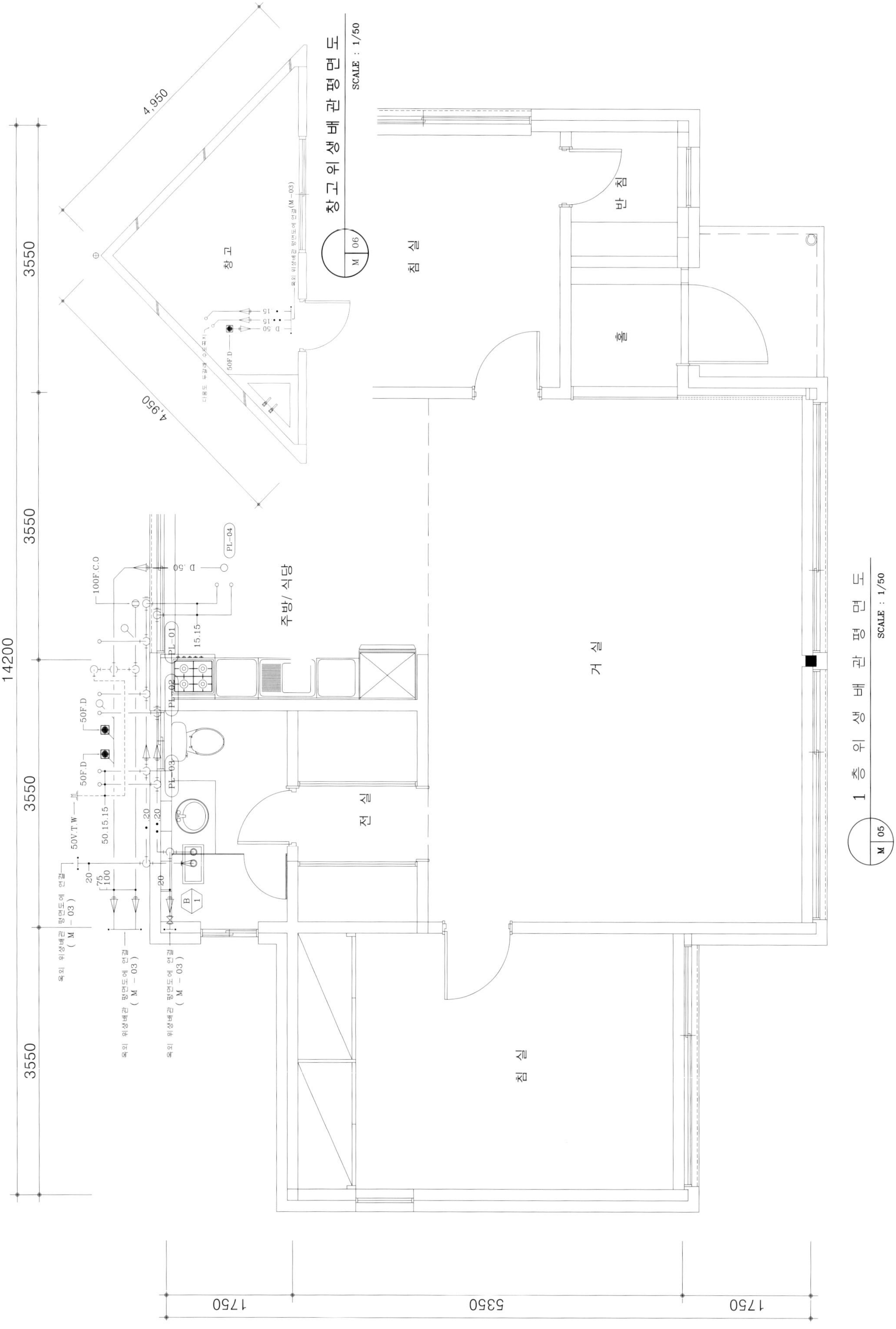
창고 위생배관 평면도
SCALE : 1/50
M 06
창고
침실
반침
홀
주방/ 식당
거실
전실
침실
1 층 위생배관 평면도
SCALE : 1/50
M 05
14200
3550
3550
3550
3550
4,950
4,950
1750
5350
1750

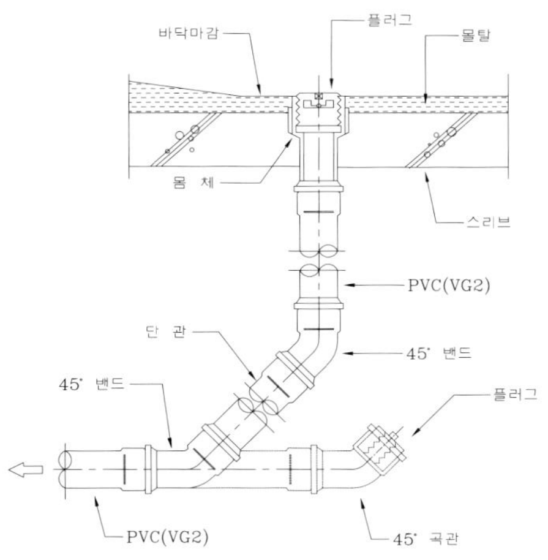

바 닥 소 제 구 상 세 도

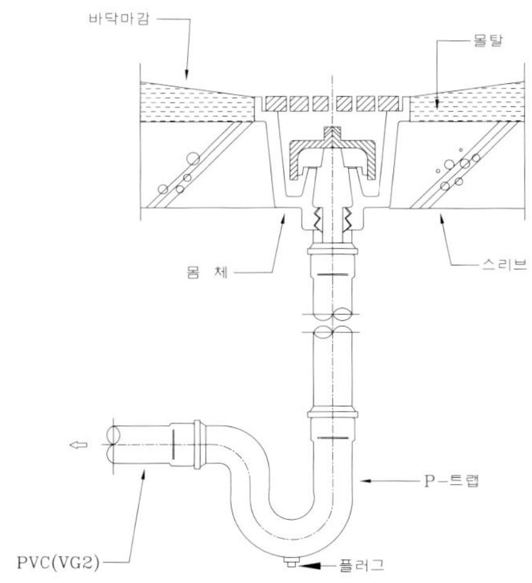

바 닥 배 수 구 상 세 도

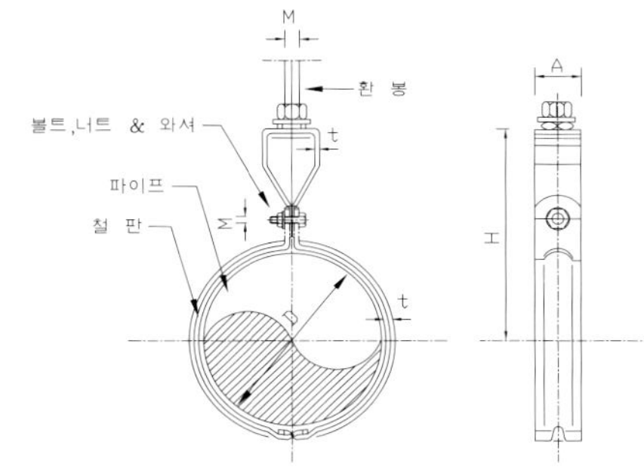

구경 \ 규격	A	t	M	M1	D	H	비 고
15	25	1.6	M10	M6	22	69	
20	25	1.6	M10	M6	28	71	
25	25	1.6	M10	M6	35	80	
32	25	1.6	M10	M6	43	82	
40	25	1.6	M10	M6	49	84	
50	30	2.0	M10	M6	61	96	
65	30	2.0	M10	M6	77	116	
80	40	2.3	M10	M6	90	126	
100	40	2.3	M10	M6	115	161	
125	40	2.3	M12	M10	140	176	
150	50	3.0	M12	M10	166	190	
200	50	3.0	M12	M10	217	200	
250	50	4.5	M12	M12	278	230	
300	55	4.5	M16	M12	319	260	

파 이 프 행 가 상 세 도

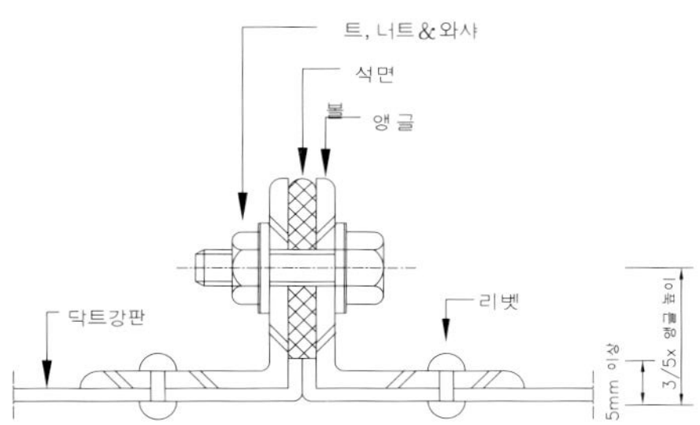

철판 두께	앵글규격	볼트,너트 규격 및 피치	리벳규격 및 피치	최대간격
0.5	25x25x3t	8ϕ20x100P	4.5ϕx65P	3.6 M
0.6	25x25x3t	8ϕ20x100P	4.5ϕx65P	3.6 M
0.8	32x32x3t	8ϕ20x100P	4.5ϕx65P	2.7 M
1.0	40x40x3t	8ϕ20x100P	4.5ϕx65P	1.8 M
1.2	40x40x5t	8ϕ25x100P	4.5ϕx65P	1.8 M

닥 트 플 랜 지 접 합

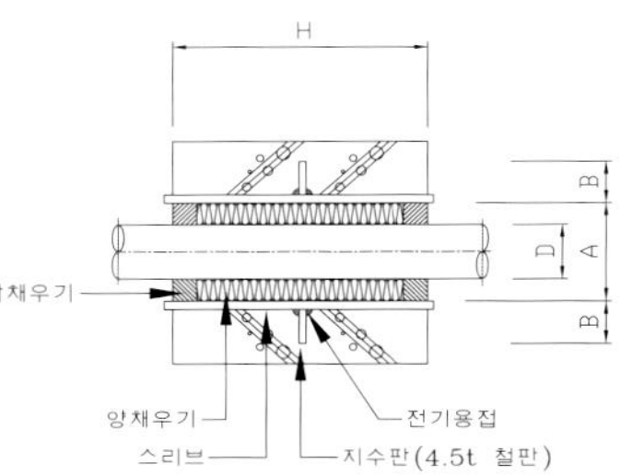

D	A	B	D	A	B
15	25	50	65	100	60
20	40	50	80	125	60
25	40	50	100	150	60
32	50	50	125	200	60
40	65	50	150	200	60
50	80	60	200	250	60

H는 건축 구조 치수에 따라 정함

파 이 프 스 리 브 상 세 도

급 수

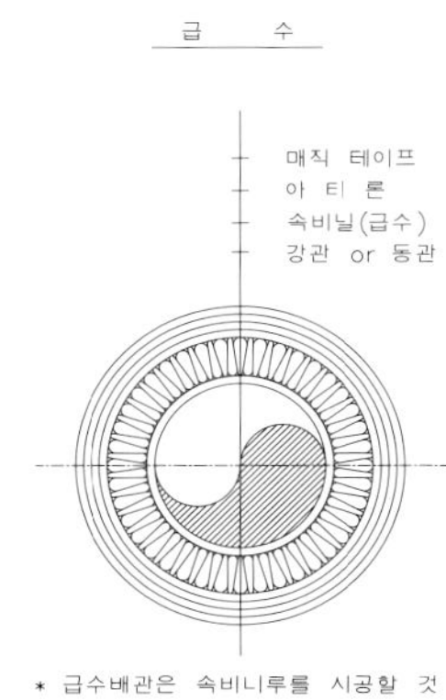

배관종류	보온두께	비 고
난방배관	40t	
위생배관	40t	

* 급수배관은 속비니루를 시공할 것

관보온 상세도

전기 도면목록표

도면번호	도 면 명	축 척
E – 01	도면목록(전기) , 전기범례	NONE
E – 02	전력 전화 TV 간선 계통도	NONE
E – 03	부하 결선도	NONE
E – 04	옥외 전력 인입 및 보안등 배치도	1/200
E – 05	옥외 전화 CATV 인입 배치도	1/200
E – 06	1층 전등 설비 평면도	1/50
E – 07	1층 전열 및 간선 설비 평면도	1/50
E – 08	중층 전등 전열 설비 평면도	1/50
E – 09	창고 전등 전열 설비 평면도	1/50
E – 10	1층 전화 TV 설비 평면도	1/50

범 례

심 벌	명 칭	규 격	설 치 높 이	비 고
□	거 실 등	FPL 4/36W		── // ──
□	방 등	FPL2/36W,FPL4/36W		── // ──
◎	할 로 겐 등	HAL 50W		── // ──
○	백 열 등	IL 60W		── // ──
○•	── // ──	IL 60W		센서부착형
○┤	── // ──	IL 60W		벽 부 형
•	스 위 치	250V–15A	H:FL 1200mm UP	단 로
•3	── // ──	── // ──	── // ──	3 로
⦶	콘센트(접지극부착형)	── // ──	H:CL 300mm DN	단 구 용
⦶	── // ──	── // ──	H:FL 300mm UP	2 구 용
⦶ WP	── // ──	── // ──	도면참조	
⦶ WP	── // ──	── // ──	도면참조	카바부착,방수형
◪	분전반(전등,전열용)		H:FL 1800mm UP	
⌂	전화용 콘센트	8핀 모듈라 잭	H:FL 300mm UP	1구용
⊡	국선용UTP전화단자함	도 면 참 조	H:FL 500mm UP	
⊡	통합세대단자함	── // ──	── // ──	
⊖	T.V 유 닛	75Ω – 300Ω	H:FL 300mm UP	쌍 방 향
⍂	T.V 수 납 함	500x600x150	H:FL 1500mm UP	
⊠	풀 박 스	100x100x50		
↙ ↗ ↗	전선관의 입하,통과,입상			
◁──	귀 로			
────	천정 매입 배관 배선			
── ──	바닥 매입 배관 배선			
─ · ─	지중 매입 배관 배선			

주 기 사 항

1. 본공사에 사용하는 전선관은 특기 없는한 K.S규격 HI–LEX–CD전선관을 사용한다.
(단, 28C이상은 HI–PVC를 사용하고,노출배관은 HI–PVC전선관을 사용한다.)

2. 도면에 표시되지 않은 배관 배선은 아래와 같다.

전등 ──────── HIV. 2–2.0mm E–2.0mm (16C)　　전열 ── ── ── HIV. 2–2.0mm E–2.0mm (16C)

──/// ── HIV. 3–2.0mm E–2.0mm (16C)

──//// ── HIV. 4–2.0mm E–2.0mm (22C)

전화 ── ── T ── ── UTP.CAT5 4P–0.5mm x 1 (16C)

인터넷 ── INTERNET ── UTP.CAT5 4P–0.5mm x 1 (16C)

TV ── ── TV ── ── 5C–FBT (16C)

3. 시공전 도면과 시방서,사양서등을 충분히 숙지한후 시공하며 불분명한 사항은 감리원과 협의하여 관련법규에 위배됨이 없도록 시공하여야한다.

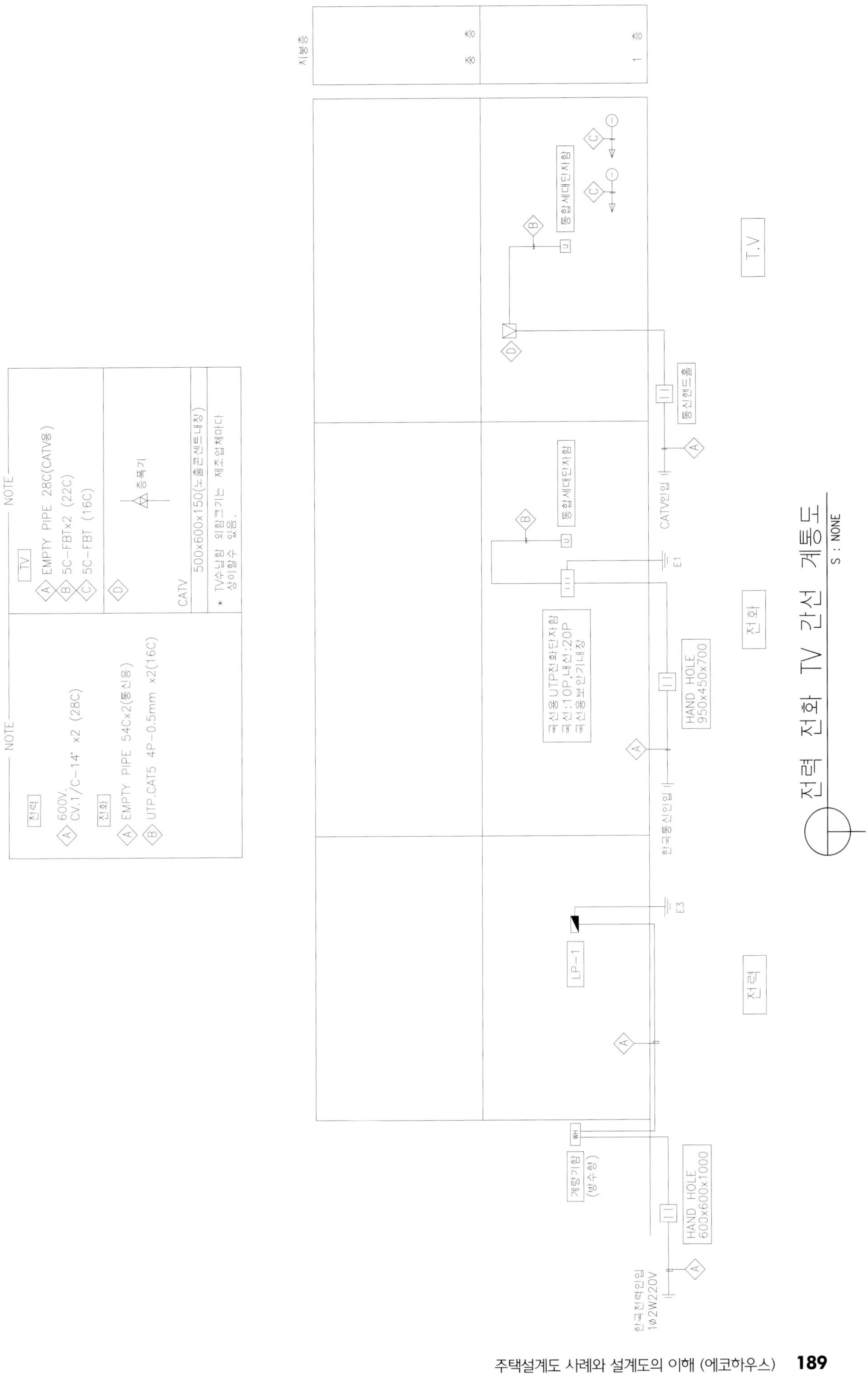
전력 전화 TV 간선 계통도
S : NONE
지붕층
1 층
NOTE
전력
A 600V. CV.1/C-14² x2 (28C)
전화
A EMPTY PIPE 54Cx2(통신용)
B UTP.CAT5 4P-0.5mm x2(16C)
NOTE
TV
A EMPTY PIPE 28C(CATV용)
B 5C-FBTx2 (22C)
C 5C-FBT (16C)
D 증폭기
CATV 500x600x150(노출콘센트내장)
* TV수납함 외함크기는 제조업체마다 상이할수 있음.
T.V
통합세대단자함
통신헨드홀
CATV인입
E1
전화
국선용 UTP전화단자함 국선:10P,내선:20P 국선용보안기내장
HAND HOLE 950x450x700
한국통신인입
E3
LP-1
전력
WH
계량기함 (방수형)
HAND HOLE 600x600x1000
한국전력인입 1Φ2W220V

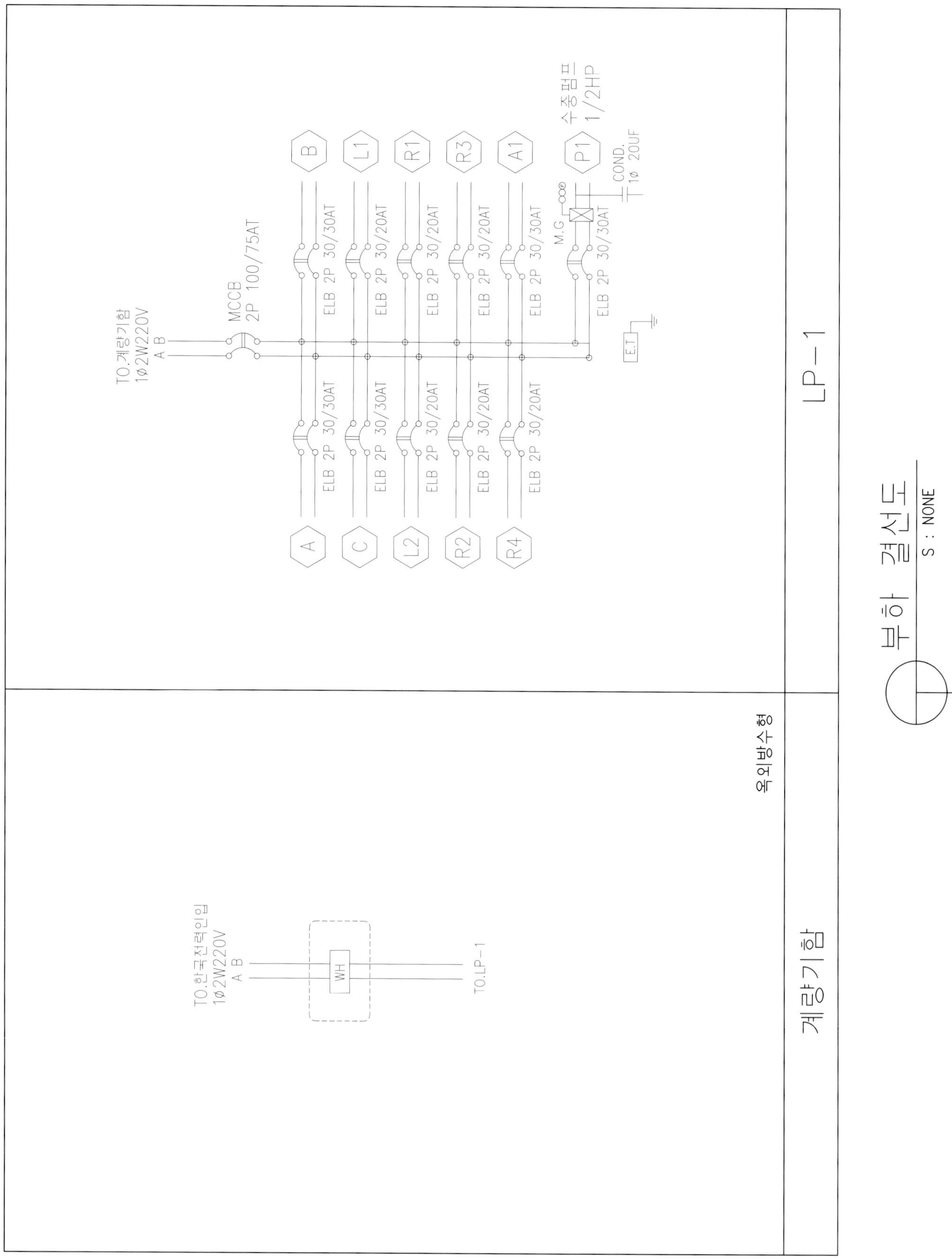
TO.계량기함
1φ2W220V
A B
MCCB
2P 100/75AT
ELB 2P 30/30AT
ELB 2P 30/20AT
M.G
COND.
1φ 20UF
수중펌프
1/2HP
E.T
A
C
L2
R2
R4
B
L1
R1
R3
A1
P1
LP-1
부하 결선도
S : NONE
TO.한국전력인입
1φ2W220V
A B
WH
TO.LP-1
옥외방수형
계량기함

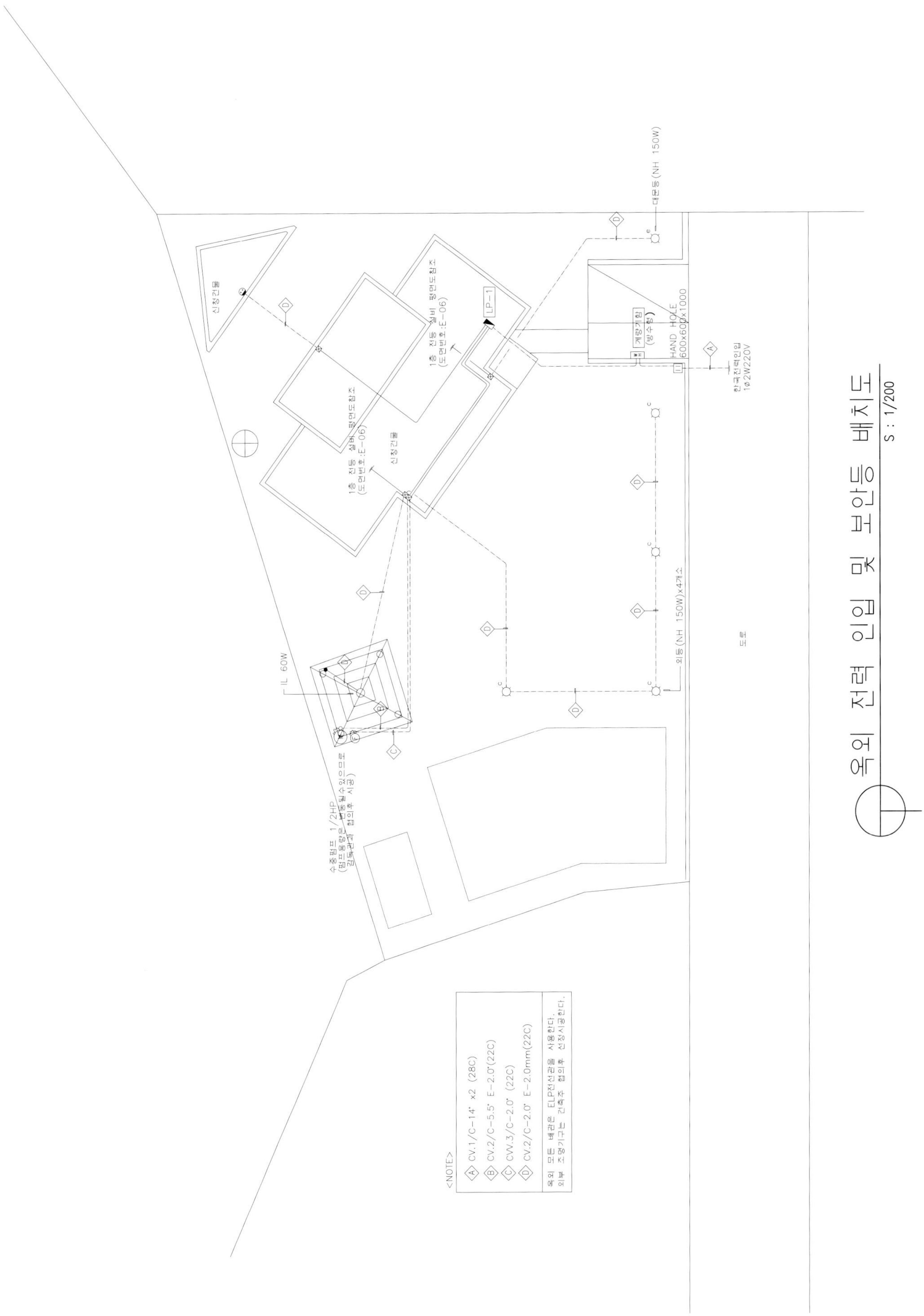

옥외 전력 인입 및 보안등 배치도
S : 1/200
대문등(NH 150W)
HAND HOLE
600x600x1000
계량기함
(방수형)
한국전력인입
1φ2W220V
LP-1
1층 전등 설비 평면도참조
(도면번호:E-06)
신청건물
외등(NH 150W)x4개소
도로
IL 60W
수중펌프 1/2HP
<NOTE>
CV.1/C-14" x2 (28C)
CV.2/C-5.5" E-2.0"(22C)
CW.3/C-2.0" (22C)
CV.2/C-2.0" E-2.0mm(22C)
옥외 모든 배관은 ELP전선관을 사용한다.

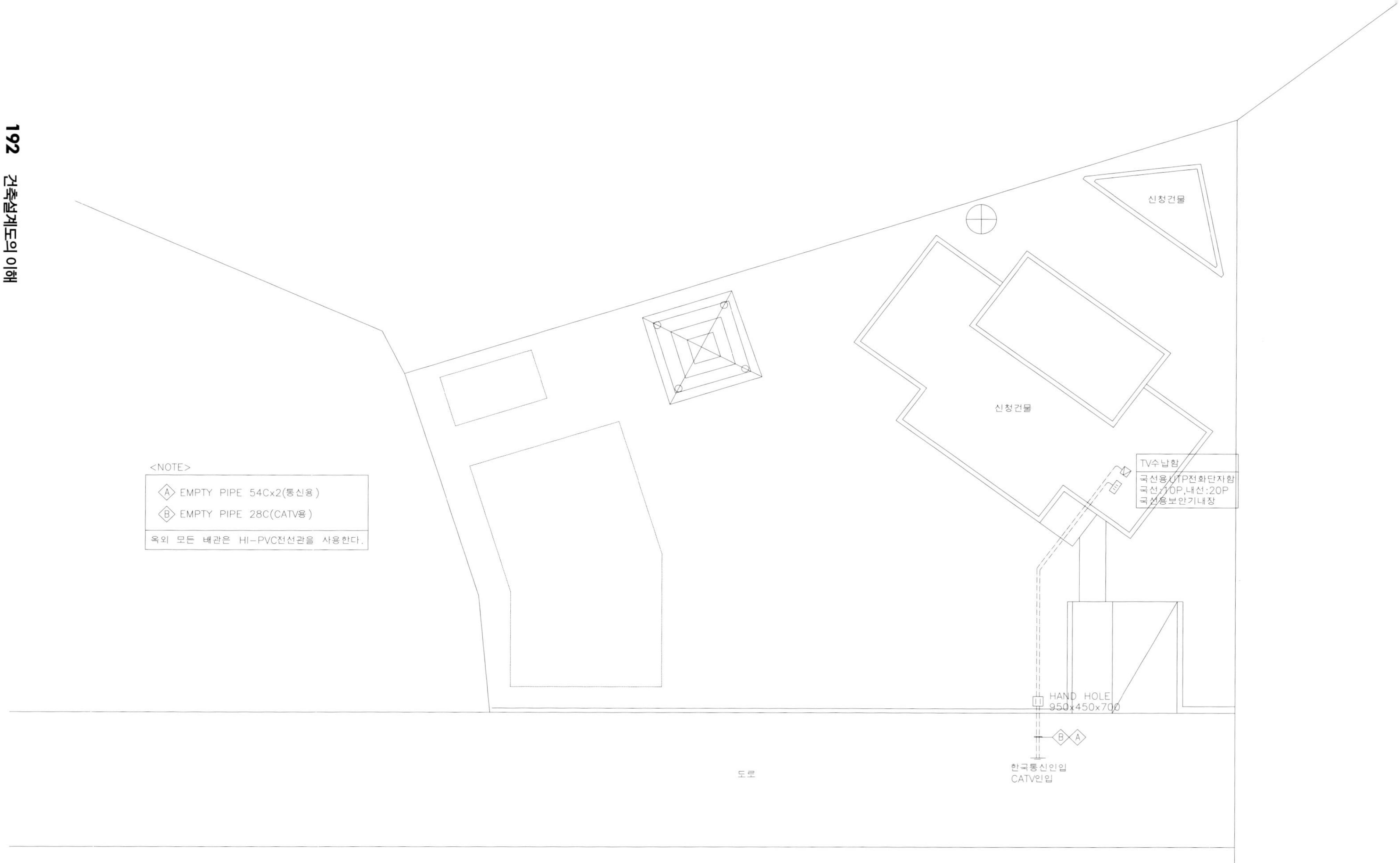

옥외 전화 CATV 인입 배치도

S : 1/200

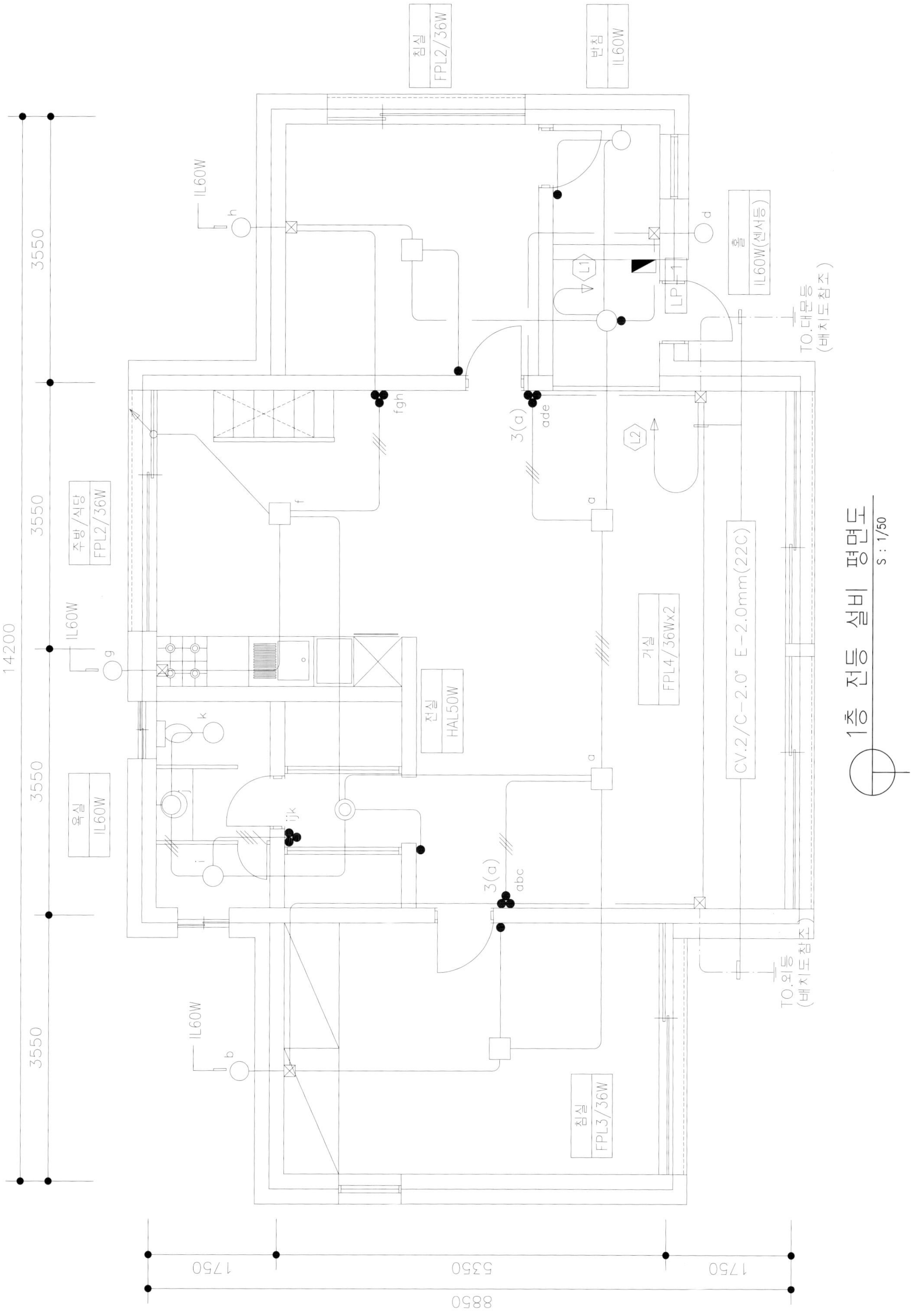

1층 전등 설비 평면도
S : 1/50

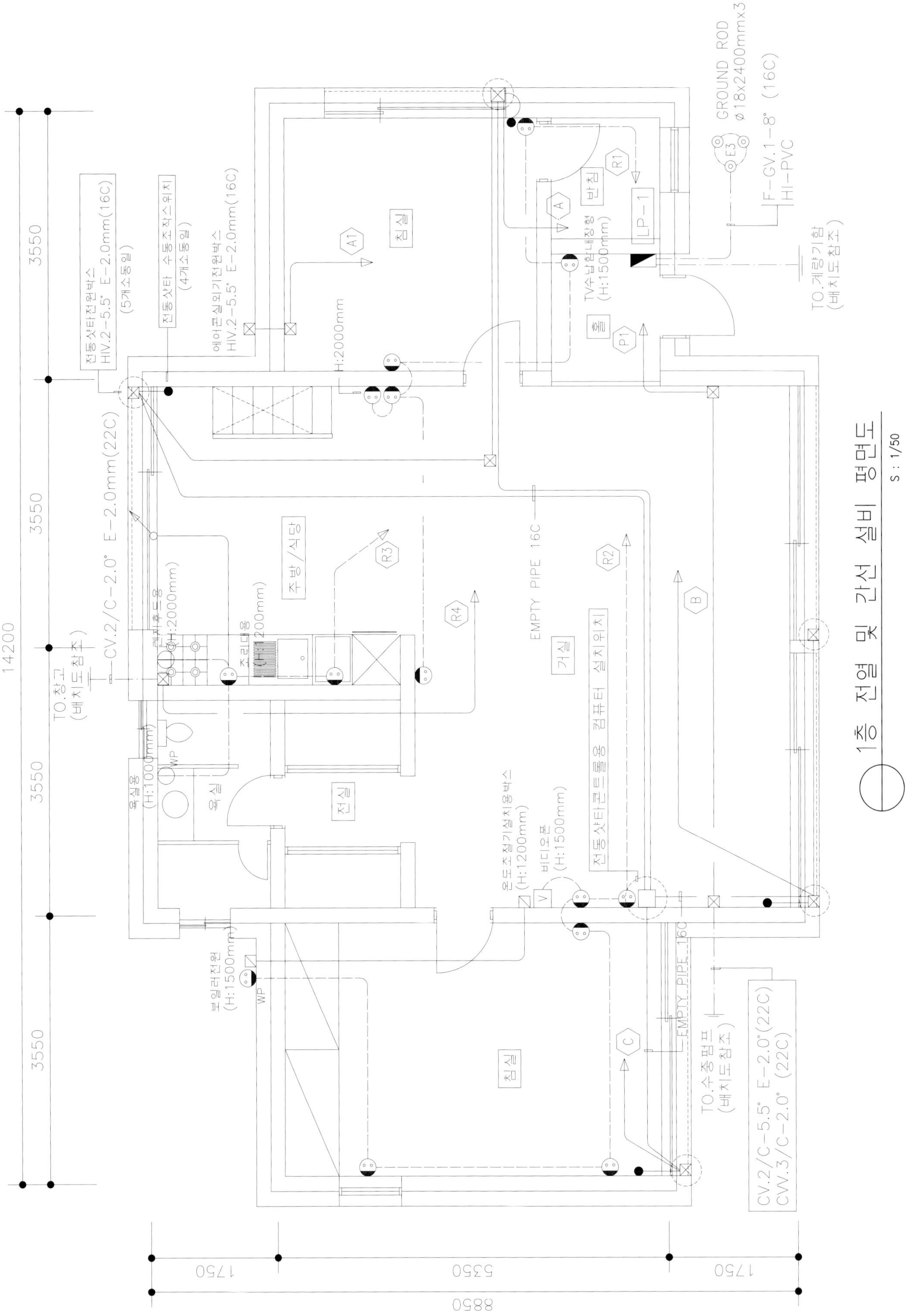

1층 전열 및 간선 설비 평면도 S : 1/50

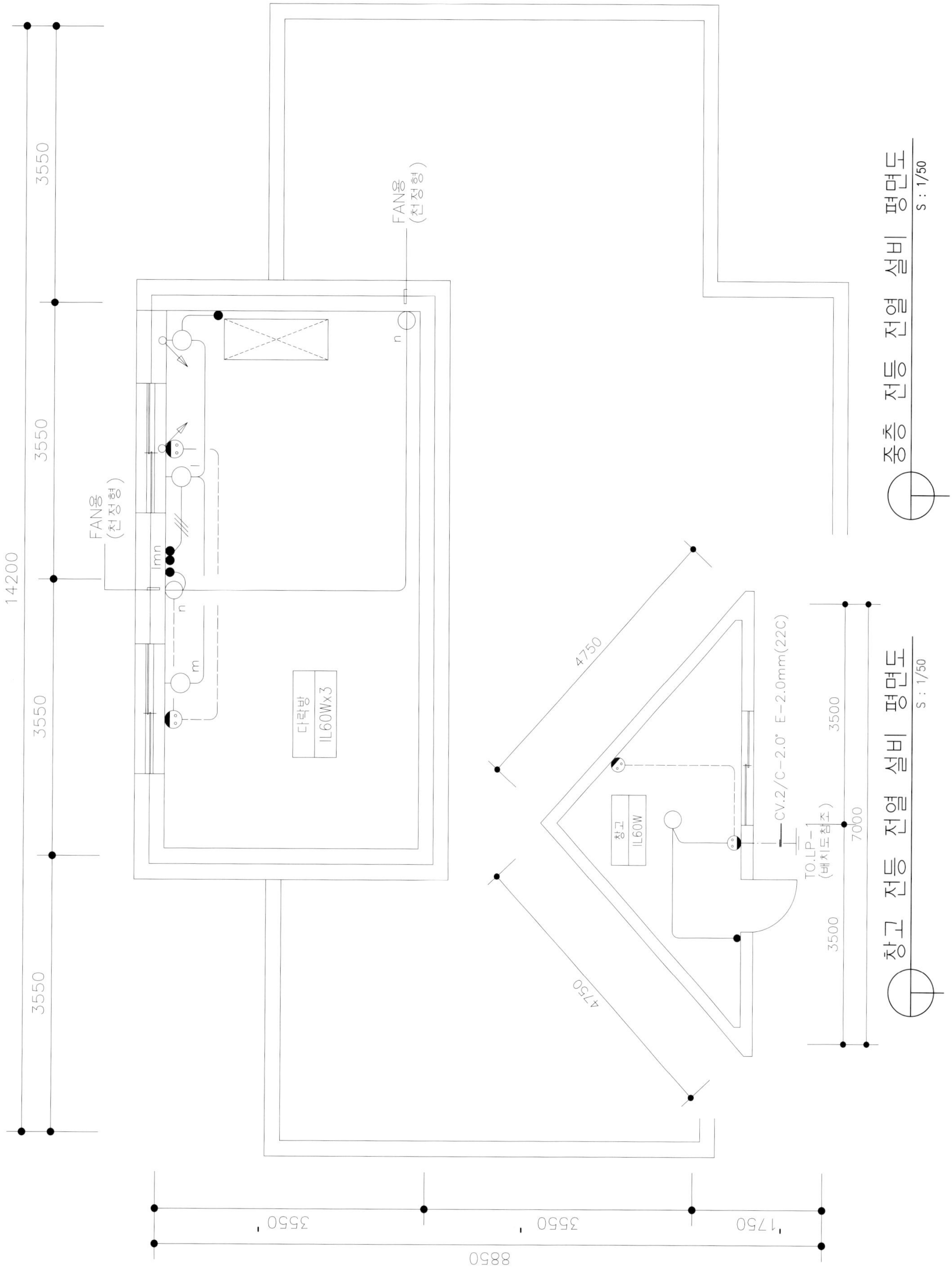

중층 전등 전열 설비 평면도
S : 1/50
창고 전등 전열 설비 평면도
S : 1/50
다락방
IL60Wx3
창고
IL60W
FAN용
(천정형)
FAN용
(천정형)
CV.2/C-2.0° E-2.0mm(22C)
TO.LP-1
(배치도참조)
14200
3550
3550
3550
3550
8850
3550
3550
1750
4750
4750
7000
3500
3500

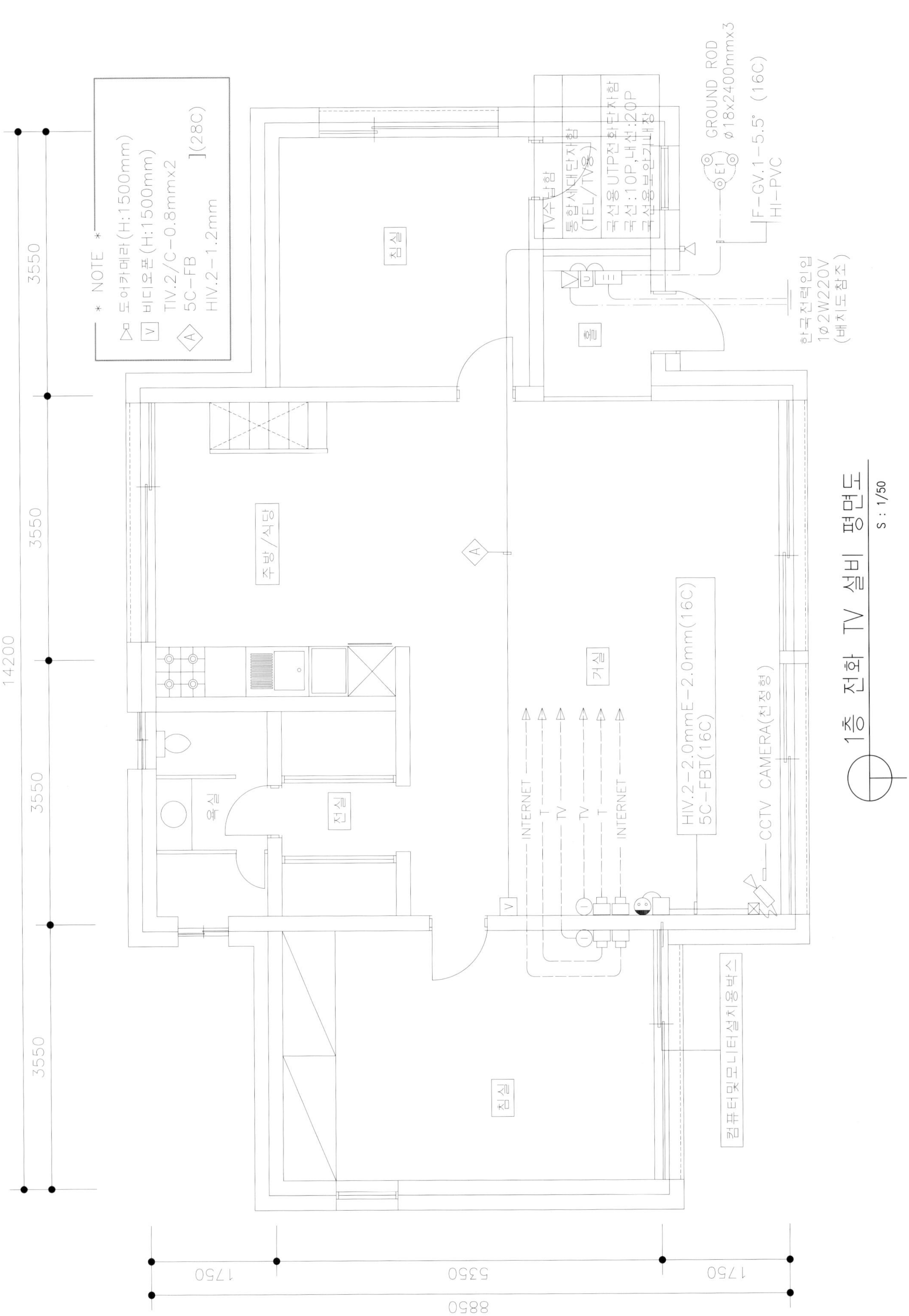

1층 전화 TV 설비 평면도
S : 1/50
* NOTE *
도어카메라(H:1500mm)
비디오폰(H:1500mm)
TV.2/C-0.8mmx2
5C-FB
HV.2-1.2mm
](28C)
GROUND ROD
ø18x2400mmx3
F-GV.1-5.5° (16C)
HI-PVC
한국전력인입
1ø2W220V
(배치도참조)
침실
홀
주방/식당
거실
욕실
HV.2-2.0mmE-2.0mm(16C)
5C-FBT(16C)
CCTV CAMERA(천정형)
INTERNET
TV
컴퓨터및모니터설치용박스
3550
14200
1750
5350
8850

설계도 사례-3

단독주택/조적조

점토벽돌

점토를 일정온도로 구워서 만든 점토벽돌은 굽는 온도에 따라 다양한 색상을 띤다. 벽돌 제조회사에 따라 치장벽돌, 적벽돌, 붉은 벽돌, 변색벽돌, 꽃변색벽돌, 컬러벽돌 등 150여 종이 생산되고 있어 선택에 주의를 해야 한다. 색상뿐만 아니라 가격 또한 저렴한 것과 비싼 것의 차이는 7~8배에 달한다. 이 프로젝트에 사용한 변색벽돌은 벽돌을 굽는 노 속에서 과열로 소성된 제품으로 표면이 매끄럽지 못하고 색상도 검은색과 붉은색이 섞여 있으며 흡수율이 낮은 장점을 갖고 있다.

점토벽돌을 치장용으로 사용할 때 누수에 취약하다는 것이 가장 큰 문제점이다. 벽돌과 벽돌을 쌓기 위한 사춤모르타르는 열에 의한 팽창계수가 서로 달라 완전한 일체가 될 수 없다. 여름과 겨울의 온도차에 의해 벽돌과 모르타르 접착 면에 미세한 틈이 발생하여 빗물이 내부로 스며들 가능성을 배제할 수가 없다. 0.5B(90㎜두께) 두께의 벽 후면공간으로 물이 흘러들어 취약한 곳을 통하여 벽면을 적시게 된다. 이를 방지하기 위해서 점토벽돌을 쌓기 전에 시멘트벽돌 면을 모르타르로 미장을 한 후에 단열재를 넣고 점토벽돌을 쌓는 것이 좋다. 0.5B두께의 벽돌로 2층 이상 높이를 쌓는 것은 안전하지 못하다. 가급적 층별로 슬래브나 앵글로 받쳐주어야 안전하다.

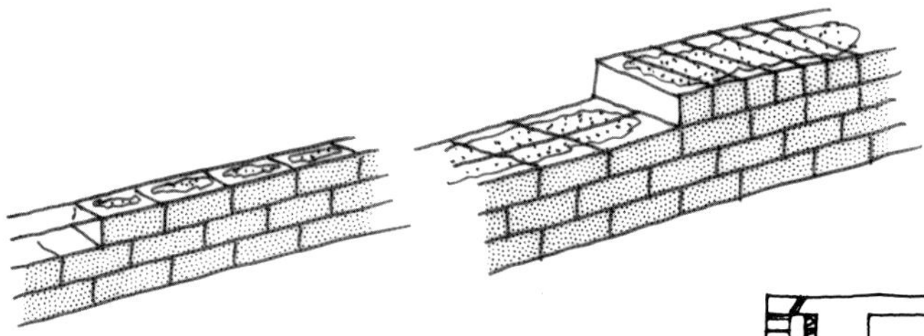

0.5B 벽돌쌓기는 쌓기용 모르타르를 밀실하게 채우기가 어려워 공극이 발생하게 되어 누수의 가능성이 많다.

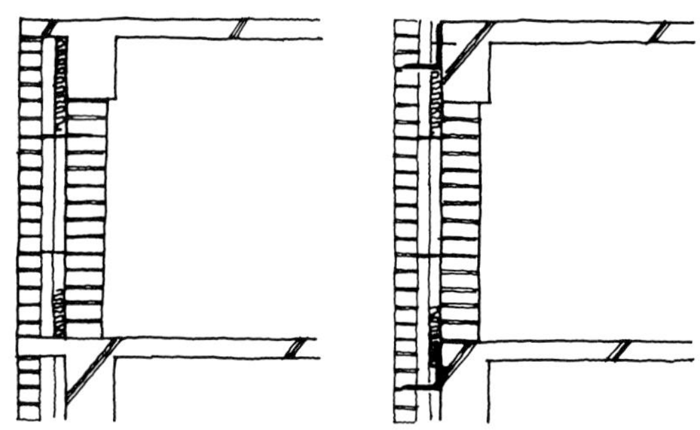

슬래브에 지지　　앵글에 지지

점토벽돌에 스며든 빗물은 창틀 주변의 취약부분을 통하여 실내로 흘러들어 온다.

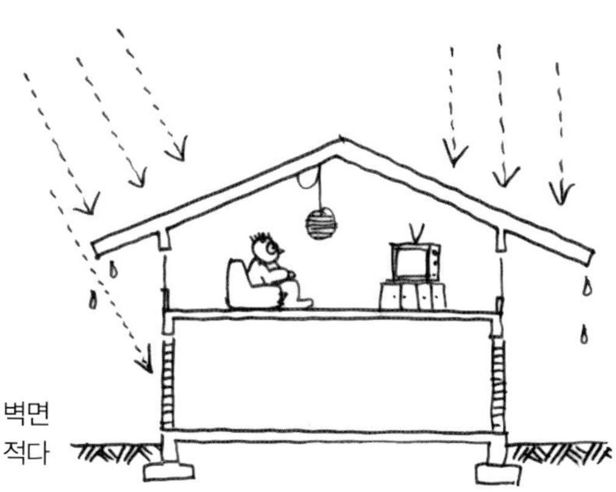

처마가 긴 점토벽돌 집일수록 벽면을 통한 누수가 적다

사례-3의 건축설계도는 CAD시스템이 설계에 도입되기 전인 1980년 초에 작성된 설계도이다. 제도판과 T자, 삼각자, 삼각스케일을 이용했고 연필로 작성되었다.

앞에서 설명한 설계사례-1 및 2와 달리 조적조의 구조에 오지기와와 변색벽돌이 외장재로 사용되었다. 창문은 PVC 창호이나 그때는 하이새시로 재료명이 통용되던 시절이며 세월에 따라 용어와 어휘가 변하고 있음을 보여주지만 재료표기법, 치수표기법, 설계나 공사작업 순서 등은 변함이 없다. 지하실과 기초 철근콘크리트가 완성되면 그 위에 1.0B 시멘트벽돌을 쌓고 벽돌 벽 위에 테두리보(bond beam)와 2층 바닥슬래브(철근콘크리트)를 시공한다. 같은 순서로 2층 시멘트벽돌을 쌓고 그 위에 지붕슬래브를 얹는다. 골조가 완성되면 창틀을 설치한 후에 기와와 변색벽돌로 외장을 마감하게 된다. 이와 같은 순서로 설계도를 작성하는 것이 바람직하다. 조적조는 지붕과 2층 슬래브 등의 건물 하중과 적재하중이 슬래브, 보, 시멘트벽돌 벽, 기초를 통하여 지반에 전달되는 구조이기 때문에 무리하게 벽을 철거하면 건물붕괴로 이어진다. 0.5B 두께의 변색벽돌 벽은 구조 벽이 아닌 치장용으로만 사용된다.

조적조를 전제로 계획을 할 때는 아래층과 위층의 벽을 가급적 일치시키는 것이 좋다. 1.0B는 벽돌 벽이 190㎜ 두께임을 표기하는 약어이며, 0.5B는 벽돌 벽이 90㎜ 두께임을 말한다. 벽돌규격은 190㎜×90㎜×57㎜이다.

수목을 위한 환경을 만들어주는 일도 중요하다. 가뭄에 대비하여 관수(irrigation)용으로 동파 방지용 옥외 수전을 설계에 포함시켜야 한다.

점토벽돌의 최신공법과 처마홈통

최근에는 누수와 열교(thermal bridge)를 차단하기 위한 신 공법들이 소개되고 있다. 점토벽돌을 저층건축물 및 고층건물의 저층부 외장재로 사용할 때 적용하는 것이 일반화되고 있으며 고층건물의 외장재로도 사용하고 있다.

경사지붕에서의 처마홈통은 처마 끝에 설치하는 것이 바람직하다. 지붕의 하단부에 설치하는 막새기와를 노출시키기 위하여 기와에 구멍을 내고 그 하부에 처마홈통을 설치하는 방법도 있지만 처마홈통에 쌓이는 낙엽 등을 청소하기가 불편한 단점이 있다.

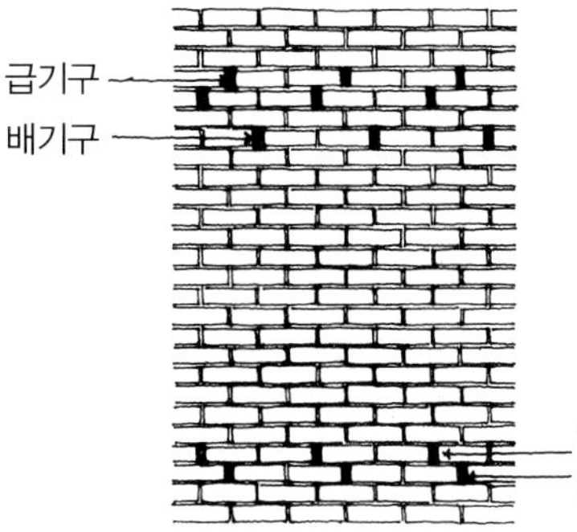

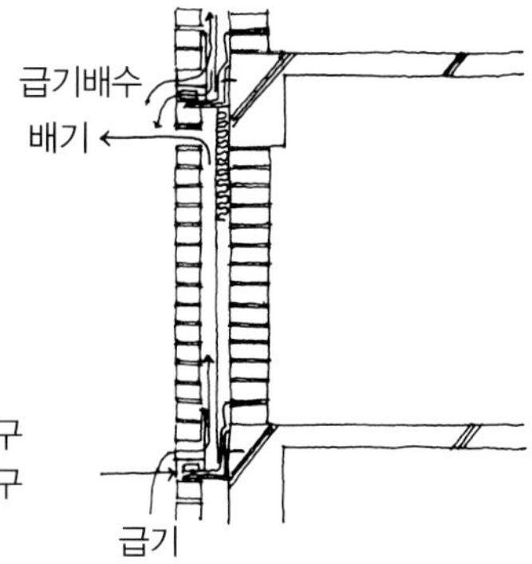

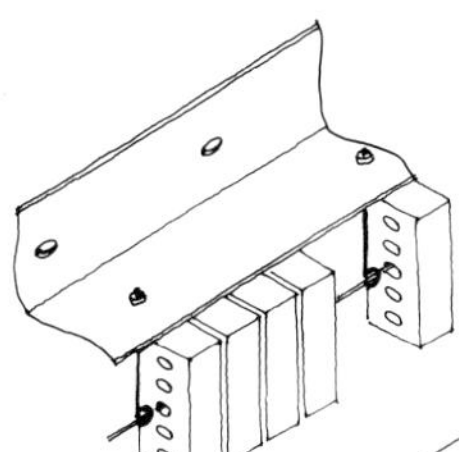

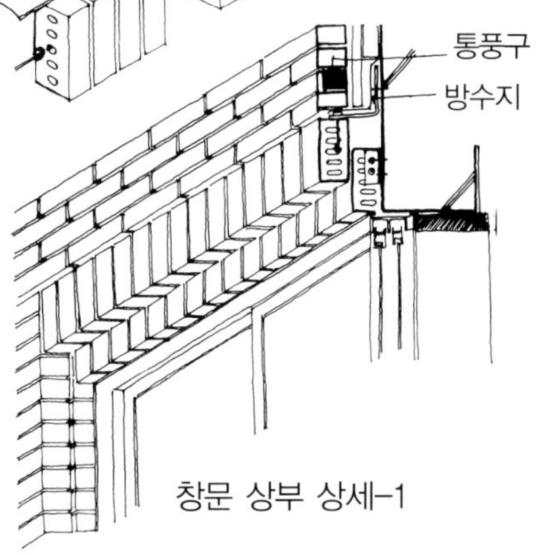

창문 상부 상세-1

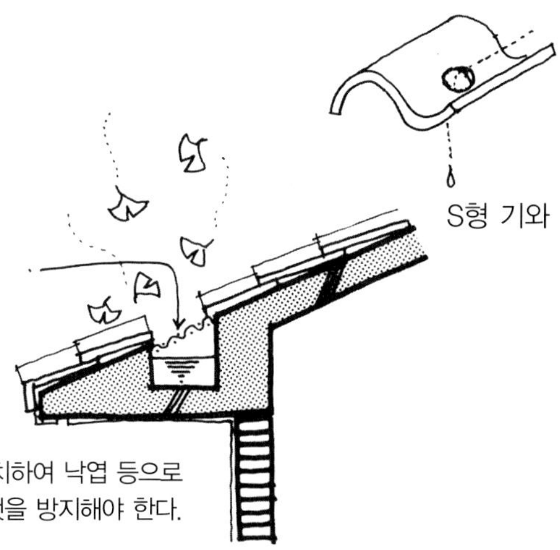

내식성 철망을 설치하여 낙엽 등으로
막히는 것을 방지해야 한다.

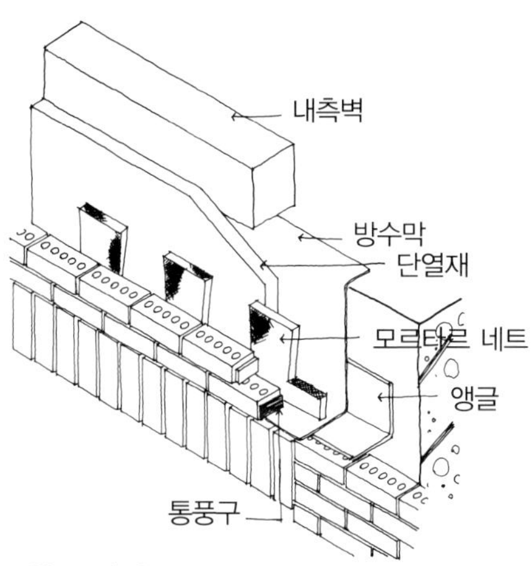

창문 상세부-2

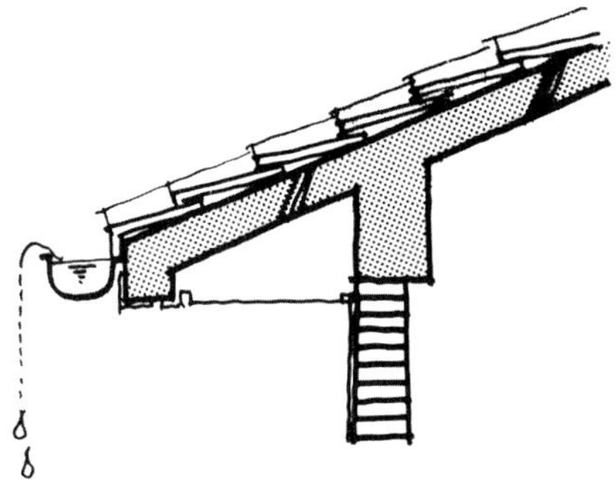
처마홈통이 막히는 것을 쉽게 발견할 수 있으며,
막혀도 문제가 발생하지 않는 이상적인 설치방법이다.

계획단계 스케치

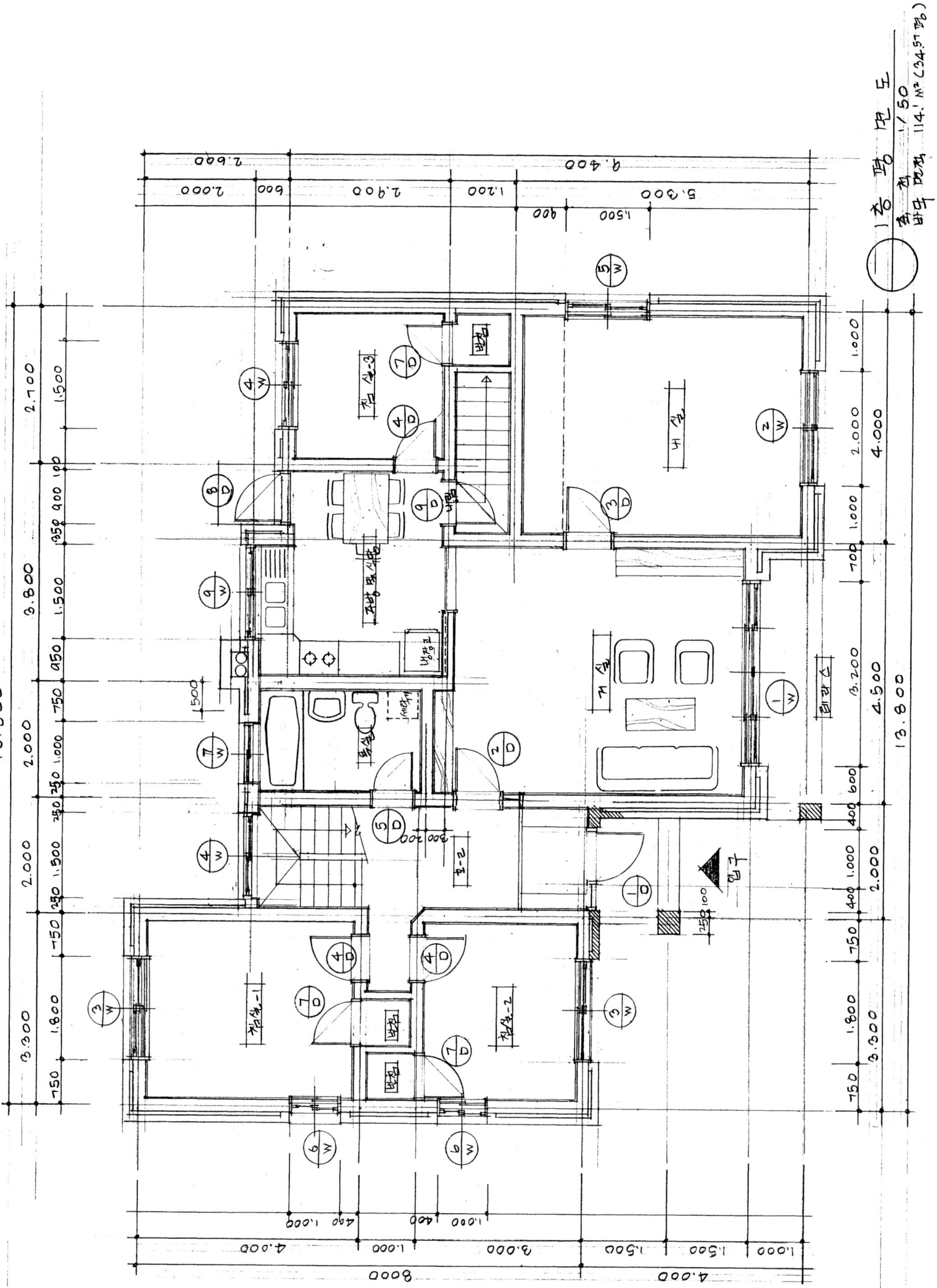
1층 평면도
1/50
13.800
9.400
8000

주기(Notes)

외주부 공간쌓기 벽의 내측은 1.0B 시멘트 벽돌이며 외측은 변색벽돌 치장쌓기임.

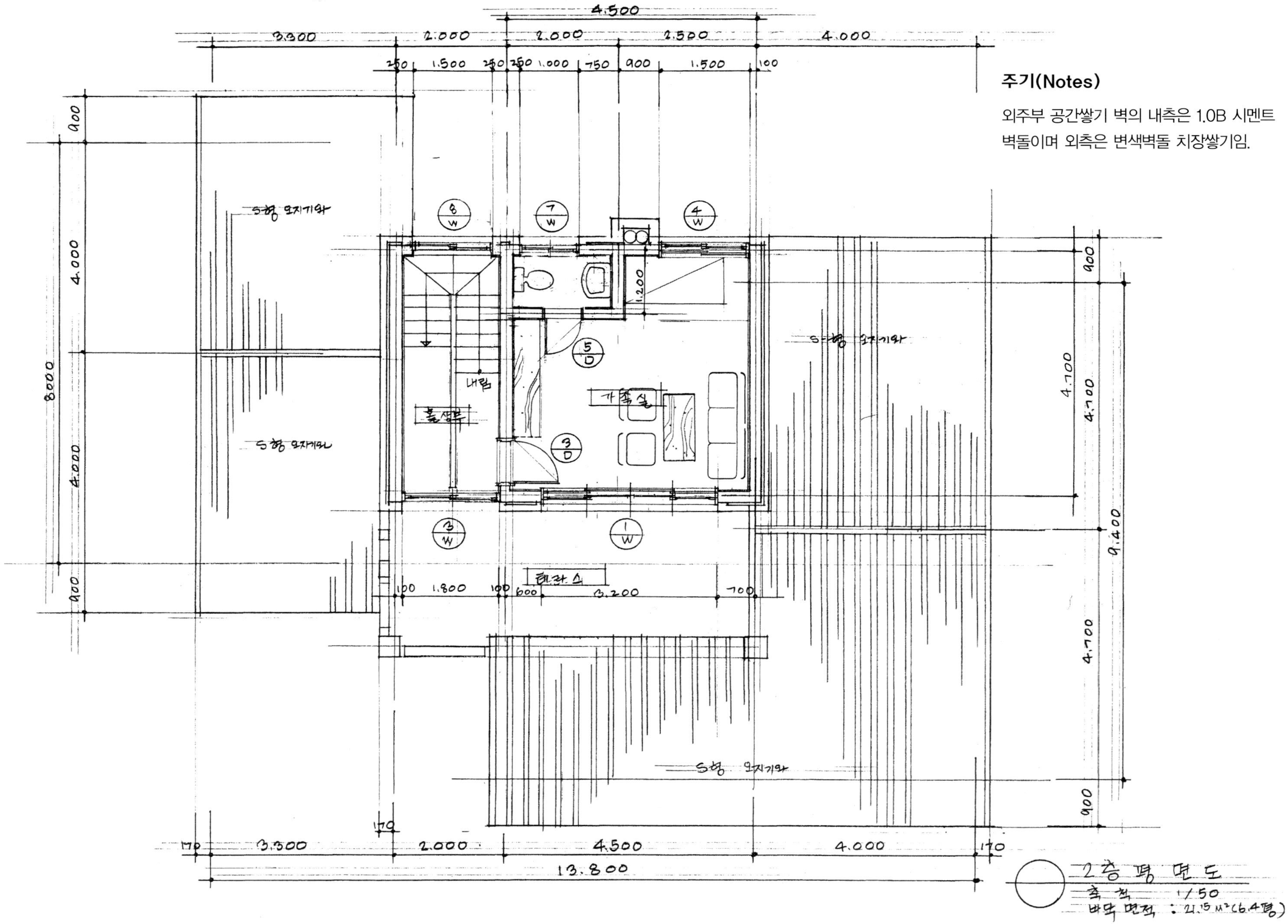

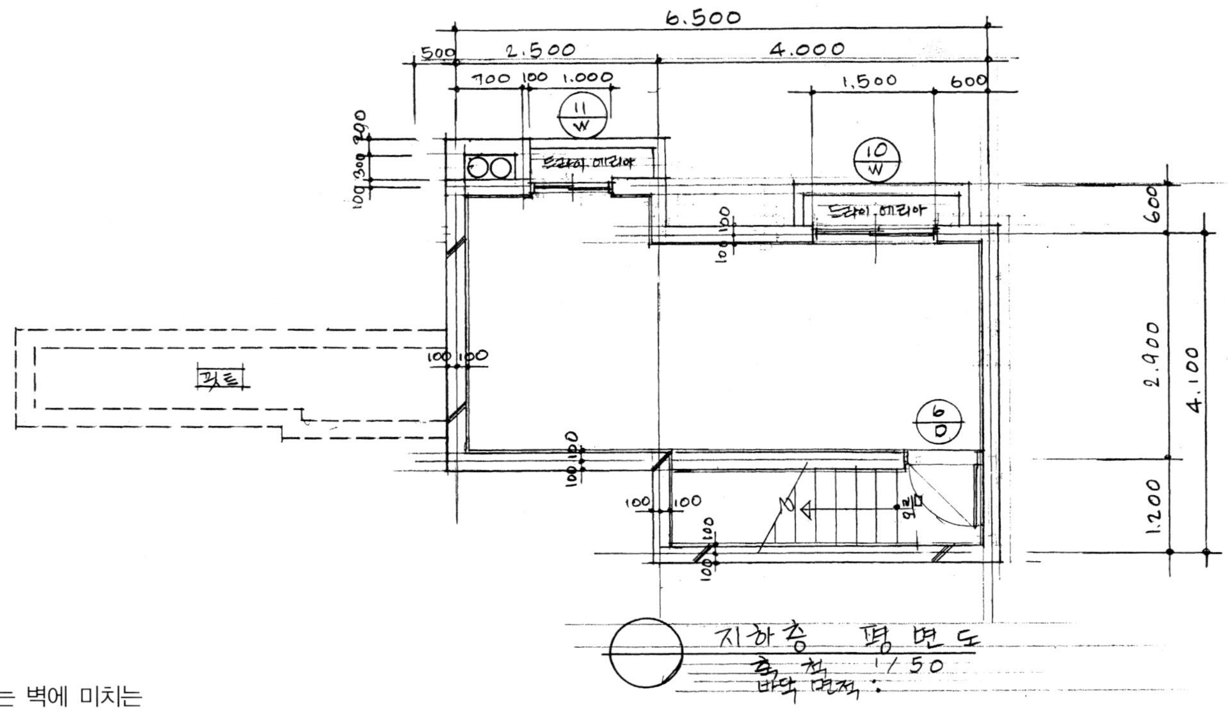

주기(Notes)

1. 지하층 외벽을 시멘트벽돌로 해서는 안 된다. 조적조는 벽에 미치는 토압(측압)에 취약할 뿐만 아니라 방수에도 취약하기 때문에 철근콘크리트조로 설계해야 한다.
2. 이 주택은 경유를 사용하는 보일러를 지하실에 설치하여 연도가 필요하다.
3. 핏트는 보일러에서 각 방으로 공급되는 난방용 온수배관을 위한 공간이며 욕실의 냉·온수 공급용 배관과 배수관 설치를 위한 공간임.

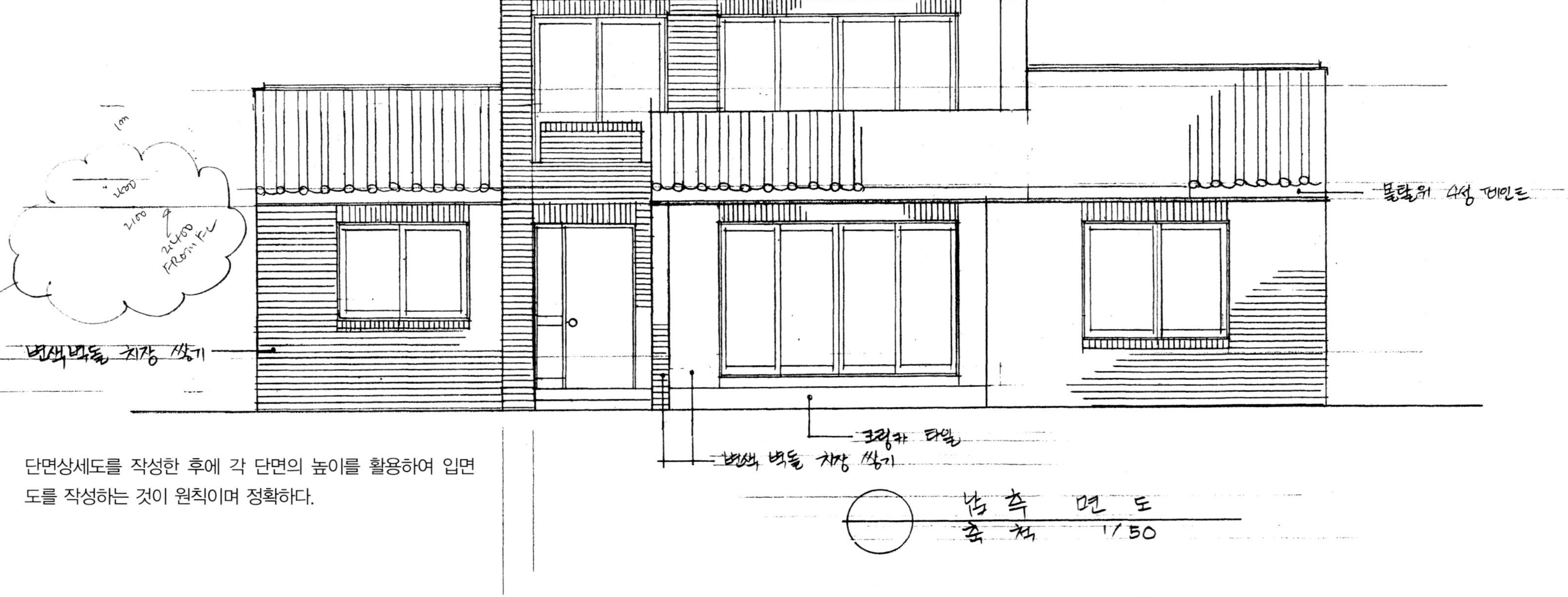

단면상세도를 작성한 후에 각 단면의 높이를 활용하여 입면도를 작성하는 것이 원칙이며 정확하다.

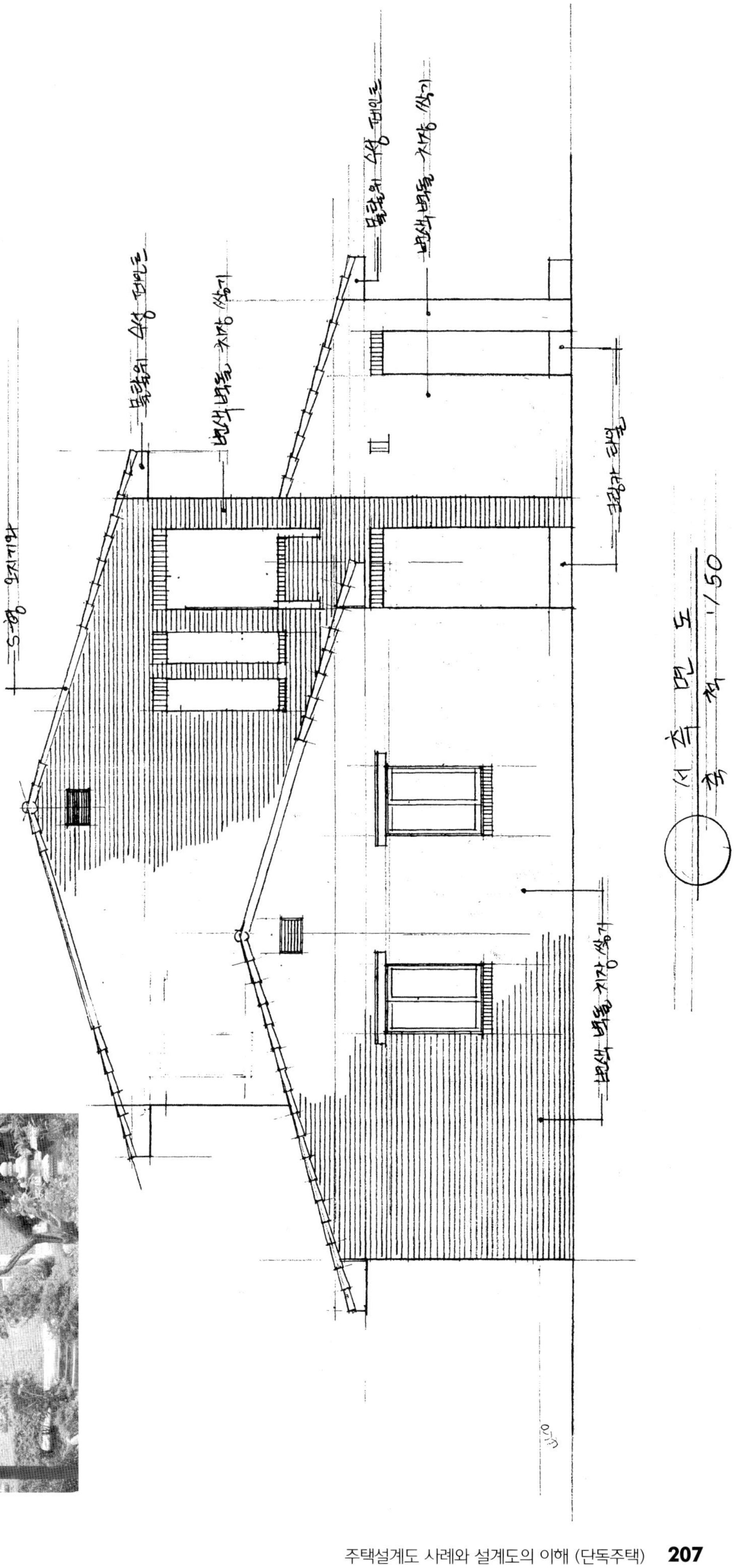
서측면도
축척 1/50

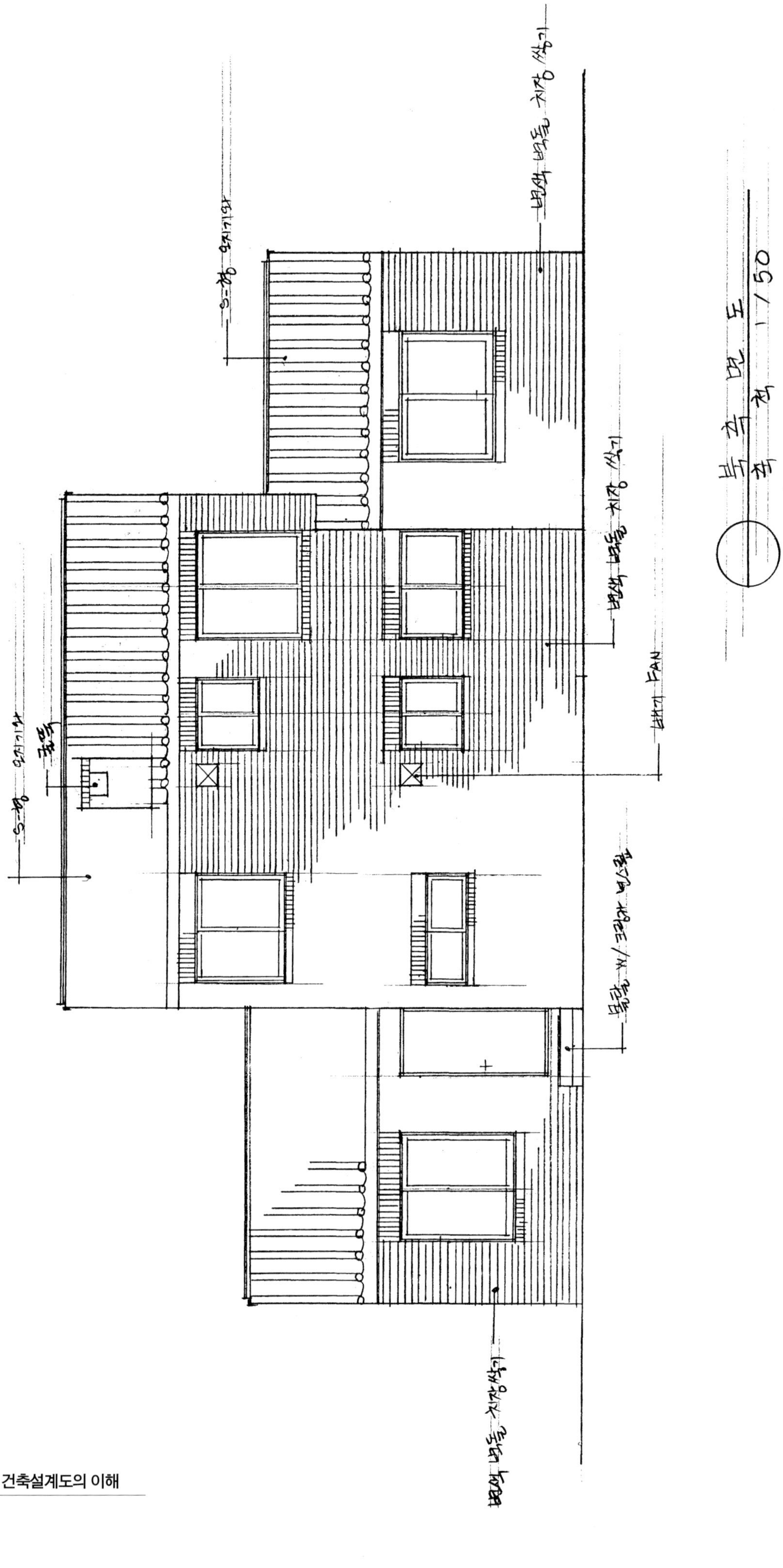
북측면도
축척 1/50
FAN

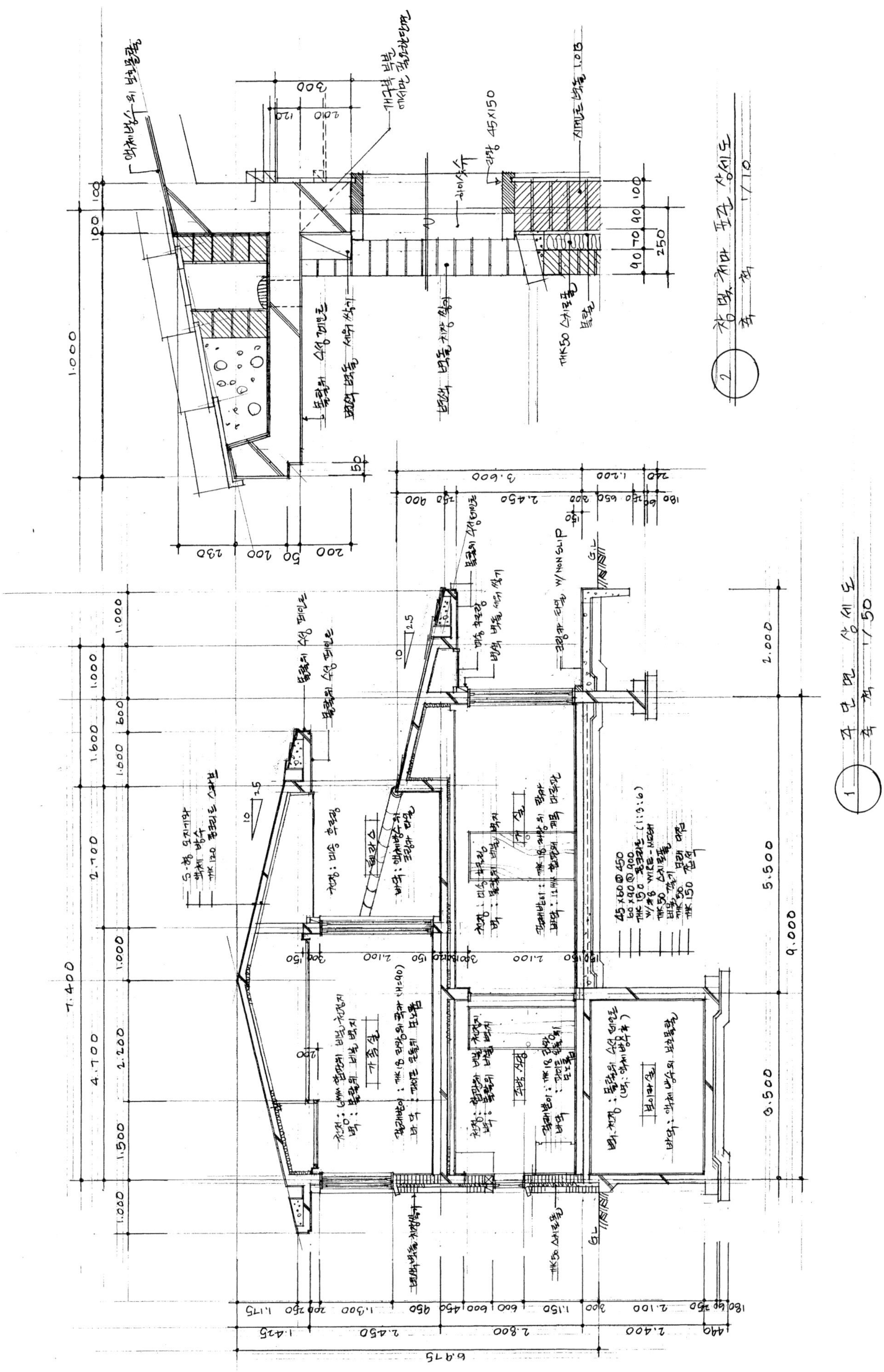

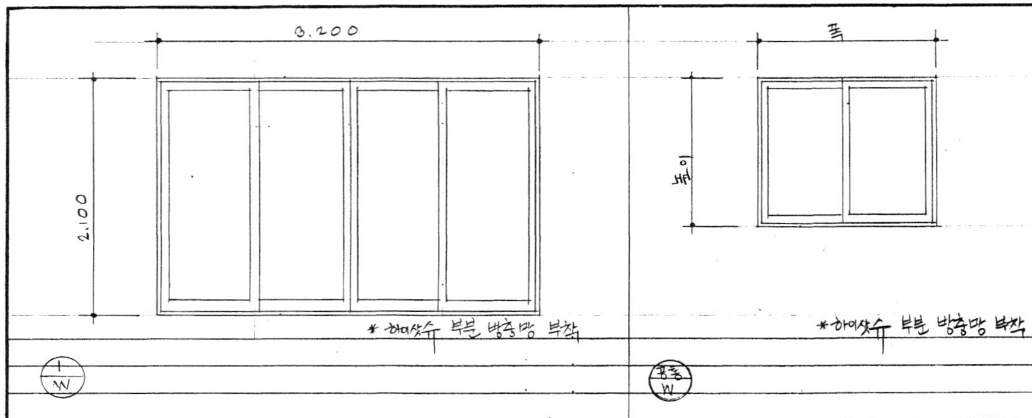

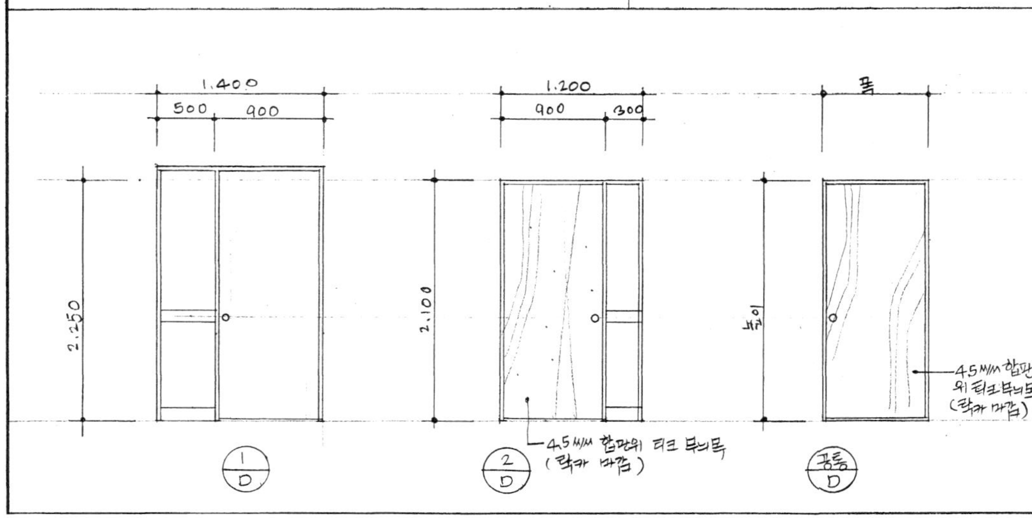

부호	명칭	수량	크기(나비×높이)	목조 문틀 규격	사용유리	목조마감	금물
W-1	(2중) 하이샷슈 및 목조 미서기창	2	3.200×2.100	45×180	5M/M 투명	락카	호차, 레일 꼽이쇠
W-2	〃	1	2.000×1.600	45×150	내측: 4M/M 반투명 외측: 5M/M 투명	〃	〃
W-3	〃 (계단실 1개소 하이샷슈 단창)	3	1.800×1.300	〃	〃	〃	〃
W-4	〃 (계단실 1개소 하이샷슈 단창)	3	1.500×1.300	〃	〃	〃	〃
W-5	〃	1	1.500×1.600	〃	〃	〃	〃
W-6	〃	2	1.000×1.300	〃	〃	〃	〃
W-7	하이샷슈	2	1.000×900	—	4M/M 반투명	—	—
W-8	하이샷슈	1	1.500×1.500	—	5M/M 투명	—	—
W-9	하이샷슈	1	1.500×600	—	〃	—	—
W-10	〃	1	1.500×450	—	4M/M 반투명	—	—
W-11	〃	1	1.000×450	—	〃	—	—

부호	명칭	수량	크기(폭×높이)	문틀규격	철물	
D-1	목조 조각문	1	1.400×2.250		4" 정첩-3 LOCK SET-1	
D-2	목조 후라쉬 도어	1	1.200×2.100		〃	
D-3	〃	2	900×2.100		〃	
D-4	〃	3	800×2.100		〃	
D-5	〃	2	700×2.100		4" 정첩 욕실용 LOCK-SET	일면조합페인트
D-6	〃	1	900×1.800			일면조합 페인트
D-7	〃		800×2.000			반침내 합판위 락카
D-8	〃	1	900×2.100			1면 조합페인트
D-9	〃	1	800×2.100			1면 조합페인트
D-10	목조 미서기 문	1	1.100×2.100			식당-거실

건축설계도 이해와 연관된 글 모음

소비패턴과 설계 진행방법의 변화

재래시장에서 양복 천을 구입하여 동네에 손재주가 있는 재단사를 찾아서 양복을 맞추던 60~70년대식 양복 마련은 이제 주머니 사정에 따라 백화점이나 양복전문매장 아니면 동대문 의류 시장을 찾아 마음에 드는 것을 골라서 구입하는 방식으로 바뀐 지 오래다. 제일모직 천을 구입하여 양복점을 찾는 사람은 찾아보기 힘들며 여성들의 한복도 동대문시장 포목점에서 양단이든 공단을 구입하여 한복 전문점을 찾는 사람은 거의 없을 것이다.

모든 구매가 원스톱으로 해결되는 시대로 바뀐 지 오래다. 한복과 예복같이 특정행사 때만 한 번 입고 마는 의류들은 임대 전문점포들이 성업 중인 점도 변화의 한 예다. 기초 재료를 구입하여 각자의 취향에 맞는 재단사로 하여금 옷을 만들게 하던 시대는 막을 내린 지 오래고 신장 및 체형별로 색상, 스타일, 계절별 등 소비자의 입맛에 맞는 다양한 의류들이 소비자의 선택을 기다리는 시대에 우리는 살고 있다. 어느 것을 골라야 할지 선뜻 결정을 할 수 없을 정도로 수많은 물건들이 항상 소비자를 기다리고 있다.

경제적으로 궁핍했던 60년대와 70년대 초까지만 해도 건축재료라고는 붉은 벽돌과 시멘트벽돌, 합판, 표면이 평활하지 못한 투명유리, 수성페인트(제조회사의 이름인 '라텍스 페인트' 라고 표기하기도 했음) 와 유성페인트(지금의 조합페인트) 등 기초재료만 우리나라에 생산되던 시절이었다. 천장에 문양을 만들려면 4,5mm 두께의 합판을 천장에 붙이고 300㎜×600㎜ 크기로 같은 두께의 합판을 잘라서 의도하는 줄눈을 띄워서 아교로 부착하는 방법밖에 없었다. 문에 문양을 만들고 싶으면 몰딩이든 합판을 오려서 부착하는 식으로 만들어야 했으며 문양은 건축가의 디자인 의도에 따라 수작업으로 설계를 해야 했다. 화강석을 사용하려면 벽체를 벽돌이나 콘크리트로 만들어 놓고 두께 150mm 정도의 돌을 앞면만 정과 망치를 이용하여 석공들의 손에 의존하여 가공하여 쌓는 식으로 시공했다.

이런 시절에는 마음에 드는 의류를 입기 위해 옷감시장과 맞춤 전문점을 찾아야 했듯이, 기초재료를 건축가가 의도하는 방향으로 가공하는 설계를 할 수밖에 없었으며 레미콘이라는 말이 있는지조차 몰랐던 시절이었다. 준공된 건물의 사무실에 근무하던 직원들이 안질에 걸릴 정도로 휘발성 유기화합물(VOC)이 지나치게 많이 함유된, 불량 천장재인 지금의 흡음텍스 비슷한 자재가 처음 생산 된 것이 71년으로 기억될 정도로 우리나라 건축 자재산업은 없는 것이나 다름없었다. 1970년의 1인당 국민소득이 253달러였으니 건축자재 수입이라는 것은 생각할 수도 없었다.

국민소득 1만달러를 넘은 지 오래고 원화 강세로 20,000달러 시대에 살고 있는 지금은 인터넷을 통해 세계 구석구석에서 생산되는 자재를 검색할 수 있으며 수입도 자유로워 건축가의 설계 의도를 뒷받침해주고 있다. 다양한 색상과 질감, 문양 및 크기의 내 · 외장재는 헤아리기도 힘들 정도로 많고, 수십 가지가 넘는 유리 종류가 오히려 건축가의 선택을 헷갈리게 만든다. 문이나 벽체에 건축가가 만들고 싶어 하던 디자인 패턴은 이미 자재업체에서 만들어 놓고 선택을 기다리고 있다. 기초 건축자재를 구입하여 건축가 의도대로 가공하여 시공하던 시절은 막을 내린 지 오래다. 건축가가 의도하는 물건은 이미 세계 구석구석에 산재해 있으며 최근 우리나라도 건축자재 산업이 발전하였고 건축자재 수입도 다양하여 건축가의 의도를 충족시켜주는 데 부족함이 없는 것이 현실이다. 건축자재 백화점이 상설화되어 있고 1년에 두세 차례 건축자재 전시회가 개최되어 건축자재 홍보를 하고 있어 부지런한 건축가라면 본인의 디자인 의도에 부합하는 최적의 자재를 선택할 수 있는 정보취득의 기회가 열려있다. 전시장을 직접 찾지 않아도 인터넷으로 검색이 가능하고 제조회사의 제품 카탈로그만 확인해도 충분한 정보를 얻을 수 있다.

시각적인 색상과 질감에 대한 판단이 가능할 뿐만 아니라 제품의 물리적인 특성과 가격, 시공상 주의할 점, 심지어 표준 상세도까지도 공급해주는 업체가 늘고 있어 실시설계 과정에서의 수고를 덜어주고 있다. 건축가가 머릿속에서 의도하는 어떤 의도든지 충족시켜주고 있는 세상에 살고 있다는 이야기다. 제도판이나 CAD시스템 앞에서 머리를 굴려서 만드는 어떤 종류의 디테일 디자인도 이미 개발되어 있는 세상으로 변한 지 오래다. 중요한 것은 디자인 의도이지 디테일을 해결하려고 시간과 노력을 소비하는 것이 아니라는 점이다. 이런 세상에 살고 있으면서 건축가들은 스스로의 패션은 선택이라는 현대 소비패턴으로 변해 있으면서도 실시설계 과정은 30년 전 설계 진행방법을 고집(?)하는 경우가 적지 않다. 설계도의 질은 이미 생산되고 있는 건축자재 정보를 확보하고 선택하는 안목에 따라 좌우된다는 사실을 간과(看過)하고 있는 건축가가 많다는 점이 설계의 질 제고에 장애요인이 되고 있다.

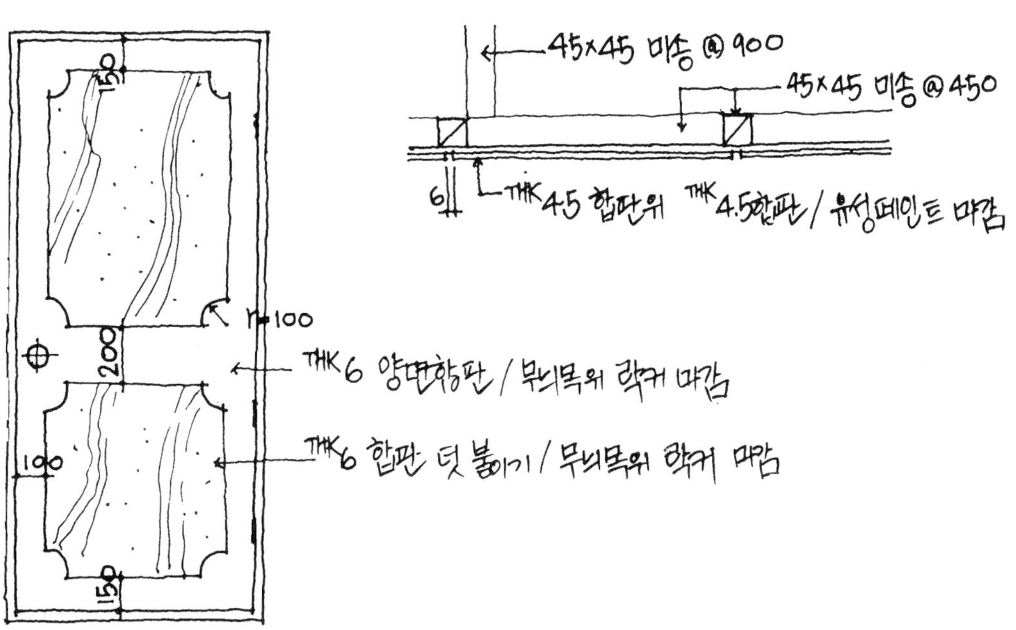

초기계획 단계 이후의 중간설계와 실시설계 단계에서 설계품질을 좌우하는 것은 프로젝트에 참여하고 있는 건축가들의 양질의 건축자재 정보 확보와 자재 선택의 안목에 달려있다고 해도 과언이 아니다. 카탈로그에 의존하는 설계를 도외시하는 건축가에 의한 설계결과물은 3류로 전락할 위험성을 내포하게 된다. 설계도의 품질은 좋은 건축자재 정보를 누가 더 많이 확보하느냐와 그 정보 중에서 어떤 자재를 선택할 것인가 하는 건축가의 안목에 좌우된다. 설계사무소에서 건축자재 DB 구축이 필요한 이유이며, 자재 선택과 도면 작성에 소요되는 불필요한 시간낭비를 줄일 수 있고 줄어든 시간을 디자인의 질을 높이는 데 활용할 수 있게 된다.

세상이 바뀌면 바뀐 환경에 적응하는 노력이 필요한 세상에 우리는 살고 있고 설계도 작성방법도 변해야 한다. 소비패턴과 설계 진행방법은 함께 변하는 공통점을 갖고 있는 것 같다.

변하는 세상, 변해야 하는 건축가

흐르는 세월을 잡을 수는 없으며 세월의 흐름은 많은 것들을 변화시킨다. 세월의 흐름은 변하지 않을 것만 같은 강산(江山)과 도덕적 가치기준마저 변화시키고 정치, 경제, 사회적으로 많은 것들을 변화시킨다. 세상의 모든 것들이 세월에 의해 변하게 마련이다.

1인당 국민소득도 1970년의 253달러에서 1980년의 1,597달러를 거쳐 2008년에는 20,000달러 시대로 접어들었다. 국민소득이 늘어난 만큼 생활수준도 높아졌고 건축물도 고급화, 대형화, 초고층화로 변모하게 되었다.

세월의 흐름에 따라 세상은 변하게 마련이며 변하는 그 시대의 삶을 담는 건축은 그 시대를 반영하는 건축으로 진화를 거듭하게 된다. 과학과 기술의 발전은 다양한 공법과 건축자재 개발을 가능하게 했고, 이를 활용하는 건축가들도 다양한 정보 없이는 그 시대가 아닌 지난 시대를 반영하는 건축물을 설계하게 만든다. 변화를 읽지 못하는 건축가는 흘러간 노래나 부르는, 한물 간 건축가가 되기 마련이다. 서비스산업의 변화를 주도하게 되는 것은 소비자라고 한다. 소비자의 안목이나 요구수준이 높아지는 만큼 그에 상응하는 서비스를 제공해야 하기 때문이다. 서비스 산업에 속하는 건축설계도 예외는 아니어서 건축물 이용자들의 높아지는 요구수준 변화 이상의 전문성을 준비해야 살아남을 수 있을 것이다. 60년대에는 건축의 3대 요소를 기능, 구조, 미(美)라고 했지만 최근에는 더 다양한 요소로 바뀌고 있다. 건축에 대한 수요층과 시대의 다양한 요구변화가 건축의 요소를 바꾸게 만든 것이다. 기능성(사용의 편의성, 안전성, 내구성, 경제성, 쾌적성), 작품성(매력, 독창성, concept, 형태의 미, 시대정신의 반영), 사회성(주변 환경과의 조화, 지역에의 공헌, 공공성, 무공해, 생태환경에의 배려)이 중요한 요소가 된 세상이다.

철판 위에 자갈, 모래, 시멘트를 4:2:1의 용적비로 부어넣고 물을 섞어가면서 삽으로 비벼서 만들거나, 삽 대신 믹서(mixer)에 넣고 회전시켜 만들던 70년대의 콘크리트 강도는 180㎏/㎠에 불과

했지만 지금은 400kg/㎠ 강도의 콘크리트를 주문만 하면 손쉽게 현장까지 운반해주는 세상이다. 국내 S건설에서 시공 중인 세계 최고층 건물인 버즈두바이는 800kg/㎠ 강도의 콘크리트와 500m 이상 높이까지 쏘아 올리는 펌프기술이 시공을 가능하게 하고 있다. 표면의 평활도가 떨어져 고급 거울을 만들 수 없었던 건축용 유리는 플로트(float)공법으로 바뀌어 건축용 유리와 거울용 유리를 구분을 하지 않아도 되는 수준으로 변했고, 열 환경을 조절할 수 있는 유리와 다양한 색상의 유리도 개발되어 도시의 면모를 바꿔놓고 있다. 과학과 기술의 발전이 만든 변화들이다.

"나에게 건축이란 과학이면서 동시에 예술이다. 기능적인 면과 아름다움을 함께 추구하는 것이다. 기능과 미라는 두 가지 요소가 성공적으로 결합할 때 훌륭한 건축이 탄생할 수 있다." 리처드로저스(Richard Rogers)의 인터뷰 기사 중의 일부 내용이나 "일단 건물이 들어설 대지의 지형을 읽고, 거기에 적합한 개념을 설정한 뒤 어떻게 재료를 효과적으로 사용할 수 있을 것인지 항상 고민합니다. 작품 대부분이 곡선형태여서 재료와 구축방식에 대한 연구를 많이 합니다. 당연히 기술적인 측면이 중요합니다." 동대문운동장 철거자리에 세울 월드디자인 플라자 현상설계 당선자인 자하 하디드의 인터뷰 기사내용은 건축에서 과학과 기술의 중요성을 이야기하고 있다.

세월은 지구환경조차도 변하게 만든다. 환경파괴, 늘어나는 자동차와 에너지 다소비 건축물로 인한 지구온난화 현상은 생태계를 파괴하는 등 심각한 문제로 대두되고 있다. 유가(油價)가 배럴당 100달러를 넘어섰지만 높아진 생활수준에서 냉 · 난방을 안할 수도 없는 노릇이다.

채광과 환기만 하면 될 것 같던 유리창은 조망에 대한 이용자들의 요구가 커지면서 벽인지 창인지 구분할 수 없을 정도로 유리의 사용량이 늘어나고 있다. 입면 디자인에 대한 건축가들의 태도 변화가 요구되는 시점이다.

60년대 건축가의 건축 디자인 의도와 2000년대의 디자인 의도는 변해야 한다. 세상이 변했고 변한 시대를 반영하는 디자인 의도로 바뀌어야 한다. 매스를 디자인하고 그 매스의 스킨에 어떤 크기의 창을 낼 것인가를 고민하던 60년대 생각은 어떤 유리를 어떤 방법으로 부착할 것인지 구체적인 의도를 필요로 한다. 과학과 기술의 발전이 건축재료나 시공기술에 큰 변화를 만들어 선진국 일수록 건축물의 스킨 디자인에 접목되고 있는 현실이다. 창의 비례를 어떻게 해야 아름다울 것인가 만을 고민하는 건축가의 태도변화를 요구하고 있다. 60년대의 창이 필요로 하던 것과 현 시점에서 창이 요구하는 기능에는 큰 변화가 있다. 태양열을 조절하는 유리 사용과 설치방법에 따라 에너지를 줄이면서도 실내 환경을 쾌적하게 만드는 건축가의 구체적인 의도를 필요로 하는 시점이다.

변하는 세상, 앞으로도 변하게 될 세상에서 건축가는 변화를 읽고 변화를 예측해야 하는 전문인이어야 한다. 수명이 50~100년인 건축물을 디자인하는 건축가로써 변화를 예측하지는 못하더라도 최소한 변해 있는 현실만큼은 변해야 그 시대를 건축에 담을 수 있지 않을까? 시대를 앞서가야 하는 전문인인데도 불구하고 시대의 변화를 따라가지도 못하는 건축가가 있다면, 그런 건축가에 설계를 의뢰한 건축주와 이용자들은 불행해질 수밖에 없다.

건축설계제도(건축분야)의 순서

소설가가 작품을 구성한 후 집필을 시작하기 전 줄거리를 어떻게 전개하여 독자들에게 작가의 의도를 전할 것인가를 먼저 생각하게 될 것이며, 영화는 영화대로 관객들에게 감동을 줄 수 있는 방향으로 각본을 쓰게 될 것이다. 본인이 읽고 감동을 받기 위해 소설을 쓰는 것도 아니며 감독이 스스로 보고 즐기기 위하여 영화를 만드는 것도 아니라는 이야기이다. 작가의 능력에 따라 같은 내용이라도 이야기의 전개방법에 따라 독자들에게 전달되는 의도의 깊이는 달라질 수 있을 것이며, 독자나 관객들은 꼭 같은 소재(素材)의 소설이나 영화를 보고도 감동의 정도가 달라질 수 있는 것이다. 작가가 원고지를 한 장 한 장 메워나가는 과정을 시작으로 교정과 편집을 거쳐 인쇄물로 서점에 나올 때까지의 과정이나, 건축가가 스케치를 시작으로 계획안을 작성하고 기본설계를 거쳐 실시설계를 완료하여 건축가의 의도가 구체적으로 담겨진 결과물인 청사진으로 만들어지기까지의 과정은 크게 다를 바가 없을 것 같다.

어떤 순서로 이야기를 전개시킬 것인가를 소설가가 생각하듯이 도면의 순서를 어떻게 하는 것이 건축의도를 쉽게 전달할 수 있을 것인가를 건축가는 생각해야 한다. 건축가의 작업과정과 결과물은 예술분야에 속하지만 의도의 결과물인 건축설계도면 자체를 예술이라고는 말할 수 없다. 건축설계도면이란 신축공사에 참여하는 수많은 사람들에게 한치의 오차도 없는 건축가의 의도를 전달하는 수단일 뿐이며 전달매체로써의 정확성과 디자인 의도를 쉽게 파악할 수 있어야 한다. 수십 장에서 수백 장에 이르는 건축설계도면의 순서가 뒤죽박죽이라면 의도를 찾기가 힘들다. 설계도면에 담겨있는 건축가의 의도를 쉽게 파악할 수 있는 도면순서가 바람직한 일이다. 도면이 완성되었다는 것은 건축가의 의도로 이미 건물이 완성되었다는 뜻이며, 건축시공 과정 동안 시공에 관련된 많은 사람들이 도면으로 완성된 건물을 구석구석 확인하면서 꼭 같은 실물 크기의 건물을 만들어가게 되며 이렇게 만들어진 건물은 건축주나 일반이용자인 시민들에게 제공된다.

실시설계도면을 어떤 순서로 구성하는 것이 의도를 파악하는 데 도움을 줄 수 있을 것인가를 결정하는 기준은 설계도면을 통하여 완성된 건물을 확인해야 하는 사람들을 위주로 생각하는 것이다. 건축가들은 세계적으로 유명한 건축작품을 견학하는 기회를 갖게 되고, 견학할 때 대상작품을 대부분 밖에서부터 안으로 들어가게 되는 과정을 거치게 되며, 건축가가 건축작품을 감상하는 순서로 실시설계도면의 순서를 정하면 무리가 없을 거 같다. 승용차나 대중교통인 지상교통 대신 헬리콥터를 이용하여 견학대상 건물까지 갈 수 있다면 도면순서을 정하는 데 더욱 도움이될 것이다.

"헬리콥터를 타고 상공에서 바라보면 건물과 대지, 대지와 도로 관계가 한눈에 들어올 것이며 대지내의 수목과 화단, 주차장 등도 가까이 갈수록 선명하게 보일 것이다.(배치도, 조경 및 옥외구조물) 대지 안에 마련되어 있는 헬기 착륙장에 내려서는 건물 주위를 한바퀴 돌아보게 되고 상공에서 멀리 바라본 광경들을 세심하게 관찰하게 될 것이며(조경 및 옥외구조물 상세도) 특히 입면에 대하여 관심을 갖고 재질과 색상 등을 눈여겨 보게 된다.(입면도) 도로와 대지, 대지와 건물과 연관된 건축가의 의도를 감상한 후 건물 내부로 들어가게 된다. 각 층을 오르내리며 중요한 공간을 견학하게 될 것이며(평면도) 밖에서 본 외관과 연관시켜 창가로 다가서서 안과 밖을 동시에 관찰하게 된다.(단면도) 이렇게 건물 내부를 견학하는 과정에서 계단과 엘리베이터를 이용하게 되고 화장실에 들르기도 한다.(코어부분 상세도) 건물 내에서는 로비부분 등이 기억에 남을 공간으로 벽과 천장 등을 처리한 건축가의 의도를 주위 깊게 감상한다.(로비 등 실내전개도) 견학을 하고 있는 건물이 감동을 주고 있는 것은 디자인 의도가 개념에서 그치지 않고 구석구석 건축가의 세심한 의도가 작품의 완성도를 높여주고 있음을 확인하게 된다.(부분 확대 상세도)"

건물을 이해하는데는 부분적인 내용을 파악하는 것보다는 전체를 파악한 후 세부적인 것까지 파악하는 순서가 도움이 된다. 밖이 어두울 때 견학대상 건물에 도착하여 내부만을 먼저 견학하고 다음날 아침에 건물 외부를 둘러본다면 그 건물을 설계한 건축가의 의도를 이해하기가 어려울 것이다. 건축설계도면의 순서는 위의 예에서와 같이 도면을 통하여 신축예정인 건물을 견학하고 건축가의 의도를 이해하는데 도움이 되는 순서로 작성하는 것이 바람직한 일이다. 더 중요한 것은 순서가 아니라 상세한 설계의도가 도면의 어느 구석이든 있어야 하는, 반제품에 아닌 완성도 높은 완제품 의도여야 한다는 점이나 도면상의 견학이기는 하지만 도면을 보는 사람들이 그 건물에 담긴 건축가의 설계의도를 쉽게 이해할 수 있도록 한 장 한 장의 설계도면을 작성해야 하고 친절하게 안내하는 순서 또한 소홀히 취급할 일은 아닌 것이다.

상세도면은 있으나 그 상세도가 어느 부분의 상세도인지 알 수 없는 도면도 건물을 이해하는데 도움이 되지 않는 불친절의 예이다. 1974년, 여천군에 신축예정으로 미국에서 작성한 남해화학 공장 설계도면에는 부분상세도 하나 하나에 어느 평면 또는 단면과 연관된 도면이라는 설명이 친절하게 표현되어 있었으며, 평면도와 단면도의 도면번호를 서로 바꾸어 기재함으로써 단면을 보더라도바로 그 단면이 평면도에서 어느 부분의 단면을 표현한 것인지 쉽게 알 수 있도록 도면번호를 기재하고 있었으니, 최소 25년 이전부터 선진국에서는 도면의 순서와 표현을 우리가 아직도 하지 못하는 부분까지 신경을 쓰고 있었다는 이야기이며, 언제 우리는 그런 수준에 도달할 수 있을지 걱정이 된다. 도면의 순서 못지 않게 번호체계를 보아야 할 사람 위주로 개선하는 것도 서둘러야 할 일이다. 합리적이지 못한, 주먹구구식 도면순서와 도면번호 체계는 의도를 이해하는 데 시간낭비를 초래할 뿐만 아니라 의도를 제대로 파악하지 못한 혼선으로 엉뚱한 결과물을 만들게 될 수도 있다는점을 간과해서는 안될 것이다. 정해진 설계도면 순서가 있는 것은 아니나 아무 생각 없이 남이 하는 순서를 따라갈 것이 아니라 건축가의 의도를 전달하는 순서도 설계자가 의도를 가지고 결정하는 것이 중요하다고 할 수 있다. 설계도면을 이해하기 쉽도록 도면순서를 다음과 같이 정하는 방법도 한가지 예(例)가 될 수 있을 것이다.

■ 실시설계(건축부분) 도면 순서

1. 도면 목록표
2. 설계개요, 설계에 사용한 재료표기(drafting symbole). 약어(abbribiation). 일반사항 등
3. 실내재료 마감표
4. 배치도, 대지와 도로, 대지와 건물관계 등 표현(조경관련 포함)
5. 평면도(지하층으로부터 옥탑층 순서로,입면도와 교체 고려)
6. 입면도(평면도와 교체 고려)
7. 일반 단면도 또는 주단면 상세도
8. 지상부분 외벽 상세도(필요한 부분의 평면, 단면, 입면상세 동시표현 포함)
   현관 및 차양(canopy), 자동차용 경사로(ramp), 배기탑, 옥상정원 등 건물 외부의 모든 부분 포함
9. 지하층 외벽 단면상세도
10. 코어(core)부분 평면상세도(지하층으로부터 옥탑층 순서로)
11. 코어 내에 위치한 계단 단면상세도
12. 코어 이외 부분에 위치한 계단 단면상세도
13. 엘리베이터, 에스컬레이터 등 수직 운반수단에 대한 상세도
14. 기타 코어 단면상세도
15. 실내전개도(로비 등 중요공간) 및 관련 상세도
16. 내부 간벽상세도
17. 천장평면도(천장을 설치하는 층을 지하층으로부터 옥탑층 순서로)
18. 창호도 및 창호관련 상세도
19. 표준 마감상세도

실시설계도에서 1/100과 1/50 표현의 차이

건축가의 디자인 의도를 설계도에 실물 크기로 표현할 수 있다면 가장 정확한 전달방법이 될 수 있을 것이나 종이의 크기, 제도용품의 한계, 완성된 설계도의 취급 등 현실적인 문제들을 감안하여 일정 크기로 축소하여 표현하게 된다. 가장 많이 사용하고 있는 축척은 1/200, 1/100, 1/50, 1/30, 1/10 등이며 대형 건물일수록 기본도면에서는 1/200 축척을 사용하고 중소규모일 경우 1/100 또는

1/50 축척을 사용하게 된다. 적은 부위를 상세하게 표현하기 위해서는 1/10 축척 또는 실물 크기로 표현하기도 한다. 건축설계도에서 가장 많이 사용하는 축척인 1/50과 1/100의 차이는 과연 무엇일까? 평면도의 예를 든다면 1/50로 표현한 길이는 1/100로 표현한 길이의 2배로 나타나게 되면 설계도면을 4배 차지하게 된다는 물리적인 것 이외에 달라지는 것이 없어야 한다.

1/50 축척으로 표현할 때와 1/100 축척으로 표현할 때 설계의도가 달라질 수는 없는 일이며, 축척이 작은 그림일수록 더 섬세한 선으로 표현해야 할 뿐이며 그것을 2배의 확대경을 통해 본다면 같은결과를 읽을 수 있어야 한다. 더 상세한 표현을 전제로 표현을 부분적으로 생략할 수 있을 뿐이며 의도가 확정되지 않은 부분이 있어서는 안 된다. 마감재료를 표시할 것인지 여부는 설계도를 작성하기 위하여 설계사무실별로 정해진 도면표현 약속(drawing manual)에 의해 표현할 뿐이며, 실시설계도를 작성하는 과정에서 마감재료를 결정하는 것은 아닐 뿐만 아니라 축척이 적다고 해서 마감재료가 어떤 재료인지 모른 채 설계도를 작성해서도 안될 것이다. 설계의도가 확정된 후에 작성하는 실시설계도여야 하기 때문에 설계도를 작성, 담당하고 있으면서 구체적인 설계의도를 알지 못하고 그림(?)을 그리는 일은 없어야 한다. 표현이 작게 된다는 이유 때문에 나중에 해결하겠다는 생각으로 대충대충 넘어가는 식의 그림은 실시설계도로써의 역할을 다하지 못하게 된다.

1/100과 1/200 도면은 1/50 축척으로 설계도를 작성한 후에 필요에 따라 1/2 또는 1/4로 축소하여 출력하는 것이라고 생각하는 것이 더 정확한 정의가 될 것이다. 마감선을 선택적으로 가감할 수 있는 CAD시스템으로 도면을 작성하는 현실에서는 더욱 상세한 의도를 구체적으로 표현한 후 필요한 축척에 맞는 도면표현 약속에 따라 출력을 하면 더 정확한 의도를 표현할 수 있게 된다.

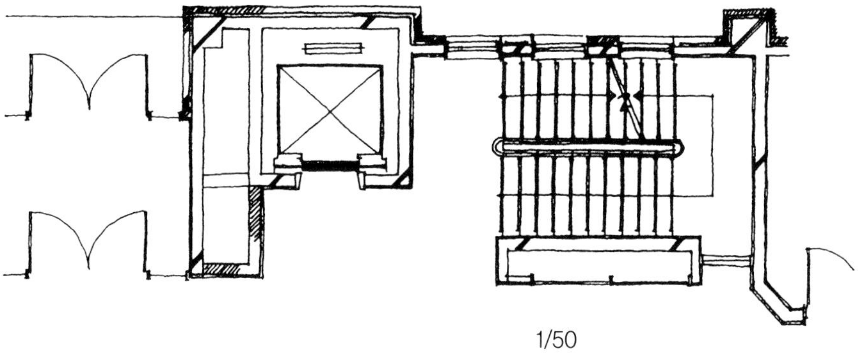

1/50

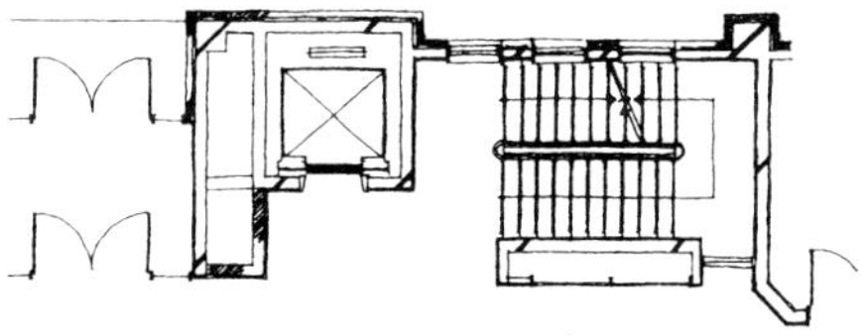

1/100

중요한 것은 축척이 아니라 설계의도를 구체화하지 못한 상태에서 실시설계도를 작성하는 데 있으며 이를 방지하기 위해서도 상세한 도면을 먼저 작성하는 방법으로 전환해야 할 것 같다. 1/100 축척의 설계도는 1/50 축척으로 작성한 설계도보다 작게 보일 뿐이며 설계의도를 표현하는 전달수단으로의 역할에는 차이가 없어야 한다. 보여지는 결과에 차이가 있을 뿐 도면을 작성하는 과정의 생각에는 더욱 차이가 없어야 하는 것이다. 본인이나 같은 설계팀에서 계획한 설계의도를 작게 표현한다고 해서 보여주어야 할 의도를 보여주지 못하는 설계도면을 작성하는 건축가(?)는 의도가 없는 그림을 그리는 제도사일 뿐이다.

건축설계도에서 글씨와 그림

설계도(設計圖)의 끝 글자가 '그림 도(圖)' 자라고 해서 설계도면이 그림으로 구성되면 된다는 엉뚱한 생각을 하는 사람이 많은 것 같다. 그림 중에서도 설계도면은 치수를 정확히 하여 그리게 되는 그림이며, 이 점은 CAD를 활용하든 손으로 그림을 그리든 간에 같은 과정을 거치게 된다. 설계도면에서 치수가 없는 그림은 단 한곳도 없으며 직선이든 곡선이든 간에 정해진 점과 점 사이를 잇는 선들로 구성되어 있는 그림들로 채워져 있는 것이 설계도면이라 할 수 있다. 점과 점 사이 거리(치수)가 곧 설계의도이며, 이 의도를 정확하게 전달하는 수단으로 설계도면이 존재한다고 할 수 있을 것이며 치수가 없는 정확한(?) 그림은 반쪽 의도밖에 전달할 수 없는 도면이 되고 만다.

□와 같은 형태의 그림을 그리고 축척만을 기재한, 치수가 없는 그림이라면 정확한 의도를 전달할 수 없는 일이다. 이런 형태의 그림을 그리는 과정에서 가로와 세로의 치수를 자로 재어 넣지 않고 설계도면을 작성하는 사람은 없을 것이며, 그 치수가 설계의도임에도 불구하고 치수를 기재하지 않아 축척에 맞추어 자로 재어보아야 알 수 있는 의도는 제대로 작성된 설계도면이라고 할 수 없다. 종이에 그려진 그림은 대기중의 습도에 따라 종이가 늘어나고 줄어들 뿐만 아니라 선의 굵기로 인해 정확한 거리를 확인할 방법이 없는 것이다. 평면도와 단면도를 그리는 과정에서 일일이 치수를 확인하고 선을 그리면서도 본인이 확인한 치수를 기재하지 않은 설계도는 의사전달 수단으로써의 역할을 다하지 못하는 도면들이다. 수량산출 과정에서나 현장에서 일일이 자로 재어보아야 확인이 되는 도면들이 양산되는 추세는 바람직하지 않은 현상들이다.

정확성이 요구되는 설계도면은 자로 재어보지 않고 눈으로만 확인이 가능한 도면이어야 한다. 도면을 작성하는 사람은 별도의 노력 없이도 과정 중에서 자연스럽게 기재할 수 있는 표현들인데 인색하기만 한 것이 세상인심을 쫓아가는 것만 같다. 설계의도를 전달하는 수단으로써의 설계도면은 정확한 치수와 글씨로 가능할 뿐 다른 방법이 없을 것이다. 그림을 키우는 일보다 더 중요한 것은 그림을 비록 적게 표현하면서도 더 많은 글씨와 치수로 설계의도를 채워나가는 일인 것이다.

실시설계 도면의 멋

몇 달 동안 진행한 프로젝트를 완료하여 납품할 때는 딸 가진 부모가 시집보내는 심정과 비슷할 것이다. 20여 년 간 정성들여 기른 딸이 시집가서 잘 살아야 할 터인데 하는 기대와 혹시 미흡한 부분이 없을까 하는 걱정이 있는 한편, 노처녀 걱정을 덜게 된 후련한 마음이 뒤섞인 시원섭섭한 것이 부모의 마음일 것이며, 몇 달 동안이기는 하지만 밤을 새워가며 작성한 설계도면에 의해 별탈 없이 훌륭한 건물로 지어질 수 있을 것인지에 대한 걱정과 야근에서 해방되었다는 후련함이 교차하는 심정인 점에서 같을 것 같다. 또한 외모보다는 정신적으로나 육체적으로 건강하게 키운 부모의 마음이 떳떳한 것과 같이, 설계도면의 효과를 내기 위해 멋을 부린 도면보다는 내용이 충실한 도면을 납품하는 건축가의 마음이 떳떳할 것이라는 점도 비슷한 점일 것이다.

건강하게 키운 딸도 신부화장을 하듯이 설계도면도 상품으로서의 가치를 높이는 수단으로 화장을 하기도 하지만 의도를 더 분명하게 전달하기 위한 친절한 수단으로서의 화장이어야 한다. 슬래브와 천장 사이를 스크린 톤을 붙이거나 연필가루로 칠을 하는 것은 화장의 일종으로 설계자의 의도를 전달하는 수단과는 무관한 것으로, 의도를 전달하는 데 오히려 장애를 초래하기도 한다. 이것은 글씨가 음영에 가려 잘 보이지 않게 되는 결과를 만들기도 하기 때문이다. 그리고 입면도의 유리부분에 음영을 넣는 것 또한 불필요한 일이라 할 수 있다. 그러나 방충망이 설치되는 부분을 표현하기 위한 수단으로 음영을 넣는다면 의도전달 수단이 될 수도 있을 것이다. 선보다 더 정확한 의도전달 수단인 숫자나 글씨를 잘 보이지 않게 하는 화장은 설계도의 본질을 훼손할 따름이다.

실시설계도면의 생명은 정확한 의도전달에 있으며 멋과 혼돈이 본질을 흐리게 하는 숫자에서도 발생한다. 아무리 정확하게 도면을 그려도 도면 자체는 오차를 갖게 마련이다. 사용하는 선의 굵기와 종이의 수축팽창으로 정확한 거리를 그림으로 그린다는 것은 불가능할 일이며, 이런 부정확한 것을 보완하여 정확하게 전달할 수 있게 하는 유일한 방법이 치수를 기재하는 일인 것이다.

최근에는 CAD를 활용하여 혼돈으로 인한 우려가 줄어들고 있기는 하지만 숫자를 손으로 기재할 때 있을 수 있는 혼돈의 여지는 아직도 상존하고 있다. 이렇게 정확하게 치수를 기재하는 일이 선을 긋는 일보다 더 중요하다는 점 때문에 치수 기재에서 누락되는 부분과 혼돈되기 쉬운 글씨는 시정되어야 할 일인 것이다. 최근의 CAD 활용으로 부정확한 치수 기재는 점차 사라지고 있으나 치수 기재 누락은 오히려 늘어나고 있는 추세이며 시정되어야 할 일이다.

축척이 얼마이건 간에 설계의도인 3m를 정확하게 선으로 그릴 수 없다는 사실과 3,000으로 기재하는 것만이 유일한 3m 거리를 전달하는 수단이라는 점을 인식할 필요가 있는 것이다. 멋으로 인한 혼돈되기 쉬운 숫자와 표현방법이 잘못된 예를 들어보면 다음과 같다.

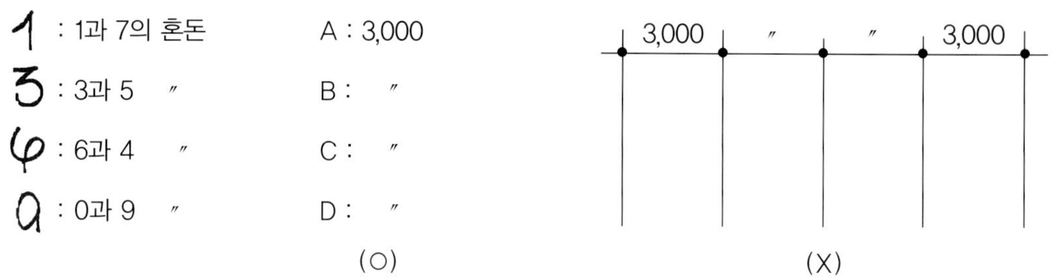

후 기

6개월 전인 지난 3월에 하루 한쪽씩만 원고를 작성하면 탈고가 될 것이라는 생각으로 서문부터 써놓고 시작한 원고를 마치게 되었다. 현재의 내 위치가 아닌 설계를 시작하던 때로 돌아가서, 선배들한테서 배운 설계를 되돌아보면서 후배들에게 도움이 될 수 있는 일을 하겠다는 생각으로 시작한 일이다. 설계경험 43년을 되돌아보는 기회였고 최대한 눈높이를 낮추려고 했지만 뜻대로 되었는지는 독자들이 판단할 일이다.

1999년부터 2008년까지 시리즈로 시작했던 건축설계이야기 -1, -2, -3, 세 권의 책을 쓸 때보다 더 신경이 쓰이는 부분들이 적지 않았다. 건축설계이야기-3을 탈고하면서 더 이상 책을 쓰지 않을 것이라고 스스로 다짐을 했었는데 또 한 권의 책을 출간하게 되었다.

1997년 IMF 금융체제로 시작된 건축계의 불황은 14년째 지속되고 있으며 설계사무소를 황폐화시켰다. 대학에서 건축을 전공하고 어렵게 설계사무소에 취업을 해도 체계적으로 건축설계를 가르쳐줄 만큼 여유가 있는 사무소들이 거의 없는 상황이 지속되고 있다. 건축설계도를 작성하는 기본이 약한 상태에서 잔기술과 경험이 늘어나고 그리는 속도만 빨라지는 후배들이 늘어나고 있는 것 같은 우려가 또 한 권의 책을 만들어야겠다는 생각을 하게 만든 것 같으며, 건축설계로 보낸 지난 세월을 마감하는 봉사(?)라는 건방진 생각도 해보았다.

3차원인 건축물을 2차원으로 표현한 것이 건축설계도이며 최근에는 CAD를 활용한 3차원 설계가 공공건축물을 대상으로 확대 적용되고 있다. 나아가 건축자재에 속성(information)을 넣은 BIM설계까지 시작된 단계에 이르고 있다. 나날이 발전하는 설계 툴(tool)을 사용하려면 설계자들은 건축설계의 기본에 충실해야 할 뿐더러 2차원 설계도에 대한 이해가 필요하다. 2차원 설계의 이해 없이 3차원이나 BIM설계를 한다는 것은 불가능한 일이다. 단순히 툴을 다루는 속도가 늘어나는 것에 만족을 하는 설계자는 설계자가 아닌 제도사로 변모할 가능성이 높다.

어린아이들이 단순한 말을 배우기 시작하여 좀 더 복잡한 단어를 구사하여 본인의 의사를 표현하듯이 건축설계도 같은 방법으로 접근하는 것이 바람직하다. 언어를 단계별로 익혀야 자신의 의사를 원활하게 표현할 수 있는 것과 같이 설계도인 건축언어를 터득한 후에야 본인의 설계의도를 표현할 수 있게 되는 것이다. 주거시설, 업무시설, 근린생활시설, 종교시설 등 용도별로 구사해야 하는 언어와 어휘에 다소의 차이가 있으며, 조적조 철근콘크리트조, 철골조 등의 구조별로도 사용하는 표현방식 등에도 차이가 있다. 이런 차이점을 이해할 수 있도록 더 많은 관련서적 출간이 필요하며, 관심 있는 선배저자가 많았으면 하는 바람이다. 이 책은 설계도를 이해하기 위한 건축가들의 초등학교 1학년 국어교재 수준에 불과하며 좀 더 규모가 크고 복잡한 건축물 설계도를 이해시킬 수 있는 내용이 되려면 방대한 작업이 요구되어 혼자 감당할 수가 없다.

'건축설계도의 이해' 원고를 마치면서, 건축설계이야기-3의 후기에 언급했던 맥아더 장군의 퇴역 식에서의 "노병은 죽지 않는다. 사라질 뿐이다(I now close my military career and just fade away, an old soldier who tried do his duty……)"라는 연설문이 이제 현실로 다가오는 것 같다. 아무리 건축설계가 전문직이라 하지만 건축설계만 해온 43년은 긴 세월이었으며 이제 마무리를 할 채비를 해야겠다는 생각이다.

내가 오늘에 이르기까지 성장할 수 있었던 것은 주변의 많은 분들의 도움이 있었기에 가능했다. 정림건축을 거쳐간 많은 선후배들을 포함하여 정림 임직원들이 그들이다. 특히 건축가로써의 사회적 역할, 건강한 건축, 삶의 지혜 등을 가르쳐 주시고 일 년 전 바로 오늘, 소천하신 선배건축가이시며 영원한 멘토이셨던 김정철 명예회장님의 가르침에 감사하는 마음이다.

설계내용이 공개되는 데 흔쾌하게 동의를 해주신 한국해비타트(HABITAT)와 에코하우스의 공동설계자 겸 건축주인 김서운 (전) 기린산업 사장 그리고 44년째 몸담고 있는 정림건축에도 고마움을 전하고 싶다.

끝으로 어려운 출판업계의 상황에서도 네 번째 책까지 흔쾌하게 출간을 맡아주신 기문당 강해작 사장님께 감사를 드린다.

2011년 9월 27일

저자 약력

1943 충북 충주 출생
1955 충주 삼원 초등학교 졸업
1961 휘문 중 · 고등학교 졸업
1965 한양대 건축공학과 졸업
1968 파월 십자성부대 병장 제대
1968 정림건축 입사
1985 한양대 건축공학과 강사
1995 정림건축 사장
1998 ~ 정림건축 상임고문

1985 대한민국 건축대전 초대작가
1985 한국건축가협회 작품상 수상
1985 대한건축사협회 작품상 수상
2009 대한민국 생태건축대상 우수상 수상

2001 ~ 서울YMCA 고문
2006 ~ 한국HABITAT 건축위원회 고문
한국HABITAT 서울지회 고문

저서
건축설계이야기 1, 2, 3

한국건축가협회 정회원
대한건축사협회 정회원
대한건축학회 정회원

건축설계도의 이해

2012년 1월 10일 1판 1쇄 발행
2016년 1월 5일 1판 2쇄 발행

저 자 권 도 웅
발 행 인 강 해 작
발 행 처 기 문 당
주 소 서울 성동구 무학봉28길 4-1
전 화 02-2295-6171(代)~5
팩 스 02-2296-8188
출판등록 1976. 10. 7(1-44)
홈페이지 http://www.kimoondang.com
http://기문당
I S B N 978-89-6225-375-7 93540

정 가 18,000원

검인생략